湖北木林子
森林动态监测样地
——树种及其分布格局

Hubei Mulinzi Forest Dynamics Plot: Tree Species and Their Distribution Patterns

姚 兰 艾训儒 朱 江 肖能文 **编著**

科学出版社
北 京

内 容 简 介

本书基于湖北木林子国家级自然保护区的亚热带山地常绿落叶阔叶混交林森林动态监测大样地（15 hm²）2014 年的调查与分析数据，记载了样地内所有胸径大于 1.0 cm 的木本植物（含木质藤本）224 种（包括变种），隶属于 55 科 112 属，展示了各物种的科属类别、形态特征、个体数量、径级结构和空间分布图等，同时配有相应的彩色图片。书中裸子植物使用郑万钧（1978）分类系统，被子植物使用恩格勒（1964）分类系统。

本书文字简练、图文并茂，是一部具有科学性和地方特色的专业著作，可供林学和生态学等相关领域的大专院校师生和科研单位研究人员参考使用。

图书在版编目（CIP）数据

湖北木林子森林动态监测样地：树种及其分布格局 / 姚兰等编著. —北京：科学出版社，2022.1
  ISBN 978-7-03-071056-7

Ⅰ. ①湖⋯ Ⅱ. ①姚⋯ Ⅲ. ①自然保护区 – 森林植物 – 介绍 – 湖北
Ⅳ. ① S759.992.63

中国版本图书馆 CIP 数据核字（2021）第 276305 号

责任编辑：王 彦 / 责任校对：王 颖
责任印制：吕春珉 / 封面设计：金舵手

科 学 出 版 社 出版

北京东黄城根北街 16 号
邮政编码：100717
http://www.sciencep.com

北京中科印刷有限公司 印刷
科学出版社发行   各地新华书店经销

*

2022 年 1 月第 一 版   开本：787×1092   1/16
2022 年 1 月第一次印刷   印张：15 1/2
字数：418 000
定价：160.00 元
（如有印装质量问题，我社负责调换〈中科〉）
销售部电话 010-62136230   编辑部电话 010-62130750

前 言
FOREWORD

亚热带常绿阔叶林是分布在我国亚热带地区最具代表性的植被类型，也是结构最复杂、生产力最高、生物多样性最丰富的地带性植被类型之一，对维持区域生态环境和全球碳平衡等都具有极重要的作用。地带性的亚热带常绿阔叶林在纬度偏北或海拔偏高处，往往会由于适应低温环境而出现不同程度的落叶成分，从而形成亚热带山地常绿落叶阔叶混交林。

武陵山东北区域中山地带，特别是鄂西南地区，保存有大面积亚热带山地常绿落叶阔叶混交林和大量的珍稀濒危及特有物种，是中国种子植物三大特有现象中心之一的"川东 - 鄂西特有现象中心"的核心地带，也是具有全球意义的生物多样性关键地区。在这片区域内，以亚热带山地常绿落叶阔叶混交林为主体的典型森林植被，在鄂西南乃至武陵山少数民族地区的生物多样性保护、养分循环、水源涵养、气候调节、林产品资源提供等生态系统服务方面发挥着不可替代的作用。

湖北民族大学在国家林业和草原局科技司指导下，在中国林业科学研究院森林生态环境与自然保护研究所的大力支持下，与湖北星斗山国家级自然保护区管理局、湖北木林子国家级自然保护区管理局、湖北七姊妹山国家级自然保护区管理局及湖北利川金子山国有林场等单位密切合作，采用"一站多点"方式，于 2013 年建立了"湖北恩施森林生态系统国家定位观测研究站"，开始了以华中丘陵山地常绿阔叶林及马尾松杉木毛竹林区为代表区域，对武陵山东北区域中山地带亚热带山地常绿落叶阔叶混交林生态系统结构与功能、退耕还林工程和长江中上游天然林保护工程经营管理模式及生态效益监测、珍稀濒危及特有生物资源的保护与开发利用的长期定位研究。这是该区域开展森林生态系统长期定位研究历史上的第一次。湖北民族大学按照 CTFS 建设规范，于 2013-2017 年，先后建立了 3 个亚热带山地常绿落叶阔叶混交林森林动态监测大样地（共 27 hm^2），分别是位于湖北木林子国家级自然保护区内的大样地 15 hm^2、七姊妹山国家级自然保护区内大样地 6 hm^2 和金子山国有林场的大样地 6 hm^2，同时建立了 20 m×20 m 的卫星监测样地 209 个，大样地及卫星监测样地共定位监测胸径大于 1.0 cm 的木本植物 25 万余株。

本书主要研究位于湖北木林子国家级自然保护区内的 15 hm^2 大样地的木本植物，详细描述了 224 种木本植物（含 55 科 112 属）的物种特征、种群结构及其空间分布，并以彩色照片对物种的主要识别特征加以展示。本书由中国环境科学研究院生物多样性调查评估项目（No. 2019HJ2096001006）和湖北民族大学林学省级"双一流"学科建设经费资助出版。

本书第 I 部分由艾训儒教授撰写，第 II 部分由肖能文研究员撰写，第 III 部分从物种黄杉（*Pseudotsuga sinensis*）到四照花（*Cornus kousa* subsp. *chinensis*）由姚兰教授撰写，第 III 部分从物种城口桤叶树（*Clethra fargesii*）到长托菝葜（*Smilax ferox*）由朱江博士撰写。本书由艾训儒教授和肖能文研究员统稿。除本书主要编著者外，参与样地建立与调查、提供照片或数据分析的还有臧润国、丁易、王玉兵、冯广、陈俊、黄伟、黄永涛、陈思、陈思艺、林勇、王进、黄小、吴漫玲、朱强、薛卫星、李玮宜、罗西、黄阳祥、徐静静、杨威、张永申、易咏梅、黄升、彭宗林、刘俊城、邓志军、吴林、郭秋菊、洪建峰、陈绍林、姚海云、陈龙清等30多位同仁。在此，诚挚感谢为大样地建设和本书出版做出贡献的单位和个人。由于时间仓促，水平所限，不足疏漏之处在所难免，敬请读者批评指正。

艾训儒

2020 年 08 月

目 录
CONTENTS

I 湖北木林子
国家级自然保护区

1.1 地理位置

湖北木林子国家级自然保护区位于湖北省恩施土家族苗族自治州（以下简称恩施州）鹤峰县境内，处于鹤峰县东北部，地理坐标为 109°59.500′-110°17.967′ E，29°55.983′-30°10.783′ N。保护区东西长 29.83 km，南北宽 21.70 km，总面积为 210 km²，占鹤峰县国土总面积（2892 km²）的 7.21%。保护区东与燕子乡接壤，南与容美镇相连，西与中营乡毗邻，北与邬阳镇相接，东北与湖北省宜昌市五峰土家族自治县相连。

1.2 地质地貌

湖北木林子国家级自然保护区为云贵高原的东北延伸部分，属武陵山脉石门支脉的鄂西南山地，地处中国地势第二阶梯向第三阶梯的过渡地带，其地质构造位于新华夏系第三隆起带内，即华夏系湘黔边境隆起褶带的北端，以断褶构造和华夏式褶皱构造类型为主。全境地势由西北和东南向中间逐渐倾斜，区内海拔为 610-2096 m，山峰林立，海拔 1500 m 以上的山峰以牛池峰为保护区最高峰（海拔 2096 m），其次为云蒙山主峰（海拔 2054 m）、木林子主峰（海拔 1990 m）等 20 余座，地表平均切割深度 784 m，平均坡度 24.1°。区内以喀斯特地貌发育为主，坡陡谷深，沟壑纵横，溶洞众多。

1.3 水文特征

木林子保护区内，大部分属长江流域澧水水系，东北部分属长江流域清江水系，主要河流有溇水河、咸盈河。溇水河是澧水的最大支流，发源于保护区土地岭北坡黑湾，在鹤峰县朱家村流入湖南省桑植县境内。咸盈河发源于鹤峰县境内芹草坪，在保护区境内长约 14 km，在金鸡口出境，北至巴东县桃符口注入清江。

1.4 气候特征

湖北木林子国家级自然保护区地处我国中亚热带偏北，气候属于大陆性季风湿润气候。总体气候特点是：冬无严寒，夏无酷暑，雾多湿重，雨热同期，垂直气候分异明显，低山温润，中高山温和，高山温凉。年平均气温 15.5℃，极端最高温度为 40.7℃，极端最低温度为 −22.1℃，全年有效积温（10℃以上）约 4925.4℃，无霜期 270-279 d，多年平均降水量 1700-1900 mm，季节分配不均，春夏季多于秋冬季，春秋多阴雨，夏季降雨强度大，冬季雨量小，其中 4-9 月降水量占全年降水量的 78.1%；年均相对湿度 82%，年总辐射量为 87-90 kcal·cm⁻²（1 kcal=4.19 kJ），年日照时数 1253-1342 h。

1.5 土壤特征

湖北木林子国家级自然保护区在我国土壤地理分区中属于黄棕壤、棕壤、黄壤大区。1982 年鹤峰县土壤普查有 10 个土类、23 个亚类、65 个土属、169 个土种。木林子自然保护区内土壤可分为 8 个土类、21 个亚类、61 个土属、169 个土种，主要土壤为黄棕壤和棕壤，pH 为 4.5-6.5，偏酸性。保护区内土壤分布的垂直带谱明显，随着海拔升高依次出现黄红壤带、黄壤带、黄棕壤带和棕壤带。

1.6　植被特征

湖北木林子国家级自然保护区由于复杂的地貌特征和垂直气候分异明显的气候环境，孕育了丰富的生物多样性，其植被类型、野生植物资源、珍稀濒危物种丰富，保存了完整的中亚热带山地常绿落叶阔叶混交林和大量的珍稀濒危及特有植物。该区域为中国种子植物三大特有现象中心之一的"川东 - 鄂西特有现象中心"的核心地带，特有种和国家重点保护物种繁多，因其特殊的地理位置、重要的生态功能和丰富的生物多样性资源而被《中国生物多样性保护行动计划》和《中国生物多样性国情研究报告》列为中国优先保护区域和具有全球意义的生物多样性关键地区。

保护区植被类型可划分为 3 个植被型组，7 个植被型，34 个群系，其中亚热带山地常绿落叶阔叶混交林是该保护区具有代表性的地带性植被，居于主体地位。保护区自然植被垂直带谱明显，随海拔由低到高依次出现常绿阔叶林带、常绿落叶阔叶混交林带、山顶杜鹃（*Rhododendron simsii*）林带及细叶青冈（*Cyclobalanopsis gracilis*）矮林。

通过多次科学考察和植物调查表明，湖北木林子国家级自然保护区有维管植物 2797 种（包括种下分类群及重要的栽培种），隶属于 206 科 943 属。其中，蕨类植物 35 科 76 属 283 种，种子植物 171 科 867 属 2514 种（裸子植物 7 科 19 属 28 种，被子植物 164 科 848 属 2486 种），其物种总数占湖北省的 45.24%。有列入国际公约或国家保护的珍稀濒危植物 153 种，其中 76 种属于中国特有种。有国家重点保护野生植物 30 种，占湖北总种数的 58.82%。其中，国家一级保护植物有珙桐（*Davidia involucrata*）、光叶珙桐（*Davidia involucrata* var. *vilmoriniana*）、红豆杉（*Taxus chinensis*）、南方红豆杉（*Taxus wallichiana* var. *mairei*）、伯乐树（*Bretschneidera sinensis*）和银杏（*Ginkgo biloba*）等 6 种；国家二级保护植物有巴山榧树（*Torreya fargesii*），篦子三尖杉（*Cephalotaxus oliveri*）、峨眉含笑（*Michelia wilsonii*）、喜树（*Camptotheca acuminata*）、榉树（*Zelkova serrata*）、红椿（*Toona ciliata*）等 24 种。列入濒危野生动植物种国际贸易公约（Convention on International Trade in Endangered Species of Wild Fauna and Flora, CITES）附录（2007版）物种有 72 种；列入世界自然保护联盟（International Union for Conservation of Nature，IUCN）受威胁物种红色名录（2006）的物种有 32 种；列入中国物种红色名录（2004）濒危物种评价体系的物种达 110 种，其中濒危 8 种，易危 58 种，近危 44 种。

II 木林子常绿落叶阔叶混交林森林动态监测样地

2.1 样地建设

2013 年在湖北木林子国家级自然保护区内，选择地势相对平缓、内部地形相对一致的区域，按照热带林业科学中心（Centre for Tropical Forest Science，CTFS）样地建设标准和技术规范（Condit，1995），采用实时动态测量仪（real time kinematic，RTK）从样地原点沿东西方向和南北方向每隔 20 m 定点，并测定各点海拔，建立东西长 300 m、南北长 500 m 的 15 hm² 固定监测大样地。样地的整体地势自东北角向西南角逐渐抬升，无明显断崖与尖峰（图 2-1）。将样地划分为 375 块 20 m×20 m 的样方，样方 4 个角使用经过防腐处理的不锈钢管作为永久标记，在每块 20 m×20 m 的样方内再细分为 4 个 10 m×10 m 或 16 个 5 m×5 m 的小样方。

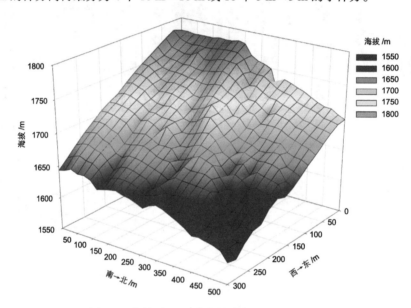

图 2-1　木林子 15 hm² 森林动态监测样地地形图

2.2 植被调查

植被调查于 2014 年 6-8 月进行，对样地内所有胸径（DBH）在 1.0 cm 以上的木本植物个体在胸径处用红色油漆标记，对所有标记的植物个体用铜丝（1.0 cm≤DBH≤5.0 cm）或螺纹钢钉（DBH>5.0 cm）套挂具有唯一编号的特制铝牌。在对大样地生境因子调查的基础上，以 20 m×20 m 的样方为基本单元，对已标记挂牌的所有植物个体进行测树因子及相对位置坐标测量，主要包括种名、胸径、树高、是否萌生等指标，以及在调查样方单元的相对位置坐标（以大样地西南角为原点，测定 x 轴和 y 轴的坐标值）。野外调查内容和方法参照巴拿马巴洛科罗拉多岛（Barro Colorado Island，BCI）的技术规范，采用中国森林生物多样性监测网络的统一调查研究方法进行。

2.3 物种组成与群落结构

湖北木林子 15 hm² 森林动态监测样地属于典型山地常绿落叶阔叶混交林，木本植物合计 58 科 111 属 224 种（含种下分类单位），其中常绿树种 71 种，落叶树种 153 种，共 84 144 株存活个体。样地内乔木层的优势种为多脉青冈（*Cyclobalanopsis multinervis*）和小叶青冈

（*Cyclobalanopsis myrsinifolia*），亚乔木层的优势种为山矾（*Symplocos sumuntia*）和城口桤叶树（*Clethra fargesii*），灌木层的优势种为翅柃（*Eurya alalta*）和木姜子（*Litsea pungens*），其径级分布如图 2-2 至图 2-4 所示。

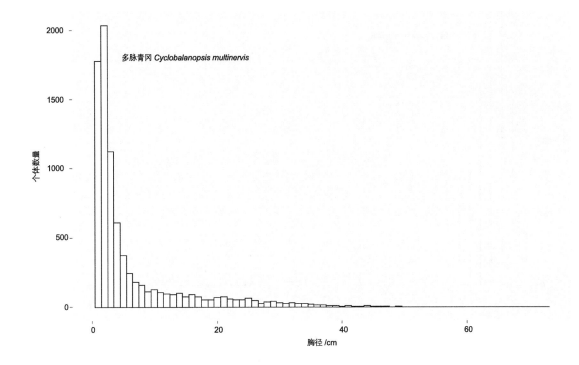

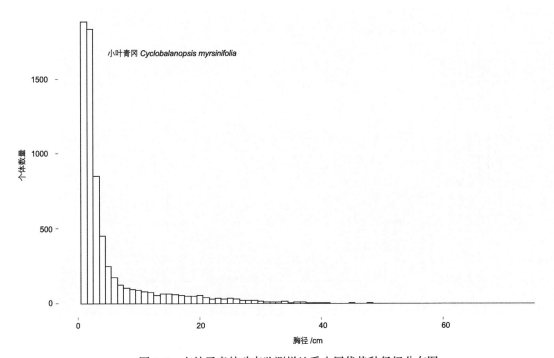

图 2-2 木林子森林动态监测样地乔木层优势种径级分布图

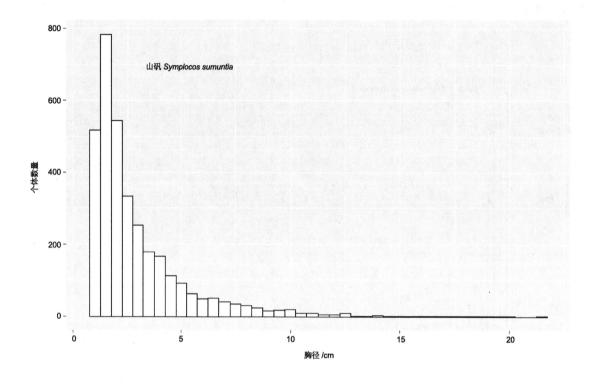

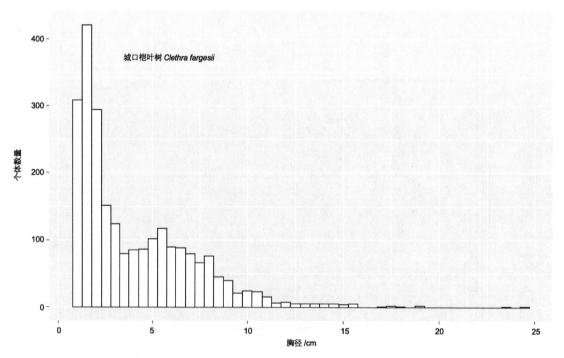

图 2-3 木林子森林动态监测样地亚乔木层优势种径级分布图

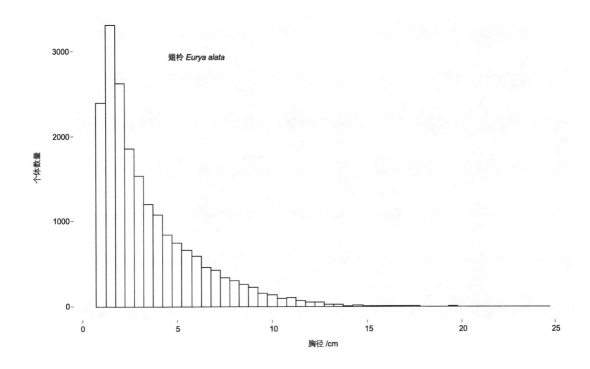

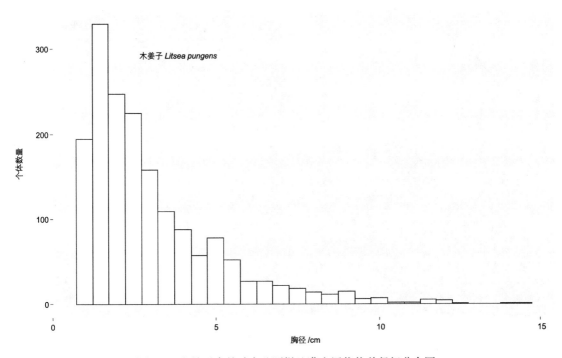

图 2-4　木林子森林动态监测样地灌木层优势种径级分布图

III 样地树种及其分布

林层划分 根据样地内树种的生长型和个体高度，划分为 3 个林层：乔木层（乔木，树高 10 m 以上，共 67 种）；亚乔木层（乔木或小乔木，树高 5-10 m，共 35 种）；灌木层（灌木，树高 5 m 以下，其中木质藤本划入灌木层，共 122 种）。

重要值计算 根据林层划分结果，分层计算各物种重要值；其中，重要值＝（相对显著度＋相对多度）×100/2，相对显著度用胸高断面积进行计算。

胸径分级 采用上限排除法进行划分，乔木层为 [1.0, 2.5)、[2.5, 5.0)、[5.0, 10.0)、[10.0, 25.0)、[25.0, 40.0)、[40.0, 60.0)、[60.0, 110.0)；亚乔木层为 [1.0, 2.5)、[2.5, 5.0)、[5.0, 8.0)、[8.0, 11.0)、[11.0, 15.0)、[15.0, 20.0)、[20.0, 30.0)；灌木层为 [1.0, 2.0)、[2.0, 3.0)、[3.0, 4.0)、[4.0, 5.0)、[5.0, 7.0)、[7.0, 10.0)、[10.0, 15.0)。

个体分布 以样地西南角为坐标原点，东西向边界为 x 轴，南北向边界为 y 轴，以树木个体在样地内的相对坐标确定分布位点。

黄杉 *Pseudotsuga sinensis* Dode

黄杉属 *Pseudotsuga*　　松科 Pinaceae

个体数量（Individual number）= 1
最小，平均，最大胸径（Min, Mean, Max DBH）= 3.0 cm, 3.0 cm, 3.0 cm
分布林层（Layer）= 灌木层（Shrub layer）
重要值排序（Importance value rank）= 110/122

胸径区间 /cm	个体 数量	比例 /%
[1.0, 2.0)	0	0.00
[2.0, 3.0)	0	0.00
[3.0, 4.0)	1	100.00
[4.0, 5.0)	0	0.00
[5.0, 7.0)	0	0.00
[7.0, 10.0)	0	0.00
[10.0, 15.0)	0	0.00

　　乔木，高达 50 m；幼树树皮淡灰色，老则灰色或深灰色，裂成不规则厚块片；一年生枝淡黄色或淡黄灰色，二年生枝灰色，通常主枝无毛，侧枝被灰褐色短毛。叶条形，排列成两列，长 1.3-3 cm，先端钝圆有凹缺，基部宽楔形，上面绿色或淡绿色，下面有 21 条白色气孔带；横切面两端尖，上面有一层不连续排列的皮下层细胞，下面有连续排列的皮下层细胞。球果卵圆形或椭圆状卵圆形，近中部宽，两端微窄，长 4.5-8 cm，成熟前微被白粉；中部种鳞近扇形或扇状斜方形，上部宽圆，基部宽楔形，两侧有凹缺，长约 2.5 cm，宽约 3 cm，鳞背露出部分密生褐色短毛；苞鳞露出部分向后反伸，中裂窄三角形，长约 3 mm，侧裂三角状微圆，较中裂为短，边缘常有缺齿；种子三角状卵圆形，微扁，长约 9 mm，上面密生褐色短毛，下面具不规则的褐色斑纹，种翅较种子为长，先端圆，种子连翅稍短于种鳞；子叶 6 枚，条状披针形，长 1.7-2.8 cm，先端尖，深绿色，上面中脉隆起，有 2 条白色气孔带，下面平，不隆起。花期 4 月，球果 10-11 月成熟。

　　恩施州广布，生于山坡；分布于云南、四川、贵州、湖北、湖南。按照国务院 1999 年批准的国家重点保护野生植物（第一批）名录，本种为二级保护植物。

杉木 *Cunninghamia lanceolata* (Lamb.) Hook.

杉木属 *Cunninghamia*　　杉科 Taxodiaceae

个体数量（Individual number）= 1
最小，平均，最大胸径（Min, Mean, Max DBH）= 3.4 cm, 3.4 cm, 3.4 cm
分布林层（Layer）= 灌木层（Shrub layer）
重要值排序（Importance value rank）= 106/122

胸径区间/cm	个体数量	比例/%
[1.0, 2.0)	0	0.00
[2.0, 3.0)	0	0.00
[3.0, 4.0)	1	100.00
[4.0, 5.0)	0	0.00
[5.0, 7.0)	0	0.00
[7.0, 10.0)	0	0.00
[10.0, 15.0)	0	0.00

　　乔木，高达 30 m；幼树树冠尖塔形，大树树冠圆锥形，树皮灰褐色，裂成长条片脱落，内皮淡红色；大枝平展，小枝近对生或轮生，常成二列状，幼枝绿色，光滑无毛；冬芽近圆形，有小型叶状的芽鳞，花芽圆球形、较大。叶在主枝上辐射伸展，侧枝之叶基部扭转成二列状，披针形或条状披针形，通常微弯、呈镰状，革质、坚硬，长 2-6 cm，边缘有细缺齿，先端渐尖，稀微钝，上面深绿色，有光泽，除先端及基部外两侧有窄气孔带，微具白粉或白粉不明显，下面淡绿色，沿中脉两侧各有 1 条白粉气孔带；老树之叶通常较窄短、较厚，上面无气孔线。雄球花圆锥状，长 0.5-1.5 cm，有短梗，通常 40 余个簇生枝顶；雌球花单生或 2-4 个集生，绿色，苞鳞横椭圆形，先端急尖，上部边缘膜质，有不规则的细齿，长宽几相等。球果卵圆形，长 2.5-5 cm；熟时苞鳞革质，棕黄色，三角状卵形，长约 1.7 cm，先端有坚硬的刺状尖头，边缘有不规则的锯齿，向外反卷或不反卷，背面的中肋两侧有 2 条稀疏气孔带；种鳞很小，先端三裂，侧裂较大，裂片分离，先端有不规则细锯齿，腹面着生 3 粒种子；种子扁平，遮盖着种鳞，长卵形或矩圆形，暗褐色，有光泽，两侧边缘有窄翅，长 7-8 mm；子叶 2 枚，发芽时出土。花期 4 月，球果 10 月下旬成熟。

　　恩施州广布；全国大部分地区有栽培。

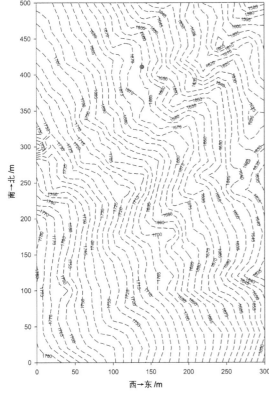

红豆杉（变种）*Taxus wallichiana* var. *chinensis* (Pilger) Florin

红豆杉属 *Taxus*　　红豆杉科 Taxaceae

个体数量（Individual number）= 5
最小，平均，最大胸径（Min, Mean, Max DBH）= 2.2 cm, 10.1 cm, 19.6 cm
分布林层（Layer）= 乔木层（Tree layer）
重要值排序（Importance value rank）= 60/67

胸径区间 /cm	个体 数量	比例 /%
[1.0, 2.5)	1	20.00
[2.5, 5.0)	1	20.00
[5.0, 10.0)	0	0.00
[10.0, 25.0)	3	60.00
[25.0, 40.0)	0	0.00
[40.0, 60.0)	0	0.00
[60.0, 110.0)	0	0.00

　　乔木，高达 30 m；树皮灰褐色、红褐色或暗褐色，裂成条片脱落；大枝开展，一年生枝绿色或淡黄绿色，秋季变成绿黄色或淡红褐色，老枝黄褐色、淡红褐色或灰褐色；冬芽黄褐色、淡褐色或红褐色，有光泽，芽鳞三角状卵形，背部无脊或有纵脊，脱落或少数宿存于小枝的基部。叶排列成两列，条形，微弯或较直，长 1-3 cm，宽 2-4 mm，上部微渐窄，先端常微急尖，稀急尖或渐尖，上面深绿色，有光泽，下面淡绿色，有两条气孔带，中脉带上有密生均匀而微小的圆形角质乳头状突起点，常与气孔带同色，稀色较浅。雄球花淡黄色，雄蕊 8-14 枚，花药 4-8 个。种子生于杯状红色肉质的假种皮中，间或生于近膜质盘状的种托之上，常呈卵圆形，上部渐窄，稀倒卵状，微扁或圆，上部常具 2 条钝棱脊，稀上部三角状具 3 条钝脊，先端有突起的短钝尖头，种脐近圆形或宽椭圆形，稀三角状圆形。花期 4-5 月，果期 11-12 月。

　　恩施州广布，生于山坡林下；分布于甘肃、陕西、四川、云南、贵州、湖北、湖南、广西、安徽。

响叶杨 *Populus adenopoda* Maxim.

杨属 *Populus*　　杨柳科 Salicaceae

个体数量（Individual number）= 34
最小，平均，最大胸径（Min, Mean, Max DBH）= 9.4 cm, 20.2 cm, 36.5 cm
分布林层（Layer）= 乔木层（Tree layer）
重要值排序（Importance value rank）= 39/67

胸径区间 /cm	个体 数量	比例 /%
[1.0, 2.5)	0	0.00
[2.5, 5.0)	0	0.00
[5.0, 10.0)	1	2.94
[10.0, 25.0)	26	76.47
[25.0, 40.0)	7	20.59
[40.0, 60.0)	0	0.00
[60.0, 110.0)	0	0.00

　　乔木，高 15-30 m。树皮灰白色，光滑，老时深灰色，纵裂；树冠卵形。小枝较细，暗赤褐色，被柔毛；老枝灰褐色，无毛。芽圆锥形，有黏质，无毛。叶卵状圆形或卵形，长 5-15 cm，宽 4-7 cm，先端长渐尖，基部截形或心形，稀近圆形或楔形，边缘有内曲圆锯齿，齿端有腺点，上面无毛或沿脉有柔毛，深绿色，光亮，下面灰绿色，幼时被密柔毛；叶柄侧扁，被绒毛或柔毛，长 2-12 cm，顶端有 2 显著腺点。雄花序长 6-10 cm，苞片条裂，有长缘毛，花盘齿裂。果序长 12-30 cm；花序轴有毛；蒴果卵状长椭圆形，长 4-6 mm，稀 2-3 mm，先端锐尖，无毛，有短柄，2 瓣裂。种子倒卵状椭圆形，长 2.5 mm，暗褐色。花期 3-4 月，果期 4-5 月。

　　恩施州广泛栽培，生于人工林中；分布于陕西、河南、安徽、江苏、浙江、福建、江西、湖北、湖南、广西、四川、贵州和云南等省区。

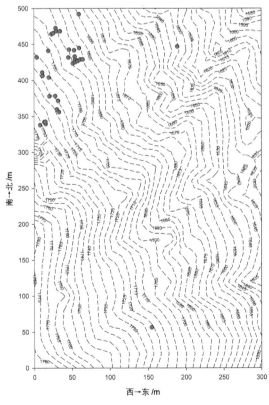

大叶杨 *Populus lasiocarpa* Oliv.

杨属 *Populus*　　杨柳科 Salicaceae

个体数量（Individual number）= 248
最小，平均，最大胸径（Min, Mean, Max DBH）= 1.4 cm, 24.1 cm, 60.0 cm
分布林层（Layer）= 乔木层（Tree layer）
重要值排序（Importance value rank）= 18/67

胸径区间/cm	个体数量	比例/%
[1.0, 2.5)	3	1.21
[2.5, 5.0)	2	0.81
[5.0, 10.0)	6	2.42
[10.0, 25.0)	129	52.02
[25.0, 40.0)	85	34.27
[40.0, 60.0)	22	8.87
[60.0, 110.0)	1	0.40

乔木，高 20 余米。树冠塔形或圆形；树皮暗灰色，纵裂。枝粗壮而稀疏，黄褐或稀紫褐色，有棱脊，嫩时被绒毛，或疏柔毛。芽大，卵状圆锥形，微具黏质，基部鳞片具绒毛。叶卵形，长 15-30 cm，宽 10-15 cm，先端渐尖，稀短渐尖，基部深心形，常具 2 腺点，边缘具反卷的圆腺锯齿，上面光滑亮绿色，近基部密被柔毛，下面淡绿色，具柔毛，沿脉尤为显著；叶柄圆，有毛，长 8-15 cm，通常与中脉同为红色。雄花序长 9-12 cm；花轴具柔毛；苞片倒披针形，光滑，赤褐色，先端条裂；雄蕊 30-40 枚。果序长 15-24 cm，轴具毛；蒴果卵形，长 1-1.7 cm，密被绒毛，有柄或近无柄，3 瓣裂。种子棒状，暗褐色，长 3-3.5 mm。花期 3-4 月，果期 4-5 月。

恩施州广布，生于山谷林中；分布于湖北、四川、陕西、贵州、云南等省。

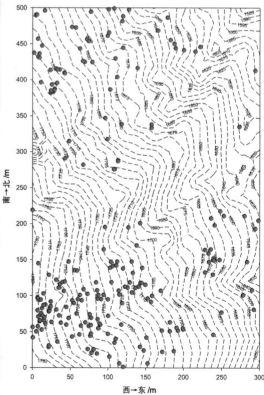

皂柳 *Salix wallichiana* Anderss.

柳属 *Salix*   杨柳科 Salicaceae

个体数量（Individual number）= 1
最小，平均，最大胸径（Min, Mean, Max DBH）= 8.8 cm, 8.8 cm, 8.8 cm
分布林层（Layer）= 灌木层（Shrub layer）
重要值排序（Importance value rank）= 101/122

胸径区间 /cm	个体数量	比例 /%
[1.0, 2.0)	0	0.00
[2.0, 3.0)	0	0.00
[3.0, 4.0)	0	0.00
[4.0, 5.0)	0	0.00
[5.0, 7.0)	0	0.00
[7.0, 10.0)	1	100.00
[10.0, 15.0)	0	0.00

灌木或乔木。小枝红褐色、黑褐色或绿褐色，初有毛后无毛。芽卵形，有棱，先端尖，常外弯，红褐色或栗色，无毛。叶披针形，长圆状披针形，卵状长圆形，狭椭圆形，长 4-10 cm，宽 1-3 cm，先端急尖至渐尖，基部楔形至圆形，上面初有丝毛，后无毛，平滑，下面有平伏的绢质短柔毛或无毛，浅绿色至有白霜，网脉不明显，幼叶发红色；全缘，萌枝叶常有细锯齿；上年落叶灰褐色；叶柄长约 1 cm；托叶小比叶柄短，半心形，边缘有牙齿。花序先叶开放或近同时开放，无花序梗；雄花序长 1.5-3 cm，粗 1-1.5 cm；雄蕊 2 枚，花药大，椭圆形，长 0.8-1 mm，黄色，花丝纤细，离生，长 5-6 mm，无毛或基部有疏柔毛；苞片褐色，长圆形或倒卵形，先端急尖，两面有白色长毛或外面毛少；腺 1，卵状长方形；雌花序圆柱形，或向上部渐狭，2.5-4 cm 长，粗约 1-1.2 cm，果序可伸长至 12 cm，粗 1.5 cm；子房狭圆锥形，长 3-4 mm，密被短柔毛，子房柄短或受粉后逐渐伸长，有的果柄可与苞片近等长，花柱短至明显，柱头直立，2-4 裂；苞片长圆形，先端急尖，褐色，有长毛；腺体同雄花。蒴果长可达 9 mm，有毛或近无毛，开裂后，果瓣向外反卷。花期 4 月中下旬至 5 月初，果期 5 月。

恩施州广布，生于缓坡林中；分布于西藏、云南、四川、贵州、湖南、湖北、青海、甘肃、陕西、山西、河北、内蒙古、浙江；印度、不丹、尼泊尔也有。

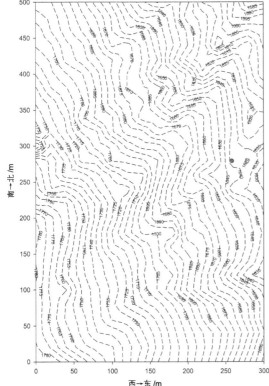

旱柳 *Salix matsudana* Koidz.

柳属 *Salix* 杨柳科 Salicaceae

个体数量（Individual number）= 10
最小，平均，最大胸径（Min, Mean, Max DBH）= 1.2 cm, 9.1 cm, 14.3 cm
分布林层（Layer）= 乔木层（Tree layer）
重要值排序（Importance value rank）= 52/67

胸径区间 /cm	个体 数量	比例 /%
[1.0, 2.5)	1	10.00
[2.5, 5.0)	1	10.00
[5.0, 10.0)	4	40.00
[10.0, 25.0)	4	40.00
[25.0, 40.0)	0	0.00
[40.0, 60.0)	0	0.00
[60.0, 110.0)	0	0.00

乔木，高达 18 m。大枝斜上，树冠广圆形；树皮暗灰黑色，有裂沟；枝细长，直立或斜展，浅褐黄色或带绿色，后变褐色，无毛，幼枝有毛。芽微有短柔毛。叶披针形，长 5-10 cm，宽 1-1.5 cm，先端长渐尖，基部窄圆形或楔形，上面绿色，无毛，有光泽，下面苍白色或带白色，有细腺锯齿缘，幼叶有丝状柔毛；叶柄短，长 5-8 mm，在上面有长柔毛；托叶披针形或缺，边缘有细腺锯齿。花序与叶同时开放；雄花序圆柱形，长 1.5-3 cm，粗 6-8 mm，多少有花序梗，轴有长毛；雄蕊 2 枚，花丝基部有长毛，花药卵形，黄色；苞片卵形，黄绿色，先端钝，基部多少有短柔毛；腺体 2 个；雌花序较雄花序短，长达 2 cm，粗 4 mm，有 3-5 小叶生于短花序梗上，轴有长毛；子房长椭圆形，近无柄，无毛，无花柱或很短，柱头卵形，近圆裂；苞片同雄花；腺体 2 个，背生和腹生。果序长达 2.5 cm。花期 4 月，果期 4-5 月。

产于利川，生于缓坡林中；我国长江以北广布；朝鲜、日本、俄罗斯等地也有。

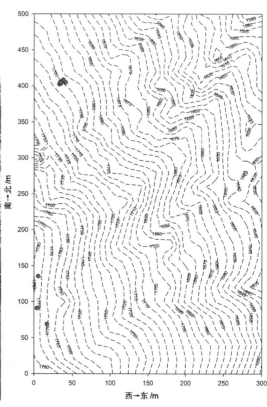

化香树 *Platycarya strobilacea* Sieb. et Zucc.

化香树属 *Platycarya*　　胡桃科 Juglandaceae

个体数量（Individual number）= 3
最小，平均，最大胸径（Min, Mean, Max DBH）= 13.7 cm, 33.1 cm, 45.5 cm
分布林层（Layer）= 乔木层（Tree layer）
重要值排序（Importance value rank）= 62/67

胸径区间/cm	个体数量	比例/%
[1.0, 2.5)	0	0.00
[2.5, 5.0)	0	0.00
[5.0, 10.0)	0	0.00
[10.0, 25.0)	1	33.33
[25.0, 40.0)	0	0.00
[40.0, 60.0)	2	66.67
[60.0, 110.0)	0	0.00

　　落叶小乔木，高 2-6 m；树皮灰色，老时不规则纵裂。二年生枝条暗褐色，具细小皮孔；芽卵形或近球形，芽鳞阔，边缘具细短睫毛；嫩枝被有褐色柔毛，不久即脱落而无毛。叶长 15-30 cm，叶总柄显著短于叶轴，叶总柄及叶轴初时被稀疏的褐色短柔毛，后来脱落而近无毛，具 7-23 片小叶；小叶纸质，侧生小叶无叶柄，对生或生于下端者偶尔有互生，卵状披针形至长椭圆状披针形，长 4-11 cm，宽 1.5-3.5 cm，不等边，上方一侧较下方一侧为阔，基部歪斜，顶端长渐尖，边缘有锯齿，顶生小叶具长 2-3 cm 的小叶柄，基部对称，圆形或阔楔形，小叶上面绿色，近无毛或脉上有褐色短柔毛，下面浅绿色，初时脉上有褐色柔毛，后来脱落，或在侧脉腋内、在基部两侧毛不脱落，甚或毛全不脱落，毛的疏密依不同个体及生境而变异较大。两性花序和雄花序在小枝顶端排列成伞房状花序束，直立；两性花序通常 1 条，着生于中央顶端，长 5-10 cm，雌花序位于下部，长 1-3 cm，雄花序部分位于上部，有时无雄花序而仅有雌花序；雄花序通常 3-8 条，位于两性花序下方四周，长 4-10 cm。雄花：苞片阔卵形，顶端渐尖而向外弯曲，外面的下部、内面的上部及边缘生短柔毛，长 2-3 mm；雄蕊 6-8 枚，花丝短，稍生细短柔毛，花药阔卵形，黄色。雌花：苞片卵状披针形，顶端长渐尖、硬而不外曲，长 2.5-3 mm；花被 2 片，位于子房两侧并贴于子房，顶端与子房分离，背部具翅状的纵向隆起，与子房一同增大。果序球果状，卵状椭圆形至长椭圆状圆柱形，长 2.5-5 cm，径 2-3 cm；宿存苞片木质，略具弹性，长 7-10 mm；果实小坚果状，背腹压扁状，两侧具狭翅，长 4-6 mm，宽 3-6 mm。种子卵形，种皮黄褐色，膜质。花期 5-6 月，果期 7-8 月成熟。

　　恩施州广布，生于山坡林中；分布于甘肃、陕西、河南、山东、安徽、江苏、浙江、江西、福建、台湾、广东、广西、湖南、湖北、四川、贵州和云南；朝鲜、日本也有。

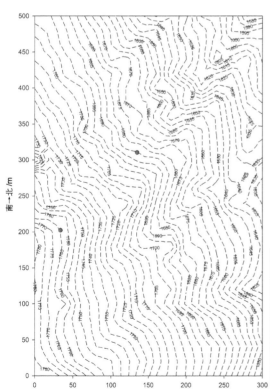

青钱柳 *Cyclocarya paliurus* (Batal.) Iljinsk.

青钱柳属 *Cyclocarya*　　胡桃科 Juglandaceae

个体数量（Individual number）= 10
最小，平均，最大胸径（Min, Mean, Max DBH）= 1.0 cm, 1.5 cm, 2.5 cm
分布林层（Layer）= 灌木层（Shrub layer）
重要值排序（Importance value rank）= 46/122

胸径区间 /cm	个体数量	比例 /%
[1.0, 2.0)	8	80.00
[2.0, 3.0)	2	20.00
[3.0, 4.0)	0	0.00
[4.0, 5.0)	0	0.00
[5.0, 7.0)	0	0.00
[7.0, 10.0)	0	0.00
[10.0, 15.0)	0	0.00

　　俗名"摇钱树"，乔木，高达 30 m；树皮灰色；枝条黑褐色，具灰黄色皮孔。芽密被锈褐色盾状着生的腺体。奇数羽状复叶长约 20 cm，具 7-9 片小叶；叶轴密被短毛或有时脱落而成近于无毛；叶柄长约 3-5 cm，密被短柔毛或逐渐脱落而无毛；小叶纸质；侧生小叶近于对生或互生，具 0.5-2 mm 长的密被短柔毛的小叶柄，长椭圆状卵形至阔披针形，长 5-14 cm，宽 2-6 cm，基部歪斜，阔楔形至近圆形，顶端钝或急尖、稀渐尖；顶生小叶具长约 1 cm 的小叶柄，长椭圆形至长椭圆状披针形，长 5-12 cm，宽 4-6 cm，基部楔形，顶端钝或急尖；叶缘具锐锯齿，侧脉 10-16 对，上面被有腺体，仅沿中脉及侧脉有短毛，下面网脉明显凸起，被有灰色细小鳞片及盾状着生的黄色腺体，沿中脉和侧脉生短柔毛，侧脉腋内具簇毛。雄性菜荑花序长 7-18 cm，3 条或稀 2-4 条成一束生于长 3-5 mm 的总梗上，总梗自 1 年生枝条的叶痕腋内生出；花序轴密被短柔毛及盾状着生的腺体。雄花具长约 1 mm 的花梗。雌性菜荑花序单独顶生，花序轴常密被短柔毛，老时毛常脱落而成无毛，在其下端不生雌花的部分常有 1 片长约 1 cm 的被锈褐色毛的鳞片。果序轴长 25-30 cm，无毛或被柔毛。果实扁球形，径约 7 mm，果梗长 1-3 mm，密被短柔毛，果实中部围有水平方向的径达 2.5-6 cm 的革质圆盘状翅，顶端具 4 枚宿存的花被片及花柱，果实及果翅全部被有腺体，在基部及宿存的花柱上则被稀疏的短柔毛。花期 4-5 月，果期 7-9 月。

　　恩施州广布，生于山坡林中；分布于安徽、江苏、浙江、江西、福建、台湾、湖北、湖南、四川、贵州、广西、广东和云南。

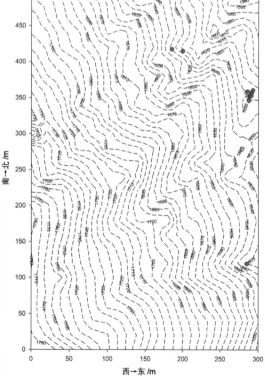

江南桤木 *Alnus trabeculosa* Hand.-Mazz.

桤木属 *Alnus*　　桦木科 Betulaceae

个体数量（Individual number）= 2
最小，平均，最大胸径（Min, Mean, Max DBH）= 1.2 cm, 1.3 cm, 1.3 cm
分布林层（Layer）=灌木层（Shrub layer）
重要值排序（Importance value rank）= 97/122

胸径区间 /cm	个体数量	比例 /%
[1.0, 2.0)	2	100.00
[2.0, 3.0)	0	0.00
[3.0, 4.0)	0	0.00
[4.0, 5.0)	0	0.00
[5.0, 7.0)	0	0.00
[7.0, 10.0)	0	0.00
[10.0, 15.0)	0	0.00

　　乔木，高约 10 m；树皮灰色或灰褐色，平滑；枝条暗灰褐色，无毛；小枝黄褐色或褐色，无毛或被黄褐色短柔毛；芽具柄，具 2 枚光滑的芽鳞。短枝和长枝上的叶大多数均为倒卵状矩圆形、倒披针状矩圆形或矩圆形，有时长枝上的叶为披针形或椭圆形，长 6-16 cm，宽 2.5-7 cm，顶端锐尖、渐尖至尾状，基部近圆形或近心形，很少楔形，边缘具不规则疏细齿，上面无毛，下面具腺点，脉腋间具簇生的髯毛，侧脉 6-13 对；叶柄细瘦，长 2-3 cm，疏被短柔毛或无毛，无或多少具腺点。果序矩圆形，长 1-2.5 cm，径 1-1.5 cm，2-4 枚呈总状排列；序梗长 1-2 cm；果苞木质，长 5-7 mm，基部楔形，顶端圆楔形，具 5 枚浅裂片。小坚果宽卵形，长 3-4 mm，宽 2-2.5 mm；果翅厚纸质，极狭，宽及果的 1/4。花期 5-6 月，果期 7-8 月。

　　产于利川，生于山坡林中；分布于安徽、江苏、浙江、江西、福建、广东、湖南、湖北、河南；日本也有。

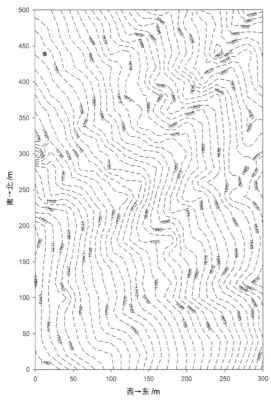

亮叶桦 *Betula luminifera* H. Winkl.

桦木属 *Betula* 桦木科 Betulaceae

个体数量（Individual number）= 510
最小，平均，最大胸径（Min，Mean，Max DBH）= 1.0 cm，22.7 cm，55.1 cm
分布林层（Layer）= 乔木层（Tree layer）
重要值排序（Importance value rank）= 9/67

胸径区间 /cm	个体数量	比例 /%
[1.0, 2.5)	4	0.78
[2.5, 5.0)	17	3.33
[5.0, 10.0)	36	7.06
[10.0, 25.0)	244	47.84
[25.0, 40.0)	180	35.30
[40.0, 60.0)	29	5.69
[60.0, 110.0)	0	0.00

乔木，高达 20 m；树皮红褐色或暗黄灰色，坚密，平滑；枝条红褐色，无毛，有蜡质白粉；小枝黄褐色，密被淡黄色短柔毛，疏生树脂腺体；芽鳞无毛，边缘被短纤毛。叶矩圆形、宽矩圆形、矩圆披针形、有时为椭圆形或卵形，长 4.5-10 cm，宽 2.5-6 cm，顶端骤尖或呈细尾状，基部圆形，有时近心形或宽楔形，边缘具不规则的刺毛状重锯齿，叶上面仅幼时密被短柔毛，下面密生树脂腺点，沿脉疏生长柔毛，脉腋间有时具髯毛，侧脉 12-14 对；叶柄长 1-2 cm，密被短柔毛及腺点，极少无毛。雄花序 2-5 枚簇生于小枝顶端或单生于小枝上部叶腋；序梗密生树脂腺体；苞鳞背面无毛，边缘具短纤毛。果序大部单生，间或在一个短枝上出现两枚单生于叶腋的果序，长圆柱形，长 3-9 cm，径 6-10 mm；序梗长 1-2 cm，下垂，密被短柔毛及树脂腺体；果苞长 2-3 mm，背面疏被短柔毛，边缘具短纤毛，中裂片矩圆形、披针形或倒披针形，顶端圆或渐尖，侧裂、片小，卵形，有时不甚发育而呈耳状或齿状，长仅为中裂片的 1/3-1/4。小坚果倒卵形，长约 2 mm，背面疏被短柔毛，膜质翅宽为果的 1-2 倍。花期 3-4 月，果期 5-6 月。

恩施州广布，生于山坡林中；分布于云南、贵州、四川、陕西、甘肃、湖北、江西、浙江、广东、广西。

川陕鹅耳枥 *Carpinus fargesiana* H. Winkl.

鹅耳枥属 *Carpinus*　　桦木科 Betulaceae

个体数量（Individual number）= 3260
最小，平均，最大胸径（Min, Mean, Max DBH）= 1.0 cm, 12.7 cm, 60.0 cm
分布林层（Layer）= 乔木层（Tree layer）
重要值排序（Importance value rank）= 3/67

胸径区间 /cm	个体 数量	比例 /%
[1.0, 2.5)	628	19.26
[2.5, 5.0)	433	13.28
[5.0, 10.0)	472	14.48
[10.0, 25.0)	1334	40.92
[25.0, 40.0)	347	10.65
[40.0, 60.0)	45	1.38
[60.0, 110.0)	1	0.03

　　乔木，高达 20 m。树皮灰色，光滑；枝条细瘦，无毛，小枝棕色，疏被长柔毛。叶厚纸质，卵状披针形、卵状椭圆、椭圆形、矩圆形，长 2.5-6.5 cm，宽 2-2.5 cm，基部近圆形或微心形，顶端渐尖，上面深绿色，幼时疏被长柔毛，后变无毛，下面淡绿色，沿脉疏被长柔毛，其余无毛，通常无疣状突起，侧脉 12-16 对，脉腋间具髯毛，边缘具重锯齿；叶柄细瘦，长 6-10 mm，疏被长柔毛。果序长约 4 cm，径约 2.5 cm；序梗长 1-1.5 cm，序梗、序轴均疏被长柔毛；果苞半卵形或半宽卵形，长 1.3-1.5 cm，宽 6-8 mm，背面沿脉疏被长柔毛，外侧的基部无裂片，内侧的基部具耳突或仅边缘微内折，中裂片半三角状披针形，内侧边缘直，全缘，外侧边缘具疏齿，顶端渐尖。小坚果宽卵圆形，长约 3 mm，无毛，无树脂腺体，极少于上部疏生腺体，具数肋。花期 5-6 月，果期 7-9 月。

　　恩施州广布，生于山脊山坡林中；分布于湖北、四川、陕西。

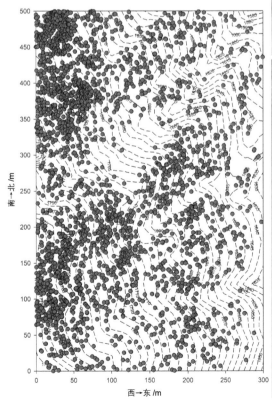

鹅耳枥 *Carpinus turczaninowii* Hance

鹅耳枥属 *Carpinus*　　桦木科 **Betulaceae**

个体数量（Individual number）= 5
最小，平均，最大胸径（Min, Mean, Max DBH）= 1.2 cm, 1.9 cm, 3.0 cm
分布林层（Layer）= 灌木层（Shrub layer）
重要值排序（Importance value rank）= 73/122

胸径区间 /cm	个体数量	比例 /%
[1.0, 2.0)	4	80.00
[2.0, 3.0)	0	0.00
[3.0, 4.0)	1	20.00
[4.0, 5.0)	0	0.00
[5.0, 7.0)	0	0.00
[7.0, 10.0)	0	0.00
[10.0, 15.0)	0	0.00

　　乔木，高 5-10 m；树皮暗灰褐色，粗糙，浅纵裂；枝细瘦，灰棕色，无毛；小枝被短柔毛。叶卵形、宽卵形、卵状椭圆形或卵菱形，有时卵状披针形，长 2.5-5 cm，宽 1.5-3.5 cm，顶端锐尖或渐尖，基部近圆形或宽楔形，有时微心形或楔形，边缘具规则或不规则的重锯齿，上面无毛或沿中脉疏生长柔毛，下面沿脉通常疏被长柔毛，脉腋间具髯毛，侧脉 8-12 对；叶柄长 4-10 mm，疏被短柔毛。果序长 3-5 cm；序梗长 10-15 mm，序梗、序轴均被短柔毛；果苞变异较大，半宽卵形、半卵形、半矩圆形至卵形，长 6-20 mm，宽 4-10 mm，疏被短柔毛，顶端钝尖或渐尖，有时钝，内侧的基部具一个内折的卵形小裂片，外侧的基部无裂片，中裂片内侧边缘全缘或疏生不明显的小齿，外侧边缘具不规则的缺刻状粗锯齿或具 2-3 个齿裂。小坚果宽卵形，长约 3 mm，无毛，有时顶端疏生长柔毛，无或有时上部疏生树脂腺体。花期 5-7 月，果期 7-9 月。

　　产于利川，属湖北省新记录，生于山坡林中；分布于辽宁、山西、河北、河南、山东、陕西、甘肃、湖北；朝鲜、日本也有。

西→东 /m

川榛（变种）*Corylus heterophylla* var. *sutchuenensis* Franch.

榛属 *Corylus*　　桦木科 Betulaceae

个体数量（Individual number）= 4
最小，平均，最大胸径（Min, Mean, Max DBH）= 1.5 cm, 3.4 cm, 6.4 cm
分布林层（Layer）= 灌木层（Shrub layer）
重要值排序（Importance value rank）= 89/122

胸径区间 /cm	个体数量	比例 /%
[1.0, 2.0)	1	25.00
[2.0, 3.0)	1	25.00
[3.0, 4.0)	1	25.00
[4.0, 5.0)	0	0.00
[5.0, 7.0)	1	25.00
[7.0, 10.0)	0	0.00
[10.0, 15.0)	0	0.00

　　灌木或小乔木，高 1-7 m；树皮灰色；枝条暗灰色，无毛，小枝黄褐色，密被短柔毛兼被疏生的长柔毛，无或多少具刺状腺体。叶椭圆形、宽卵形或几圆形，顶端尾状，长 4-13 cm，宽 2.5-10 cm，边缘具不规则的重锯齿，中部以上具浅裂，上面无毛，下面于幼时疏被短柔毛，以后仅沿脉疏被短柔毛，其余无毛，侧脉 3-5 对；叶柄纤细，长 1-2 cm，疏被短毛或近无毛。雄花序单生，长约 4 cm。果单生或 2-6 枚簇生成头状；果苞钟状，外面具细条棱，密被短柔毛兼有疏生的长柔毛，密生刺状腺体，很少无腺体，较果长但不超过 1 倍，很少较果短，上部浅裂，裂片三角形，边缘具疏齿，很少全缘；序梗长约 1.5 cm，密被短柔毛。坚果近球形，长 7-15 mm，无毛或仅顶端疏被长柔毛。花期 3-4 月，果期 9-10 月。

　　恩施州广布，生于山坡林中；分布于贵州、四川、陕西、甘肃、河南、山东、江苏、安徽、浙江、江西、湖北。

水青冈 *Fagus longipetiolata* Seem.

水青冈属 *Fagus*   壳斗科 Fagaceae

个体数量（Individual number）= 109
最小，平均，最大胸径（Min, Mean, Max DBH）= 1.0 cm, 10.5 cm, 81.4 cm
分布林层（Layer）= 乔木层（Tree layer）
重要值排序（Importance value rank）= 29/67

胸径区间 /cm	个体数量	比例 /%
[1.0, 2.5)	46	42.20
[2.5, 5.0)	21	19.26
[5.0, 10.0)	8	7.34
[10.0, 25.0)	17	15.60
[25.0, 40.0)	8	7.34
[40.0, 60.0)	8	7.34
[60.0, 110.0)	1	0.92

乔木，高达 25 m，冬芽长达 20 mm，小枝的皮孔狭长圆形或兼有近圆形。叶长 9-15 cm，宽 4-6 cm，稀较小，顶部短尖至短渐尖，基部宽楔形或近于圆，有时一侧较短且偏斜，叶缘波浪状，有短的尖齿，侧脉每边 9-15 条，直达齿端，开花期的叶沿叶背中、侧脉被长伏毛，其余被微柔毛，结果时因毛脱落变无毛或几无毛；叶柄长 1-3.5 cm。总梗长 1-10 cm；壳斗 4 瓣裂，裂瓣长 20-35 mm，稍增厚的木质；小苞片线状，向上弯钩，位于壳斗顶部的长达 7 mm，下部的较短，与壳壁相同均被灰棕色微柔毛，壳壁的毛较长且密，通常有坚果 2 个；坚果比壳斗裂瓣稍短或等长，脊棱顶部有狭而略伸延的薄翅。花期 4-5 月，果期 9-10 月。

恩施州广布，生于山坡林中；广布秦岭以南、五岭南坡以北各地。

米心水青冈 *Fagus engleriana* Seem.

水青冈属 *Fagus*　　壳斗科 Fagaceae

个体数量（Individual number）= 551
最小，平均，最大胸径（Min, Mean, Max DBH）= 1.0 cm, 12.0 cm, 90.0 cm
分布林层（Layer）= 乔木层（Tree layer）
重要值排序（Importance value rank）= 12/67

胸径区间 /cm	个体数量	比例 /%
[1.0, 2.5)	212	38.48
[2.5, 5.0)	84	15.25
[5.0, 10.0)	63	11.43
[10.0, 25.0)	84	15.25
[25.0, 40.0)	69	12.52
[40.0, 60.0)	36	6.53
[60.0, 110.0)	3	0.54

　　乔木，高达 25 m，小枝的皮孔近圆形。叶菱状卵形，长 5-9 cm，宽 2.5-4.5 cm，顶部短尖，基部宽楔形或近于圆，常一侧略短，叶缘波浪状，侧脉每边 9-14 条，在叶缘附近急向上弯并与上一侧脉连结，新生嫩叶的中脉被有光泽的长伏毛，结果期的叶几无毛或仅叶背沿中脉两侧有稀疏长毛；叶柄长 5-15 mm。果梗长 2-7 cm，无毛；壳斗裂瓣长 15-18 mm，位于壳壁下部的小苞片狭倒披针形，叶状，绿色，有中脉及支脉，无毛；位于上部的为线状而弯钩，被毛；每壳斗有坚果 2 个，稀 3 个，坚果脊棱的顶部有狭而稍下延的薄翅。花期 4-5 月，果期 8-10 月。

　　恩施州广布，生于山坡林中；秦岭以南、五岭北坡以北星散分布。

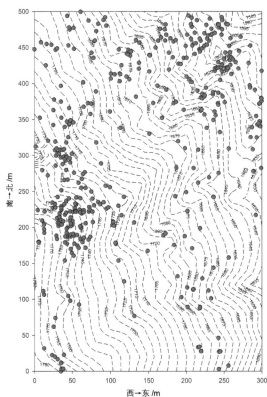

光叶水青冈 *Fagus lucida* Rehd. et Wils.

水青冈属 *Fagus*　　壳斗科 Fagaceae

个体数量（Individual number）= 21
最小，平均，最大胸径（Min, Mean, Max DBH）= 2.1 cm, 30.7 cm, 61.0 cm
分布林层（Layer）= 乔木层（Tree layer）
重要值排序（Importance value rank）= 38/67

胸径区间 /cm	个体数量	比例 /%
[1.0, 2.5)	1	4.76
[2.5, 5.0)	1	4.76
[5.0, 10.0)	2	9.52
[10.0, 25.0)	3	14.29
[25.0, 40.0)	8	38.10
[40.0, 60.0)	5	23.81
[60.0, 110.0)	1	4.76

　　乔木，高达 25 m，冬芽长达 15 mm，一二年生枝紫褐色，有长椭圆形皮孔，三年生枝苍灰色。叶卵形，长 6-11 cm，宽 3.5-6.5 cm，稀较小，顶部短至渐尖，基部宽楔形或近于圆，两侧略不对称，叶缘有锐齿，侧脉每边 9-12 条，直达齿端，新生嫩叶的叶柄、叶背中脉及侧脉被黄棕色长柔毛，壳斗成熟时，叶片的毛全或几全部脱落；叶柄长 6-20 mm。总梗长 5-15 mm，初时被毛，后期无毛。4 瓣裂，裂瓣长 10-15 mm，小苞片钻尖状，伏贴，很少其顶尖部分向上斜展，长 1-2 mm，与壳壁同被褐锈色微柔毛；坚果与裂瓣约等长或稍较长，有坚果 1-2 个，坚果脊棱的顶部无膜质翅或几无翅。花期 4-5 月，果期 9-10 月。

　　恩施州广布，生于山坡林中；广布长江北岸山地，向南至五岭南坡。

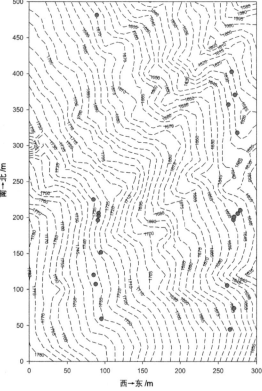

锥栗 *Castanea henryi* (Skan) Rehd. et Wils.

栗属 *Castanea*　　壳斗科 Fagaceae

个体数量（Individual number）= 364
最小，平均，最大胸径（Min，Mean，Max DBH）= 1.0 cm，37.9 cm，93.3 cm
分布林层（Layer）= 乔木层（Tree layer）
重要值排序（Importance value rank）= 10/67

胸径区间 /cm	个体 数量	比例 /%
[1.0，2.5）	9	2.47
[2.5，5.0）	12	3.30
[5.0，10.0）	10	2.75
[10.0，25.0）	39	10.71
[25.0，40.0）	126	34.62
[40.0，60.0）	138	37.91
[60.0，110.0）	30	8.24

　　乔木，高达 30 m。小枝暗紫褐色，托叶长 8-14 mm。叶长圆形或披针形，长 10-23 cm，宽 3-7 cm，顶部长渐尖至尾状长尖，新生叶的基部狭楔尖，两侧对称，成长叶的基部圆或宽楔形，一侧偏斜，叶缘的裂齿有长 2-4 mm 的线状长尖，叶背无毛，但嫩叶有黄色鳞腺且在叶脉两侧有疏长毛；开花期的叶柄长 1-1.5 cm，结果时延长至 2.5 cm。雄花序长 5-16 cm，花簇有花 1-5 朵；每壳斗有雌花 1（偶有 2 或 3）朵，常 1 花发育结实，花柱无毛，稀在下部有疏毛。成熟壳斗近圆球形，连刺径 2.5-4.5 cm，刺或密或稍疏生，长 4-10 mm；坚果长 15-12 mm，宽 10-15 mm，顶部有伏毛。花期 5-7 月，果期 9-10 月。

　　恩施州广布，生于山坡林中；广布于秦岭南坡以南、五岭以北各地，但台湾及海南不产。

栗 *Castanea mollissima* Blume
栗属 *Castanea*　　壳斗科 Fagaceae

个体数量（Individual number）= 1
最小，平均，最大胸径（Min，Mean，Max DBH）= 39.2 cm，39.2 cm，39.2 cm
分布林层（Layer）= 乔木层（Tree layer）
重要值排序（Importance value rank）= 66/67

胸径区间 /cm	个体 数量	比例 /%
[1.0, 2.5)	0	0.00
[2.5, 5.0)	0	0.00
[5.0, 10.0)	0	0.00
[10.0, 25.0)	0	0.00
[25.0, 40.0)	1	100.00
[40.0, 60.0)	0	0.00
[60.0, 110.0)	0	0.00

　　乔木，高达 20 m。小枝灰褐色，托叶长圆形，长 10-15 mm，被疏长毛及鳞腺。叶椭圆至长圆形，长 11-17 cm，宽达 7 cm，顶部短至渐尖，基部近截平或圆，或两侧稍向内弯而呈耳垂状，常一侧偏斜而不对称，新生叶的基部常狭楔尖且两侧对称，叶背被星芒状伏贴绒毛或因毛脱落变为几无毛；叶柄长 1-2 cm。雄花序长 10-20 cm，花序轴被毛；花 3-5 朵聚生成簇，雌花 1-5 朵发育结实，花柱下部被毛。成熟壳斗的锐刺有长有短，有疏有密，密时全遮蔽壳斗外壁，疏时则外壁可见，壳斗连刺径 4.5-6.5 cm；坚果高 1.5-3 cm，宽 1.8-3.5 cm。花期 4-6 月，果期 8-10 月。

　　恩施州广布，生于山坡林中；除青海、宁夏、新疆、海南等少数省区外广布南北各地。

茅栗 *Castanea seguinii* Dode

栗属 *Castanea*　壳斗科 Fagaceae

个体数量（Individual number）= 4
最小，平均，最大胸径（Min, Mean, Max DBH）= 28.0 cm, 40.8 cm, 47.7 cm
分布林层（Layer）= 乔木层（Tree layer）
重要值排序（Importance value rank）= 57/67

胸径区间 /cm	个体 数量	比例 /%
[1.0, 2.5)	0	0.00
[2.5, 5.0)	0	0.00
[5.0, 10.0)	0	0.00
[10.0, 25.0)	0	0.00
[25.0, 40.0)	1	25.00
[40.0, 60.0)	3	75.00
[60.0, 110.0)	0	0.00

　　小乔木或灌木状，通常高 2-5 m，冬芽长 2-3 mm，小枝暗褐色，托叶细长，长 7-15 mm，开花仍未脱落。叶倒卵状椭圆形或兼有长圆形的叶，长 6-14 cm，宽 4-5 cm，顶部渐尖，基部楔尖至圆或耳垂状，基部对称至一侧偏斜，叶背有黄或灰白色鳞腺，幼嫩时沿叶背脉两侧有疏单毛；叶柄长 5-15 mm。雄花序长 5-12 cm，雄花簇有花 3-5 朵；雌花单生或生于混合花序的花序轴下部，每壳斗有雌花 3-5 朵，通常 1-3 朵发育结实，花柱 6 或 9 枚，无毛；壳斗外壁密生锐刺，成熟壳斗连刺径 3-5 cm，宽略过于高，刺长 6-10 mm；坚果长 15-20 mm，宽 20-25 mm，无毛或顶部有疏伏毛。花期 5-7 月，果期 9-11 月。

　　恩施州广布，生于山坡灌丛中；广泛分布于大别山以南、五岭南坡以北各地。

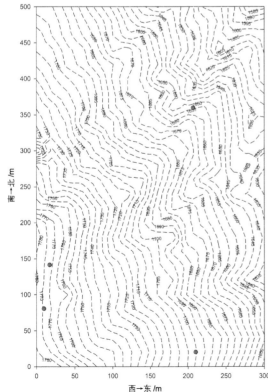

栲 *Castanopsis fargesii* Franch.

锥属 *Castanopsis*　　壳斗科 Fagaceae

个体数量（Individual number）= 4
最小，平均，最大胸径（Min, Mean, Max DBH）= 1.2 cm, 1.8 cm, 2.5 cm
分布林层（Layer）= 灌木层（Shrub layer）
重要值排序（Importance value rank）= 90/122

胸径区间 /cm	个体数量	比例 /%
[1.0, 2.0)	3	75.00
[2.0, 3.0)	1	25.00
[3.0, 4.0)	0	0.00
[4.0, 5.0)	0	0.00
[5.0, 7.0)	0	0.00
[7.0, 10.0)	0	0.00
[10.0, 15.0)	0	0.00

　　乔木，高 10-30 m，树皮浅纵裂，芽鳞、嫩枝顶部及嫩叶叶柄均被与叶背相同但较早脱落的红锈色细片状蜡鳞，枝、叶均无毛。叶长椭圆形或披针形，稀卵形，长 7-15 cm，宽 2-5 cm，稀更短或较宽，顶部短尖或渐尖，基部近于圆或宽楔形，有时一侧稍短且偏斜，全缘或有时在近顶部边缘有少数浅裂齿，中脉在叶面凹陷或上半段凹陷，下半段平坦，侧脉每边 11-15 条，支脉通常不显，或隐约可见，叶背的蜡鳞层颇厚且呈粉末状，嫩叶的为红褐色，成长叶的为黄棕色，或淡棕黄色，很少因蜡鳞早脱落而呈淡黄绿色；叶柄长 1-2 cm，嫩叶叶柄长约 5 mm。雄花穗状或圆锥花序，花单朵密生于花序轴上，雄蕊 10 枚；雌花序轴通常无毛，也无蜡鳞，雌花单朵散生于长有时达 30 cm 的花序轴上，花柱长约 1/2 mm。果序轴横切面径 1.5-3 mm。壳斗通常圆球形或宽卵形，连刺径 25-30 mm，稀更大，不规则瓣裂，壳壁厚约 1 mm，刺长 8-10 mm，基部合生或很少合生至中部成刺束，若彼此分离，则刺粗而短且外壁明显可见，壳壁及刺被白灰色或淡棕色微柔毛，或被淡褐红色蜡鳞及甚稀疏微柔毛，每壳斗有 1 坚果；坚果圆锥形，高略过于宽，高 1-1.5 cm，横径 8-12 mm，或近于圆球形，径 8-14 mm，无毛，果脐在坚果底部。花期 4-6 月，也有的 8-10 月，果次年同期成熟。

　　恩施州广布，生于山坡林中；广布长江以南各地。

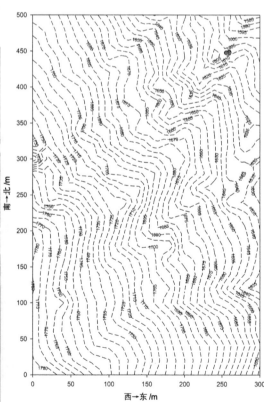

包果柯 *Lithocarpus cleistocarpus* (Seemen) Rehd. et Wils.

柯属 *Lithocarpus*　　壳斗科 Fagaceae

个体数量（Individual number）= 25
最小，平均，最大胸径（Min，Mean，Max DBH）= 1.0 cm，4.5 cm，44.0 cm
分布林层（Layer）=乔木层（Tree layer）
重要值排序（Importance value rank）= 47/67

胸径区间 /cm	个体数量	比例 /%
[1.0, 2.5)	20	80.00
[2.5, 5.0)	2	8.00
[5.0, 10.0)	1	4.00
[10.0, 25.0)	1	4.00
[25.0, 40.0)	0	0.00
[40.0, 60.0)	1	4.00
[60.0, 110.0)	0	0.00

　　乔木，高 5-10 m，树皮褐黑色，厚 7-8 mm，浅纵裂，芽小，芽鳞无毛，干后常有油润的树脂，当年生枝有明显纵沟棱，枝、叶均无毛。叶革质，卵状椭圆形或长椭圆形，长 9-16 cm，宽 3-5 cm，萌生枝的较大，顶部渐尖，基部渐狭尖，沿叶柄下延，中脉在叶面近于平坦或稍凸起，但有裂槽状细沟下延至叶柄，全缘，侧脉每边 8-12 条，至叶缘附近急弯向上而隐没，或有时位于上半部的则与其上邻的支脉连结，支脉疏离，纤细，叶背有紧实的蜡鳞层，二年生叶干后叶背带灰白色，当年生新出嫩叶干后褐黑色，有油润光泽；叶柄长 1.5-2.5 cm。雄穗状花序单穗或数穗集中成圆锥花序，花序轴被细片状蜡鳞；雌花 3 或 5 朵一簇散生于花序轴上，花序轴的顶部有时有少数雄花，花柱 3 枚，长约 1 mm。壳斗近圆球形，顶部平坦，宽 20-25 mm，包着坚果绝大部分，小苞片近顶部的为三角形，紧贴壳壁，稍下以至基部的则与壳壁融合而仅有痕迹，被淡黄灰色细片状蜡鳞，壳壁上薄下厚，中部厚约 1.5 mm；坚果顶部微凹陷、近于平坦或稍呈圆弧状隆起，被稀疏微伏毛，果脐占坚果面积的 1/2-3/4。花期 6-10 月，果次年秋冬成熟。

　　恩施州广布，生于山坡林中；分布于陕西、四川、湖北、安徽、浙江、江西、福建、湖南、贵州。

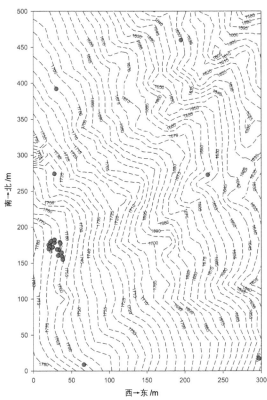

灰柯 *Lithocarpus henryi* (Seemen) Rehd. et Wils.

柯属 *Lithocarpus*　　壳斗科 Fagaceae

个体数量（Individual number）= 3
最小，平均，最大胸径（Min, Mean, Max DBH）= 2.1 cm, 24.5 cm, 48.0 cm
分布林层（Layer）= 乔木层（Tree layer）
重要值排序（Importance value rank）= 63/67

胸径区间 /cm	个体 数量	比例 /%
[1.0, 2.5)	1	33.33
[2.5, 5.0)	0	0.00
[5.0, 10.0)	0	0.00
[10.0, 25.0)	0	0.00
[25.0, 40.0)	1	33.33
[40.0, 60.0)	1	33.34
[60.0, 110.0)	0	0.00

　　乔木，高达 20 m，芽鳞无毛，当年生嫩枝紫褐色，二年生枝有灰白色薄蜡层，枝、叶无毛。叶革质或硬纸质，狭长椭圆形，长 12-22 cm，宽 3-6 cm，顶部短渐尖，基部有时宽楔形，常一侧稍短且偏斜，全缘，侧脉每边 11-15 条，在叶面微凹陷，支脉不明显，叶背干后带灰色，有较厚的蜡鳞层；叶柄长 1.5-3.5 cm。雄穗状花序单穗腋生；雌花序长达 20 cm，花序轴被灰黄色毡毛状微柔毛，其顶部常着生少数雄花；雌花每 3 朵一簇，花柱长约 1 mm，壳斗浅碗斗，高 6-14 mm，宽 15-24 mm，包着坚果很少到一半，壳壁顶端边缘甚薄，向下逐渐增厚，基部近木质，小苞片三角形，伏贴，位于壳斗顶端边缘的常彼此分离，覆瓦状排列；坚果高 12-20 mm，宽 15-24 mm，顶端圆，有时略凹陷，有时顶端尖，常有淡薄的白粉，果脐深 0.5-1 mm，口径 10-15 mm。花期 8-10 月，果次年同期成熟。

　　恩施州广布，生于山坡林中；分布于陕西、湖北、湖南、贵州、四川。

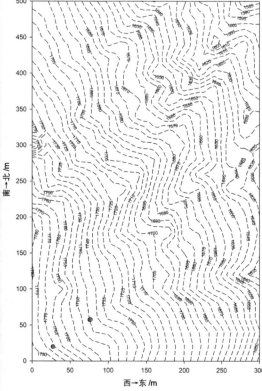

槲栎 *Quercus aliena* Blume

栎属 *Quercus*　　壳斗科 Fagaceae

个体数量（Individual number）= 26
最小，平均，最大胸径（Min, Mean, Max DBH）= 1.1 cm, 12.5 cm, 41.5 cm
分布林层（Layer）= 乔木层（Tree layer）
重要值排序（Importance value rank）= 42/67

胸径区间 /cm	个体 数量	比例 /%
[1.0, 2.5)	9	34.61
[2.5, 5.0)	6	23.08
[5.0, 10.0)	0	0.00
[10.0, 25.0)	5	19.23
[25.0, 40.0)	5	19.23
[40.0, 60.0)	1	3.85
[60.0, 110.0)	0	0.00

　　落叶乔木，高达 30 m；树皮暗灰色，深纵裂。小枝灰褐色，近无毛，具圆形淡褐色皮孔；芽卵形，芽鳞具缘毛。叶片长椭圆状倒卵形至倒卵形，长 10-30 cm，宽 5-16 cm，顶端微钝或短渐尖，基部楔形或圆形，叶缘具波状钝齿，叶背被灰棕色细绒毛，侧脉每边 10-15 条，叶面中脉侧脉不凹陷；叶柄长 1-1.3 cm，无毛。雄花序长 4-8 cm，雄花单生或数朵簇生于花序轴，微有毛，花被 6 裂，雄蕊通常 10 枚；雌花序生于新枝叶腋，单生或 2-3 朵簇生。壳斗杯形，包着坚果约 1/2，径 1.2-2 cm，高 1-1.5 cm；小苞片卵状披针形，长约 2 mm，排列紧密，被灰白色短柔毛。坚果椭圆形至卵形，径 1.3-1.8 cm，高 1.7-2.5 cm，果脐微突起。花期 3-5 月，果期 9-10 月。

　　恩施州广布，生于山坡林中；分布于陕西、山东、江苏、安徽、浙江、江西、河南、湖北、湖南、广东、广西、四川、贵州、云南。

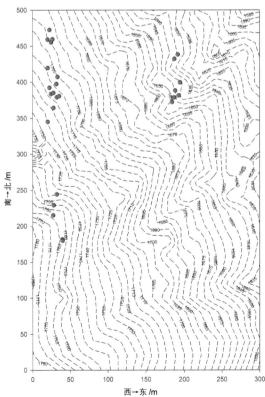

白栎 *Quercus fabri* Hance

栎属 *Quercus*　　壳斗科 Fagaceae

个体数量（Individual number）= 349
最小，平均，最大胸径（Min, Mean, Max DBH）= 1.0 cm, 29.3 cm, 105.6 cm
分布林层（Layer）= 乔木层（Tree layer）
重要值排序（Importance value rank）= 11/67

胸径区间/cm	个体数量	比例/%
[1.0, 2.5)	42	12.04
[2.5, 5.0)	13	3.72
[5.0, 10.0)	8	2.29
[10.0, 25.0)	66	18.91
[25.0, 40.0)	124	35.53
[40.0, 60.0)	83	23.78
[60.0, 110.0)	13	3.72

　　落叶乔木或灌木状，高达 20 m，树皮灰褐色，深纵裂。小枝密生灰色至灰褐色绒毛；冬芽卵状圆锥形，芽长 4-6 mm，芽鳞多数，被疏毛。叶片倒卵形、椭圆状倒卵形，长 7-15 cm，宽 3-8 cm，顶端钝或短渐尖，基部楔形或窄圆形，叶缘具波状锯齿或粗钝锯齿，幼时两面被灰黄色星状毛，侧脉每边 8-12 条，叶背支脉明显；叶柄长 3-5 mm，被棕黄色绒毛。雄花序长 6-9 cm，花序轴被绒毛，雌花序长 1-4 cm，生 2-4 朵花，壳斗杯形，包着坚果约 1/3，径 0.8-1.1 cm，高 4-8 mm；小苞片卵状披针形，排列紧密，在口缘处稍伸出。坚果长椭圆形或卵状长椭圆形，径 0.7-1.2 cm，高 1.7-2 cm，无毛，果脐突起。花期 4 月，果期 10 月。

　　恩施州广布，生于山坡林中；分布于陕西、江苏、安徽、浙江、江西、福建、河南、湖北、湖南、广东、广西、四川、贵州、云南等省区。

锐齿槲栎（变种）*Quercus aliena* var. *acutiserrata* Maximowicz ex Wenzig

栎属 *Quercus*   壳斗科 Fagaceae

个体数量（Individual number）= 8
最小，平均，最大胸径（Min，Mean，Max DBH）= 1.2 cm，26.1 cm，44.9 cm
分布林层（Layer）= 乔木层（Tree layer）
重要值排序（Importance value rank）= 53/67

胸径区间 /cm	个体 数量	比例 /%
[1.0, 2.5)	1	12.50
[2.5, 5.0)	1	15.50
[5.0, 10.0)	0	0.00
[10.0, 25.0)	1	12.50
[25.0, 40.0)	3	37.50
[40.0, 60.0)	2	25.00
[60.0, 110.0)	0	0.00

    本变种与槲栎 *Q. aliena* 不同处为叶缘具粗大锯齿，齿端尖锐，内弯，叶背密被灰色细绒毛，叶片形状变异较大。花期3-4月，果期10-11月。

    恩施州广布，生于山地林中；分布于辽宁、河北、山西、陕西、甘肃、山东、江苏、安徽、浙江、江西、台湾、河南、湖北、湖南、广东、广西、四川、贵州、云南等省区。

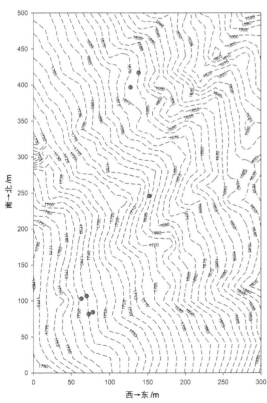

刺叶高山栎 *Quercus spinosa* David ex Franch.

栎属 *Quercus*　　　壳斗科 Fagaceae

个体数量（Individual number）= 2
最小，平均，最大胸径（Min，Mean，Max DBH）= 1.7 cm，19.8 cm，37.9 cm
分布林层（Layer）= 乔木层（Tree layer）
重要值排序（Importance value rank）= 64/67

胸径区间 /cm	个体数量	比例 /%
[1.0, 2.5)	1	50.00
[2.5, 5.0)	0	0.00
[5.0, 10.0)	0	0.00
[10.0, 25.0)	0	0.00
[25.0, 40.0)	1	50.00
[40.0, 60.0)	0	0.00
[60.0, 110.0)	0	0.00

常绿乔木或灌木，高达 15 m。小枝幼时被黄色星状毛，后渐脱落。叶面皱褶不平，叶片倒卵形、椭圆形，长 2.5-7 cm，宽 1.5-4 cm，顶端圆钝，基部圆形或心形，叶缘有刺状锯齿或全缘，幼叶两面被腺状单毛和束毛，老叶仅叶背中脉下段被灰黄色星状毛，其余无毛，中脉、侧脉在叶面均凹陷，中脉之字形曲折，侧脉每边 4-8 条；叶柄长 2-3 mm。雄花序长 4-6 cm，花序轴被疏毛；雌花序长 1-3 cm。壳斗杯形，包着坚果 1/4-1/3，径 1-1.5 cm，高 6-9 mm；小苞片三角形，长 1-1.5 mm，排列紧密。坚果卵形至椭圆形，径 1-1.3 cm，高 1.6-2 cm。花期 5-6 月，果期次年 9-10 月。

恩施州广布，生于山坡、山谷林中；分布于陕西、甘肃、江西、福建、台湾、湖北、四川、贵州、云南等省；缅甸也有分布。

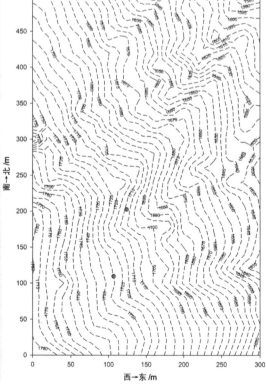

巴东栎 *Quercus engleriana* Seem.

栎属 *Quercus*　　壳斗科 Fagaceae

个体数量（Individual number）= 1244
最小，平均，最大胸径（Min, Mean, Max DBH）= 1.0 cm, 6.0 cm, 53.5 cm
分布林层（Layer）= 乔木层（Tree layer）
重要值排序（Importance value rank）= 8/67

胸径区间 /cm	个体数量	比例 /%
[1.0, 2.5)	561	45.10
[2.5, 5.0)	239	19.21
[5.0, 10.0)	193	15.51
[10.0, 25.0)	223	17.93
[25.0, 40.0)	24	1.93
[40.0, 60.0)	4	0.32
[60.0, 110.0)	0	0.00

　　常绿或半常绿乔木，高达 25 m，树皮灰褐色，条状开裂。小枝幼时被灰黄色绒毛，后渐脱落。叶片椭圆形、卵形、卵状披针形，长 6-16 cm，宽 2.5-5.5 cm，顶端渐尖，基部圆形或宽楔形、稀为浅心形，叶缘中部以上有锯齿，有时全缘，叶片幼时两面密被棕黄色短绒毛，后渐无毛或仅叶背脉腋有簇生毛，叶面中脉、侧脉平坦，有时凹陷，侧脉每边 10-13 条；叶柄长 1-2 cm，幼时被绒毛，后渐无毛；托叶线形，长约 1 cm，背面被黄色绒毛。雄花序生于新枝基部，长约 7 cm，花序轴被绒毛，雄蕊 4-6 枚；雌花序生于新枝上端叶腋，长 1-3 cm。壳斗碗形，包着坚果 1/3-1/2，径 0.8-1.2 cm，高 4-7 mm；小苞片卵状披针形，长约 1 mm，中下部被灰褐色柔毛，顶端紫红色，无毛。坚果长卵形，径 0.6-1 cm，高 1-2 cm，无毛，柱座长 2-3 mm，果脐突起，径 3-5 mm。花期 4-5 月，果期 11 月。

　　恩施州广布，生于山坡林中；分布于陕西、江西、福建、河南、湖北、湖南、广西、四川、贵州、云南、西藏等省区。

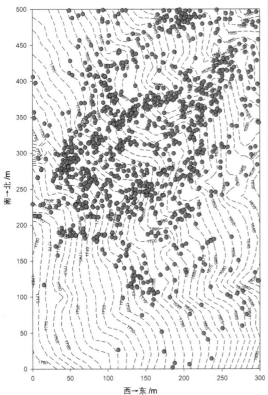

大叶青冈 *Cyclobalanopsis jenseniana* (Handel-Mazzetti) W. C. Cheng et T. Hong ex Q. F.

青冈属 *Cyclobalanopsis* 壳斗科 Fagaceae

个体数量（Individual number）= 4
最小，平均，最大胸径（Min, Mean, Max DBH）= 1.1 cm, 4.0 cm, 8.6 cm
分布林层（Layer）= 灌木层（Shrub layer）
重要值排序（Importance value rank）= 75/122

胸径区间 /cm	个体数量	比例 /%
[1.0, 2.0)	1	25.00
[2.0, 3.0)	1	25.00
[3.0, 4.0)	1	25.00
[4.0, 5.0)	0	0.00
[5.0, 7.0)	0	0.00
[7.0, 10.0)	1	25.00
[10.0, 15.0)	0	0.00

　　常绿乔木，高达 30 m，树皮灰褐色，粗糙。小枝粗壮，有沟槽；无毛，密生淡褐色皮孔。叶片薄革质，长椭圆形或倒卵状长椭圆形，长 12-30 cm，宽 6-12 cm，顶端尾尖或渐尖，基部宽楔形或近圆形，全缘，无毛，中脉在叶面凹陷，在叶背凸起，侧脉每边 12-17 条，近叶缘处向上弯曲；叶柄长 3-4 cm，上面有沟槽，无毛。雄花序密集，长 5-8 cm，花序轴及花被有疏毛；雌花序长 3-9 cm，花序轴有淡褐色长圆形皮孔，花柱 4-5 裂。壳斗杯形，包着坚果 1/3-1/2，径 1.3-1.5 cm，高 0.8-1 cm，无毛；小苞片合生成 6-9 条同心环带，环带边缘有裂齿。坚果长卵形或倒卵形，径 1.3-1.5 cm，高 1.7-2.2 cm，无毛。花期 4-6 月，果期次年 10-11 月。

　　产于利川、咸丰，生于山坡林中；分布于浙江、江西、福建、湖北、湖南、广东、广西、贵州及云南等省区。

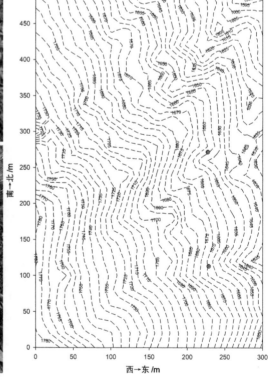

南→北 /m

西→东 /m

曼青冈 *Cyclobalanopsis oxyodon* (Miquel) Oersted

青冈属 *Cyclobalanopsis*　　壳斗科 Fagaceae

个体数量（Individual number）= 21
最小，平均，最大胸径（Min, Mean, Max DBH）= 1.6 cm, 18.7 cm, 52.0 cm
分布林层（Layer）= 乔木层（Tree layer）
重要值排序（Importance value rank）= 48/67

胸径区间 /cm	个体数量	比例 /%
[1.0, 2.5)	3	14.29
[2.5, 5.0)	3	14.29
[5.0, 10.0)	2	9.52
[10.0, 25.0)	7	33.33
[25.0, 40.0)	4	19.05
[40.0, 60.0)	2	9.52
[60.0, 110.0)	0	0.00

　　常绿乔木，高达 20 m。幼枝被绒毛，不久脱落。叶长椭圆形至长椭圆状披针形，长 13-22 cm，宽 3-8 cm，顶端渐尖或尾尖，基部圆或宽楔形，常略偏斜，叶缘有锯齿，中脉在叶面凹陷，在叶背显著凸起，侧脉每边 16-24 条，叶面绿色，叶背被灰白色或黄白色粉及平伏单毛和分叉毛，不久即脱净；叶柄长 2.5-4 cm。雄花序长 6-10 cm，有疏毛；雌花序长 2-5 cm。壳斗杯形，包着坚果 1/2 以上，径 1.5-2 cm，被灰褐色绒毛；小苞片合生成 6-8 条同心环带，环带边缘粗齿状。坚果卵形至近球形，径 1.4-1.7 cm，高 1.6-2.2 cm，无毛，或顶端微有毛；果脐微凸起，径约 8 mm。花期 5-6 月，果期 9-10 月。

　　恩施州广布，生于山坡林中；分布于陕西、浙江、江西、湖北、湖南、广东、广西、四川、贵州、云南、西藏等省区；印度、尼泊尔、缅甸均有。

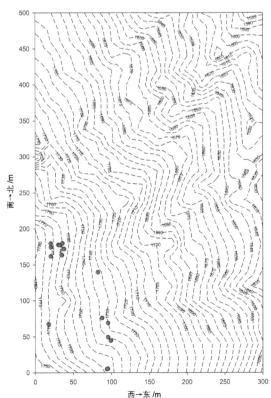

多脉青冈 *Cyclobalanopsis multinervis* W.C.Cheng & T.Hong

青冈属 *Cyclobalanopsis*　　　壳斗科 Fagaceae

个体数量（Individual number）= 8327
最小，平均，最大胸径（Min，Mean，Max DBH）= 1.0 cm，6.5 cm，73.0 cm
分布林层（Layer）= 乔木层（Tree layer）
重要值排序（Importance value rank）= 1/67

胸径区间 /cm	个体数量	比例 /%
[1.0, 2.5)	3633	43.63
[2.5, 5.0)	2065	24.80
[5.0, 10.0)	996	11.96
[10.0, 25.0)	1150	13.81
[25.0, 40.0)	426	5.11
[40.0, 60.0)	53	0.64
[60.0, 110.0)	4	0.05

常绿乔木，高 12 m，树皮黑褐色。芽有毛。叶片长椭圆形或椭圆状披针形，长 7.5-15.5 cm，宽 2.5-5.5 cm，顶端突尖或渐尖，基部楔形或近圆形，叶缘 1/3 以上有尖锯齿，侧脉每边 10-15 条，叶背被伏贴单毛及易脱落的蜡粉层，脱落后带灰绿色；叶柄长 1-2.7 cm。果序长 1-2 cm，着生 2-6 个果。壳斗杯形，包着坚果 1/2 以下，径约 1-1.5 cm，高约 8 mm；小苞片合生成 6-7 条同心环带，环带近全缘。坚果长卵形，径约 1 cm，高 1.8 cm，无毛；果脐平坦，径 3-5 mm。花期 4-6 月，果期次年 10-11 月。

恩施州广布，生于山坡林中；分布于安徽、江西、福建、湖北、湖南、广西及四川。

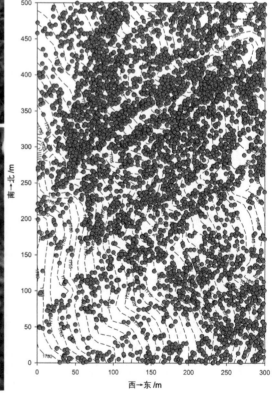

西→东 /m

细叶青冈 *Cyclobalanopsis gracilis* (Rehder et E. H. Wilson) W. C. Cheng et T. Hong

青冈属 *Cyclobalanopsis*　　壳斗科 Fagaceae

个体数量（Individual number）= 2
最小，平均，最大胸径（Min, Mean, Max DBH）= 1.2 cm，1.2 cm，1.2 cm
分布林层（Layer）= 灌木层（Shrub layer）
重要值排序（Importance value rank）= 98/122

胸径区间 /cm	个体 数量	比例 /%
[1.0, 2.0)	2	100.00
[2.0, 3.0)	0	0.00
[3.0, 4.0)	0	0.00
[4.0, 5.0)	0	0.00
[5.0, 7.0)	0	0.00
[7.0, 10.0)	0	0.00
[10.0, 15.0)	0	0.00

　　常绿乔木，高达 15 m，树皮灰褐色。小枝幼时被绒毛，后渐脱落。叶片长卵形至卵状披针形，长 4.5-9 cm，宽 1.5-3 cm，顶端渐尖至尾尖，基部楔形或近圆形，叶缘 1/3 以上有细尖锯齿，侧脉每边 7-13 条，不甚明显；尤其近叶缘处更不明显，叶背支脉极不明显，叶面亮绿色，叶背灰白色，有伏贴单毛；叶柄长 1-1.5 cm。雄花序长 5-7 cm，花序轴被疏毛；雌花序长 1-1.5 cm，顶端着生 2-3 朵花，花序轴及苞片被绒毛。壳斗碗形，包着坚果 1/3-1/2，径 1-1.3 cm，高 6-8 mm，外壁被伏贴灰黄色绒毛；小苞片合生成 6-9 条同心环带，环带边缘通常有裂齿，尤以下部 2 环更明显。坚果椭圆形，径约 1 cm，高 1.5-2 cm，有短柱座，顶端被毛，果脐微凸起。花期 3-4 月，果期 10-11 月。

　　恩施州广布，生于山坡林中；分布于河南、陕西、甘肃、江苏、安徽、浙江、江西、福建、湖北、湖南、广东、广西、四川、贵州等省区。

小叶青冈 *Cyclobalanopsis myrsinifolia* (Blume) Oersted

青冈属 *Cyclobalanopsis*　　　壳斗科 Fagaceae

个体数量（Individual number）= 6843
最小，平均，最大胸径（Min, Mean, Max DBH）= 1.0 cm, 5.3 cm, 75.0 cm
分布林层（Layer）= 乔木层（Tree layer）
重要值排序（Importance value rank）= 2/67

胸径区间 /cm	个体数量	比例 /%
[1.0, 2.5)	3552	51.91
[2.5, 5.0)	1574	23.00
[5.0, 10.0)	674	9.85
[10.0, 25.0)	803	11.73
[25.0, 40.0)	206	3.01
[40.0, 60.0)	31	0.45
[60.0, 110.0)	3	0.04

常绿乔木，高 20 m。小枝无毛，被凸起淡褐色长圆形皮孔。叶卵状披针形或椭圆状披针形，长 6-11 cm，宽 1.8-4 cm，顶端长渐尖或短尾状，基部楔形或近圆形，叶缘中部以上有细锯齿，侧脉每边 9-14 条，常不达叶缘，叶背支脉不明显，叶面绿色，叶背粉白色，干后为暗灰色，无毛；叶柄长 1-2.5 cm，无毛。雄花序长 4-6 cm；雌花序长 1.5-3 cm。壳斗杯形，包着坚果 1/3-1/2，径 1-1.8 cm，高 5-8 mm，壁薄而脆，内壁无毛，外壁被灰白色细柔毛；小苞片合生成 6-9 条同心环带，环带全缘。坚果卵形或椭圆形，径 1-1.5 cm，高 1.4-2.5 cm，无毛，顶端圆，柱座明显，有 5-6 条环纹；果脐平坦，径约 6 mm。花期 6 月，果期 10 月。

恩施州广布，生于山坡林中；广布我国各省区；越南、老挝、日本均有。

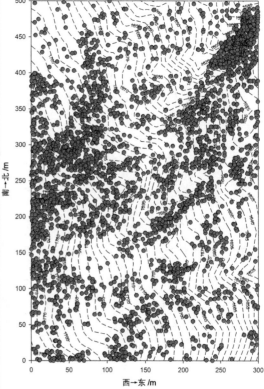

异叶榕 *Ficus heteromorpha* Hemsl.

榕属 *Ficus*　　桑科 Moraceae

个体数量（Individual number）= 15
最小，平均，最大胸径（Min, Mean, Max DBH）= 1.2 cm, 2.8 cm, 9.8 cm
分布林层（Layer）= 灌木层（Shrub layer）
重要值排序（Importance value rank）= 44/122

胸径区间 /cm	个体数量	比例 /%
[1.0, 2.0)	7	46.66
[2.0, 3.0)	5	33.33
[3.0, 4.0)	1	6.67
[4.0, 5.0)	1	6.67
[5.0, 7.0)	0	0.00
[7.0, 10.0)	1	6.67
[10.0, 15.0)	0	0.00

　　落叶灌木或小乔木，高 2-5 m；树皮灰褐色；小枝红褐色，节短。叶多形，琴形、椭圆形、椭圆状披针形，长 10-18 cm，宽 2-7 cm，先端渐尖或为尾状，基部圆形或浅心形，表面略粗糙，背面有细小钟乳体，全缘或微波状，基生侧脉较短，侧脉 6-15 对，红色；叶柄长 1.5-6 cm，红色；托叶披针形，长约 1 cm。榕果成对生短枝叶腋，稀单生，无总梗，球形或圆锥状球形，光滑，径 6-10 mm，成熟时紫黑色，顶生苞片脐状，基生苞片 3 枚，卵圆形，雄花和瘿花同生于一榕果中；雄花散生内壁，花被片 4-5 片，匙形，雄蕊 2-3 枚；瘿花花被片 5-6 片，子房光滑，花柱短；雌花花被片 4-5 片，包围子房，花柱侧生，柱头画笔状，被柔毛。瘦果光滑。花期 4-5 月，果期 5-7 月。

　　恩施州广布，生于山谷林中；分布于长江流域中下游及华南地区，北至陕西、湖北、河南。

青皮木 *Schoepfia jasminodora* Sieb. et Zucc.

青皮木属 *Schoepfia*　　铁青树科 Olacaceae

个体数量（Individual number）= 19
最小，平均，最大胸径（Min，Mean，Max DBH）= 1.0 cm，8.7 cm，36.8 cm
分布林层（Layer）= 乔木层（Tree layer）
重要值排序（Importance value rank）= 46/122

胸径区间 /cm	个体 数量	比例 /%
[1.0，2.5)	4	21.05
[2.5，5.0)	7	36.84
[5.0，10.0)	2	10.53
[10.0，25.0)	5	26.32
[25.0，40.0)	1	5.26
[40.0，60.0)	0	0.00
[60.0，110.0)	0	0.00

　　落叶小乔木或灌木，高 3-14 m；树皮灰褐色；具短枝，新枝自去年生短枝上抽出，嫩时红色，老枝灰褐色，小枝干后栗褐色。叶纸质，卵形或长卵形，长 3.5-10 cm，宽 2-5 cm，顶端近尾状或长尖，基部圆形，稀微凹或宽楔形，叶上面绿色，背面淡绿色，干后上面黑色，背面淡黄褐色；侧脉每边 4-5 条，略呈红色；叶柄长 2-3 mm，红色。花无梗，2-9 朵排成穗状花序状的螺旋状聚伞花序，花序长 2-6 cm，总花梗长 1-2.5 cm，红色，果时可增长到 4-5 cm；花萼筒杯状，上端有 4-5 枚小萼齿；无副萼，花冠钟形或宽钟形，白色或浅黄色，长 5-7 mm，宽 3-4 mm，先端具 4-5 枚小裂齿，裂齿长三角形，长 1-2 mm，外卷，雄蕊着生在花冠管上，花冠内面着生雄蕊处的下部各有一束短毛；子房半埋在花盘中，下部 3 室、上部 1 室，每室具一枚胚珠；柱头通常伸出花冠管外。果椭圆状或长圆形，长 1-1.2 cm，径 5-8 mm，成熟时几全部为增大成壶状的花萼筒所包围。花期 3-5 月，果期 4-6 月。

　　产于利川、宣恩，生于山谷林中；分布于甘肃、陕西、河南、四川、云南、贵州、湖北、湖南、广西、广东、江苏、安徽、江西、浙江、福建、台湾等省区；日本也有。

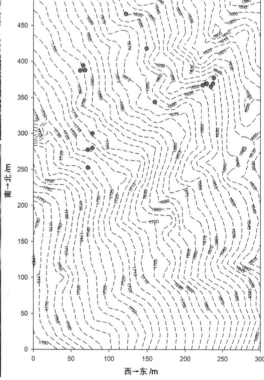

水青树 *Tetracentron sinense* Oliv.

水青树属 *Tetracentron*　　水青树科 Tetracentraceae

个体数量（Individual number）= 57
最小，平均，最大胸径（Min, Mean, Max DBH）= 1.0 cm, 7.9 cm, 54.2 cm
分布林层（Layer）= 乔木层（Tree layer）
重要值排序（Importance value rank）= 33/122

胸径区间 /cm	个体数量	比例 /%
[1.0, 2.5)	28	49.12
[2.5, 5.0)	13	22.81
[5.0, 10.0)	4	7.02
[10.0, 25.0)	7	12.28
[25.0, 40.0)	1	1.75
[40.0, 60.0)	4	7.02
[60.0, 110.0)	0	0.00

　　乔木，高达 30 m，全株无毛；树皮灰褐色或灰棕色而略带红色，片状脱落；长枝顶生，细长，幼时暗红褐色，短枝侧生，距状，基部有叠生环状的叶痕及芽鳞痕。叶片卵状心形，长 7-15 cm，宽 4-11 cm，顶端渐尖，基部心形，边缘具细锯齿，齿端具腺点，两面无毛，背面略被白霜，掌状脉 5-7 条，近缘边形成不明显的网络；叶柄长 2-3.5 cm。花小，呈穗状花序，花序下垂，着生于短枝顶端，多花；花径 1-2 mm，花被淡绿色或黄绿色；雄蕊与花被片对生，长为花被 2.5 倍，花药卵珠形，纵裂；心皮沿腹缝线合生。果长圆形，长 3-5 mm，棕色，沿背缝线开裂；种子 4-6 粒，条形，长 2-3 mm。花期 6-7 月，果期 9-10 月。

　　恩施州广布，生于山谷林中；分布于云南、甘肃、陕西、湖北、湖南、四川、贵州等省；尼泊尔、缅甸、越南也有。按照国务院 1999 年批准的国家重点保护野生植物（第一批）名录，本种为二级保护植物。

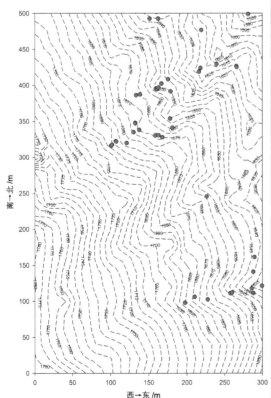

连香树 *Cercidiphyllum japonicum* Sieb. et Zucc.

连香树属 *Cercidiphyllum*　　连香树科 Cercidiphyllaceae

个体数量（Individual number）= 7
最小，平均，最大胸径（Min, Mean, Max DBH）= 2.1 cm, 22.8 cm, 65.9 cm
分布林层（Layer）= 乔木层（Tree layer）
重要值排序（Importance value rank）= 58/67

胸径区间 /cm	个体数量	比例 /%
[1.0, 2.5)	1	14.29
[2.5, 5.0)	1	14.29
[5.0, 10.0)	2	28.57
[10.0, 25.0)	0	0.00
[25.0, 40.0)	2	28.57
[40.0, 60.0)	0	0.00
[60.0, 110.0)	1	14.28

　　落叶大乔木，高 10-20 m；树皮灰色或棕灰色；小枝无毛，短枝在长枝上对生；芽鳞片褐色。叶生短枝上的近圆形、宽卵形或心形，生长枝上的椭圆形或三角形，长 4-7 cm，宽 3.5-6 cm，先端圆钝或急尖，基部心形或截形，边缘有圆钝锯齿，先端具腺体，两面无毛，下面灰绿色带粉霜，掌状脉 7 条直达边缘；叶柄长 1-2.5 cm，无毛。雄花常 4 朵丛生，近无梗；苞片在花期红色，膜质，卵形；花丝长 4-6 mm，花药长 3-4 mm；雌花 2-6 朵，丛生；花柱长 1-1.5 cm，上端为柱头面。蓇葖果 2-4 个，荚果状，长 10-18 mm，宽 2-3 mm，褐色或黑色，微弯曲，先端渐细，有宿存花柱；果梗长 4-7 mm；种子数个，扁平四角形，长 2-2.5 mm，褐色，先端有透明翅，长 3-4 mm。花期 4 月，果期 8 月。

恩施州广布，生于山谷林中；分布于山西、河南、陕西、甘肃、安徽、浙江、江西、湖北及四川；日本也有分布。按照国务院 1999 年批准的国家重点保护野生植物（第一批）名录，本种为二级保护植物。

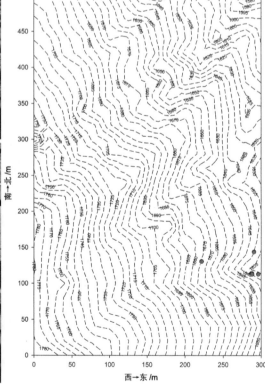

猫儿屎 *Decaisnea insignis* (Griffith) J. D. Hooker et Thomson

猫儿屎属 *Decaisnea*　　木通科 Lardizabalaceae

个体数量（Individual number）= 9
最小，平均，最大胸径（Min, Mean, Max DBH）= 1.5 cm, 7.3 cm, 18.5 cm
分布林层（Layer）= 亚乔木层（Subtree layer）
重要值排序（Importance value rank）= 25/35

胸径区间/cm	个体数量	比例/%
[1.0, 2.5)	3	33.34
[2.5, 5.0)	2	22.22
[5.0, 8.0)	1	11.11
[8.0, 11.0)	0	0.00
[11.0, 15.0)	1	11.11
[15.0, 20.0)	2	22.22
[20.0, 30.0)	0	0.00

直立灌木，高 5 m。茎有圆形或椭圆形的皮孔；枝粗而脆，易断，渐变黄色，有粗大的髓部；冬芽卵形，顶端尖，鳞片外面密布小疣凸。羽状复叶长 50-80 cm，有小叶 13-25 片；叶柄长 10-20 cm；小叶膜质，卵形至卵状长圆形，长 6-14 cm，宽 3-7 cm，先端渐尖或尾状渐尖，基部圆或阔楔形，上面无毛，下面青白色，初时被粉末状短柔毛，渐变无毛。总状花序腋生，或数个再复合为疏松、下垂顶生的圆锥花序，长 2.5-4 cm；花梗长 1-2 cm；小苞片狭线形，长约 6 mm；萼片卵状披针形至狭披针形，先端长渐尖，具脉纹。雄花外轮萼片长约 3 cm，内轮的长约 2.5 cm；雄蕊长 8-10 mm，花丝合生呈细长管状，长 3-4.5 mm，花药离生，长约 3.5 mm，药隔伸出于花药之上成阔而扁平、长 2-2.5 mm 的角状附属体，退化心皮小，通常长约为花丝管之半或稍超过，极少与花丝管等长。雌花退化雄蕊花丝短，合生呈盘状，长约 1.5 mm，花药离生，药室长 1.8-2 mm，顶具长 1-1.8 mm 的角状附属状；心皮 3，圆锥形，长 5-7 mm，柱头稍大，马蹄形，偏斜。果下垂，圆柱形，蓝色，长 5-10 cm，径约 2 cm，顶端截平但腹缝先端延伸为圆锥形凸头，具小疣凸，果皮表面有环状缢纹或无；种子倒卵形，黑色，扁平，长约 1 cm。花期 4-6 月，果期 7-8 月。

恩施州广布，生于沟谷杂木林下；分布于我国西南部至中部地区；喜马拉雅山脉地区均有分布。

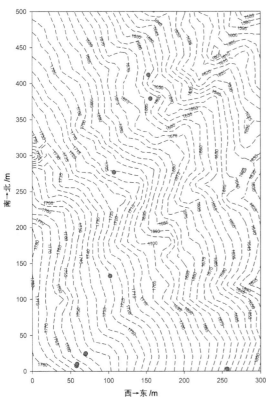

木通 *Akebia quinata* (Houttuyn) Decaisne

木通属 *Akebia*　　木通科 Lardizabalaceae

个体数量（Individual number）= 302
最小，平均，最大胸径（Min, Mean, Max DBH）= 1.0 cm, 2.7 cm, 12.0 cm
分布林层（Layer）= 灌木层（Shrub layer）
重要值排序（Importance value rank）= 13/122

胸径区间/cm	个体数量	比例/%
[1.0, 2.0)	142	47.02
[2.0, 3.0)	73	24.17
[3.0, 4.0)	34	11.26
[4.0, 5.0)	15	4.97
[5.0, 7.0)	24	7.95
[7.0, 10.0)	11	3.64
[10.0, 15.0)	3	0.99

　　落叶木质藤本。茎纤细，圆柱形，缠绕，茎皮灰褐色，有圆形、小而凸起的皮孔；芽鳞片覆瓦状排列，淡红褐色。掌状复叶互生或在短枝上的簇生，通常有小叶 5 片，偶有 3-4 片或 6-7 片；叶柄纤细，长 4.5-10 cm；小叶纸质，倒卵形或倒卵状椭圆形，长 2-5 cm，宽 1.5-2.5 cm，先端圆或凹入，具小凸尖，基部圆或阔楔形，上面深绿色，下面青白色；中脉在上面凹入，下面凸起，侧脉每边 5-7 条，与网脉均在两面凸起；小叶柄纤细，长 8-10 mm，中间 1 枚长可达 18 mm。伞房花序式的总状花序腋生，长 6-12 cm，疏花，基部有雌花 1-2 朵，以上 4-10 朵为雄花；总花梗长 2-5 cm；着生于缩短的侧枝上，基部被芽鳞片所包托；花略芳香。雄花：花梗纤细，长 7-10 mm；萼片通常 3 有时 4 片或 5 片，淡紫色，偶有淡绿色或白色，兜状阔卵形，顶端圆形，长 6-8 mm，宽 4-6 mm；雄蕊 6（7）枚，离生，初时直立，后内弯，花丝极短，花药长圆形，钝头；退化心皮 3-6 枚，小。雌花：花梗细长，长 2-4（5）cm；萼片暗紫色，偶有绿色或白色，阔椭圆形至近圆形，长 1-2 cm，宽 8-15 mm；心皮 3-6（9）枚，离生，圆柱形，柱头盾状，顶生；退化雄蕊 6-9 枚。果孪生或单生，长圆形或椭圆形，长 5-8 cm，径 3-4 cm，成熟时紫色，腹缝开裂；种子多数，卵状长圆形，略扁平，不规则的多行排列，着生于白色、多汁的果肉中，种皮褐色或黑色，有光泽。花期 4-5 月，果期 6-8 月。

　　恩施州广布，生于灌木中；广布于长江流域各省区；日本和朝鲜有分布。

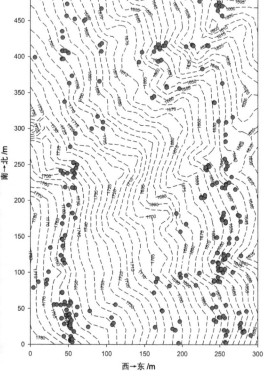

三叶木通 *Akebia trifoliata* (Thunb.) Koidz.

木通属 *Akebia*　　木通科 Lardizabalaceae

个体数量（Individual number）= 11
最小，平均，最大胸径（Min, Mean, Max DBH）= 1.5 cm, 2.6 cm, 5.6 cm
分布林层（Layer）= 灌木层（Shrub layer）
重要值排序（Importance value rank）= 45/122

胸径区间 /cm	个体数量	比例 /%
[1.0, 2.0)	4	36.35
[2.0, 3.0)	4	36.35
[3.0, 4.0)	1	9.10
[4.0, 5.0)	1	9.10
[5.0, 7.0)	1	9.10
[7.0, 10.0)	0	0.00
[10.0, 15.0)	0	0.00

　　落叶木质藤本。茎皮灰褐色，有稀疏的皮孔及小疣点。掌状复叶互生或在短枝上的簇生；叶柄直，长 7-11 cm；小叶 3 片，纸质或薄革质，卵形至阔卵形，长 4-7.5 cm，宽 2-6 cm，先端通常钝或略凹入，具小凸尖，基部截平或圆形，边缘具波状齿或浅裂，上面深绿色，下面浅绿色；侧脉每边 5-6 条，与网脉同在两面略凸起；中央小叶柄长 2-4 cm，侧生小叶柄长 6-12 mm。总状花序自短枝上簇生叶中抽出，下部有 1-2 朵雌花，以上约有 15-30 朵雄花，长 6-16 cm；总花梗纤细，长约 5 cm。雄花：花梗丝状，长 2-5 mm；萼片 3 片，淡紫色，阔椭圆形或椭圆形，长 2.5-3 mm；雄蕊 6，离生，排列为杯状，花丝极短，药室在开花时内弯；退化心皮 3 个，长圆状锥形。雌花：花梗稍较雄花的粗，长 1.5-3 cm；萼片 3 片，紫褐色，近圆形，长约 10-12 mm，宽约 10 mm，先端圆而略凹入，开花时扩展反折；退化雄蕊 6 枚或更多，小，长圆形，无花丝；心皮 3-9 个，离生，圆柱形，直，长 4-6 mm，柱头头状，具乳凸，橙黄色。果长圆形，长 6-8 cm，径 2-4 cm，直或稍弯，成熟时灰白略带淡紫色；种子极多数，扁卵形，长 5-7 mm，宽 4-5 mm，种皮红褐色或黑褐色，稍有光泽。花期 4-5 月，果期 7-8 月。

　　恩施州广布，生于山谷林中或灌丛中；分布于河北、山西、山东、河南、陕西、甘肃至长江流域各省区；日本有分布。

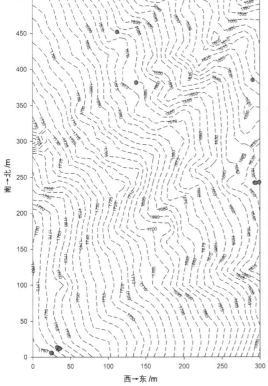

牛姆瓜 *Holboellia grandiflora* Reaub.

八月瓜属 *Holboellia*　　木通科 **Lardizabalaceae**

个体数量（Individual number）= 142
最小，平均，最大胸径（Min, Mean, Max DBH）= 1.0 cm, 2.4 cm, 11.4 cm
分布林层（Layer）= 灌木层（Shrub layer）
重要值排序（Importance value rank）= 19/122

胸径区间/cm	个体数量	比例/%
[1.0, 2.0)	60	42.25
[2.0, 3.0)	54	38.03
[3.0, 4.0)	12	8.45
[4.0, 5.0)	11	7.75
[5.0, 7.0)	4	2.82
[7.0, 10.0)	0	0.00
[10.0, 15.0)	1	0.70

　　常绿木质大藤本。枝圆柱形，具线纹和皮孔；茎皮褐色。掌状复叶具长柄，有小叶 3-7 片；叶柄稍粗，长 7-20 cm；叶革质或薄革质，倒卵状长圆形或长圆形，有时椭圆形或披针形，长 6-14 cm，宽 4-6 cm，通常中部以上最阔，先端渐尖或急尖，基部通常长楔形，边缘略背卷，上面深绿色，有光泽，干后暗淡，下面苍白色；中脉于上面凹入，侧脉每边 7-9 条，与网脉均在上面不明显，在下面略凸起；小叶柄长 2-5 cm。花淡绿白色或淡紫色，雌雄同株，数朵组成伞房式的总状花序；总花梗长 2.5-5 cm，2-4 个簇生于叶腋。雄花外轮萼片长倒卵形，先端钝，基部圆或截平，长 20-22 mm，宽 8-10 mm，内轮的线状长圆形，与外轮的近等长但较狭；花瓣极小，卵形或近圆形，径约 1 mm；雄蕊直，长约 15 mm，花丝圆柱形，长约 1 cm，药隔伸出花药顶端而成小凸头，退化心皮锥尖，长约 3 mm。雌花外轮萼片阔卵形，厚，长 20-25 mm，宽 12-16 mm，先端急尖，基部圆，内轮萼片卵状披针形，远较狭；花瓣与雄花的相似；退化雄蕊小，近无柄，药室内弯；心皮披针状柱形，长约 12 mm，柱头圆锥形，偏斜。果长圆形，常孪生，长 6-9 cm；种子多数，黑色。花期 4-5 月，果期 7-9 月。

　　产于宣恩、利川，生于山地杂木林或沟边灌丛内；分布于湖北、四川、贵州、云南。

豪猪刺 *Berberis julianae* Schneid.

小檗属 *Berberis* 小檗科 Berberidaceae

个体数量（Individual number）＝3
最小，平均，最大胸径（Min，Mean，Max DBH）＝1.1 cm，1.1 cm，1.2 cm
分布林层（Layer）＝灌木层（Shrub layer）
重要值排序（Importance value rank）＝67/122

胸径区间 /cm	个体数量	比例 /%
[1.0, 2.0)	3	100.00
[2.0, 3.0)	0	0.00
[3.0, 4.0)	0	0.00
[4.0, 5.0)	0	0.00
[5.0, 7.0)	0	0.00
[7.0, 10.0)	0	0.00
[10.0, 15.0)	0	0.00

常绿灌木，高 1-3 m。老枝黄褐色或灰褐色，幼枝淡黄色，具条棱和稀疏黑色疣点；茎刺粗壮，三分叉，腹面具槽，与枝同色，长 1-4 cm。叶革质，椭圆形，披针形或倒披针形，长 3-10 cm，宽 1-3 cm，先端渐尖，基部楔形，上面深绿色，中脉凹陷，侧脉微显，背面淡绿色，中脉隆起，侧脉微隆起或不显，两面网脉不显，不被白粉，叶缘平展，每边具 10-20 个刺齿；叶柄长 1-4 mm。花 10-25 朵簇生；花梗长 8-15 mm；花黄色；小苞片卵形，长约 2.5 mm，宽约 1.5 mm，先端急尖；萼片 2 轮，外萼片卵形，长约 5 mm，宽约 3 mm，先端急尖，内萼片长圆状椭圆形，长约 7 mm，宽约 4 mm，先端圆钝；花瓣长圆状椭圆形，长约 6 mm，宽约 3 mm，先端缺裂，基部缢缩呈爪，具 2 枚长圆形腺体；胚珠单生。浆果长圆形，蓝黑色，长 7-8 mm，径 3.5-4 mm，顶端具明显宿存花柱，被白粉。花期 3 月，果期 5-11 月。

恩施州广布，生于林下或灌丛中；分布于湖北、四川、贵州、湖南、广西。

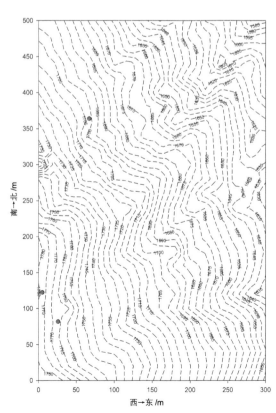

华中五味子 *Schisandra sphenanthera* Rehd. et Wils.

五味子属 *Schisandra* 　　五味子科 Schisandraceae

个体数量（Individual number）= 1005
最小，平均，最大胸径（Min，Mean，Max DBH）= 1.0 cm，2.6 cm，14.8 cm
分布林层（Layer）= 灌木层（Shrub layer）
重要值排序（Importance value rank）= 5/122

胸径区间 /cm	个体 数量	比例 /%
[1.0, 2.0)	505	50.25
[2.0, 3.0)	219	21.79
[3.0, 4.0)	114	11.34
[4.0, 5.0)	57	5.67
[5.0, 7.0)	72	7.16
[7.0, 10.0)	30	2.99
[10.0, 15.0)	8	0.80

　　落叶木质藤本，全株无毛，很少在叶背脉上有稀疏细柔毛。冬芽、芽鳞具长缘毛，先端无硬尖，小枝红褐色，距状短枝或伸长，具颇密而凸起的皮孔。叶纸质，倒卵形、宽倒卵形，或倒卵状长椭圆形，有时圆形，很少椭圆形，长 3-11 cm，宽 1.5-7 cm，先端短急尖或渐尖，基部楔形或阔楔形，干膜质边缘至叶柄成狭翅，上面深绿色，下面淡灰绿色，有白色点，1/2-2/3 以上边缘具疏离、胼胝质齿尖的波状齿，上面中脉稍凹入，侧脉每边 4-5 条，网脉密致，干时两面不明显凸起；叶柄红色，长 1-3 cm。花生于近基部叶腋，花梗纤细，长 2-4.5 cm，基部具长 3-4 mm 的膜质苞片，花被片 5-9 片，橙黄色，近相似，椭圆形或长圆状倒卵形，中轮的长 6-12 mm，宽 4-8 mm，具缘毛，背面有腺点。雄花雄蕊群倒卵圆形，径 4-6 mm；花托圆柱形，顶端伸长，无盾状附属物；雄蕊 11-23 枚，基部的长 1.6-2.5 mm，药室内侧向开裂，药隔倒卵形，两药室向外倾斜，顶端分开，基部近邻接，花丝长约 1 mm，上部 1-4 枚雄蕊与花托顶贴生，无花丝；雌花雌蕊群卵球形，径 5-5.5 mm，雌蕊 30-60 枚，子房近镰刀状椭圆形，长 2-2.5 mm，柱头冠狭窄，仅花柱长 0.1-0.2 mm，下延成不规则的附属体。聚合果果托长 6-17 cm，径约 4 mm，聚合果梗长 3-10 cm，成熟小浆果红色，长 8-12 mm，宽 6-9 mm，具短柄；种子长圆体形或肾形，长约 4 mm，宽 3-3.8 mm，高 2.5-3 mm，种脐斜 V 字形，长约为种子宽的 1/3；种皮褐色光滑，或仅背面微皱。花期 4-7 月，果期 7-9 月。

　　恩施州广布，生于山坡林中；分布于山西、陕西、甘肃、山东、江苏、安徽、浙江、江西、福建、河南、湖北、湖南、四川、贵州、云南。

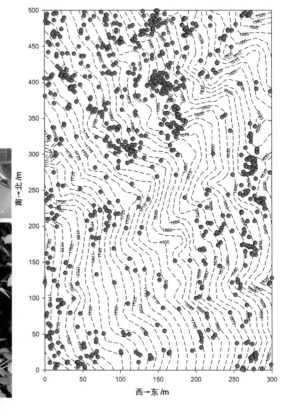

西→东/m

毛叶五味子 *Schisandra pubescens* Hemsl. et Wils.

五味子属 *Schisandra*　　五味子科 Schisandraceae

个体数量（Individual number）＝ 1
最小，平均，最大胸径（Min, Mean, Max DBH）＝ 1.4 cm, 1.4 cm, 1.4 cm
分布林层（Layer）＝灌木层（Shrub layer）
重要值排序（Importance value rank）＝ 118/122

胸径区间 /cm	个体数量	比例 /%
[1.0, 2.0)	1	100.00
[2.0, 3.0)	0	0.00
[3.0, 4.0)	0	0.00
[4.0, 5.0)	0	0.00
[5.0, 7.0)	0	0.00
[7.0, 10.0)	0	0.00
[10.0, 15.0)	0	0.00

　　落叶木质藤本，芽鳞、幼枝、叶背、叶柄被褐色短柔毛，当年生枝淡绿色，基部常宿存宽三角状半圆形、宽约 2.5 mm 的芽鳞，小枝紫褐色，具数纵皱纹；叶纸质，卵形、宽卵形或近圆形，长 8-11 cm，宽 5-9 cm，先端短急尖，基部宽圆或宽楔形，上部边缘具稀疏胼胝质尖的浅钝齿，具缘毛，中脉凹入延至叶柄上面，侧脉每边 4-6 条，侧脉和网脉两面凸起。雄花的花梗长 2-3 cm，被淡褐色微毛，花被片淡黄色，6 或 8 片，外轮 3 片稍坚厚，外具微毛和缘毛，最外轮的椭圆形，长 4-6 mm，中轮的近圆形，径 7-10 mm，最内面的近倒卵形，长 7-8 mm；雄蕊群扁球形，高 5-7 mm，花托圆柱形，长约 4 mm，顶端圆钝，无盾状附属物；雄蕊 11-24 枚，雄蕊长 3-4 mm，花药长约 2 mm，两药室分离，内向，花丝长 0.5-1 mm，近上部的雄蕊贴生于花托顶端，几无花丝，药隔伸长 0.5-1 mm，具透明小腺点，最内层雄蕊退化变小；雌花花梗长，4-6 mm，花被片与雄花的相似，雌蕊群近球形或卵状球形，长 5-7.5 mm，心皮 45-55 个，卵状椭圆体形，长约 2 mm，花柱长 0.2-0.4 mm，柱头呈啮蚀状短缘毛，末端尖。聚合果柄长 5.5-6 cm，聚合果长 6-10 cm，聚合果柄、果托、果皮及小浆果柄，被淡褐色微毛；成熟小浆果球形、橘红色；种子长圆形体形，长 3-3.7 mm，宽约 3 mm，高 2-2.5 mm，暗红褐色；种脐宽 V 形；稍凸出，长为宽的 1/4。花期 5-6 月，果期 7-9 月。

　　恩施州广布，生于山坡林中；分布于湖北、四川。

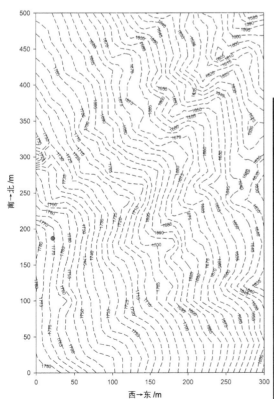

武当玉兰 *Yulania sprengeri* (Pampanini) D. L. Fu

玉兰属 *Yulania*　　木兰科 Magnoliaceae

个体数量（Individual number）= 276
最小，平均，最大胸径（Min, Mean, Max DBH）= 1.0 cm, 5.5 cm, 39.1 cm
分布林层（Layer）= 乔木层（Tree layer）
重要值排序（Importance value rank）= 14/67

胸径区间 /cm	个体数量	比例 /%
[1.0, 2.5)	118	42.75
[2.5, 5.0)	74	26.81
[5.0, 10.0)	39	14.13
[10.0, 25.0)	38	13.77
[25.0, 40.0)	7	2.54
[40.0, 60.0)	0	0.00
[60.0, 110.0)	0	0.00

　　落叶乔木，高达 21 m，树皮淡灰褐色或黑褐色，老干皮具纵裂沟成小块片状脱落。小枝淡黄褐色，后变灰色，无毛。叶倒卵形，长 10-18 cm，宽 4.5-10 cm，先端急尖或急短渐尖，基部楔形，上面仅沿中脉及侧脉疏被平伏柔毛，下面初被平伏细柔毛，叶柄长 1-3 cm；托叶痕细小。花蕾直立，被淡灰黄色绢毛，花先叶开放，杯状，有芳香，花被片 12-14 片，近相似，外面玫瑰红色，有深紫色纵纹，倒卵状匙形或匙形，长 5-13 cm，宽 2.5-3.5 cm，雄蕊长 10-15 mm，花药长约 5 mm，稍分离，药隔伸出成尖头，花丝紫红色，宽扁；雌蕊群圆柱形，长 2-3 cm，淡绿色，花柱玫瑰红色。聚果圆柱形，长 6-18 cm；蓇葖扁圆，成熟时褐色。花期 3-4 月，果期 8-9 月。

　　恩施州广布，生于山林中；分布于陕西、甘肃、河南、湖北、湖南、四川。

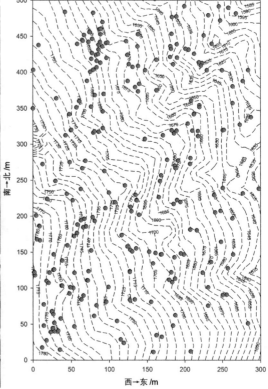

望春玉兰 *Yulania biondii* (Pamp.) D. L. Fu

木兰属 *Yulania*   木兰科 **Magnoliaceae**

个体数量（Individual number）= 63
最小，平均，最大胸径（Min, Mean, Max DBH）= 1.0 cm, 5.0 cm, 29.1 cm
分布林层（Layer）＝乔木层（Tree layer）
重要值排序（Importance value rank）= 31/67

胸径区间 /cm	个体数量	比例 /%
[1.0, 2.5)	32	50.79
[2.5, 5.0)	18	28.57
[5.0, 10.0)	3	4.76
[10.0, 25.0)	8	12.70
[25.0, 40.0)	2	3.18
[40.0, 60.0)	0	0.00
[60.0, 110.0)	0	0.00

　　落叶乔木，高达 12 m；树皮淡灰色，光滑；小枝细长，灰绿色，径 3-4 mm，无毛；顶芽卵圆形或宽卵圆形，长 1.7-3 cm，密被淡黄色展开长柔毛。叶椭圆状披针形、卵状披针形，狭倒卵或卵形长 10-18 cm，宽 3.5-6.5 cm，先端急尖，或短渐尖，基部阔楔形，或圆钝，边缘干膜质，下延至叶柄，上面暗绿色，下面浅绿色，初被平伏棉毛，后无毛；侧脉每边 10-15 条；叶柄长 1-2 cm，托叶痕为叶柄长的 1/5-1/3。花先叶开放，径 6-8 cm，芳香；花梗顶端膨大，长约 1 cm，具 3 苞片脱落痕；花被片 9 片，外轮 3 片紫红色，近狭倒卵状条形，长约 1 cm，中内两轮近匙形，白色，外面基部常紫红色，长 4-5 cm，宽 1.3-2.5 cm，内轮的较狭小；雄蕊长 8-10 mm，花药长 4-5 mm，花丝长 3-4 mm，紫色；雌蕊群长 1.5-2 cm。聚合果圆柱形，长 8-14 cm，常因部分不育而扭曲；果梗长约 1 cm，径约 7 mm，残留长绢毛；蓇葖浅褐色，近圆形，侧扁，具凸起瘤点；种子心形，外种皮鲜红色，内种皮深黑色，顶端凹陷，具 V 形槽，中部凸起，腹部具深沟，末端短尖不明显。花期 3 月，果期 9 月。

　　产于利川，生于缓坡林中；分布于陕西、甘肃、河南、湖北、四川等省。

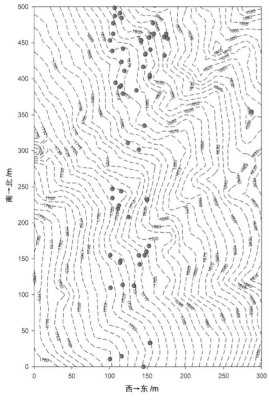

簇叶新木姜子 *Neolitsea confertifolia* (Hemsl.) Merr.

新木姜子属 *Neolitsea*　　樟科 Lauraceae

个体数量（Individual number）= 6
最小，平均，最大胸径（Min, Mean, Max DBH）= 1.5 cm, 4.8 cm, 16.9 cm
分布林层（Layer）= 亚乔木层（Subtree layer）
重要值排序（Importance value rank）= 29/35

胸径区间/cm	个体数量	比例/%
[1.0, 2.5)	3	50.00
[2.5, 5.0)	2	33.33
[5.0, 8.0)	0	0.00
[8.0, 11.0)	0	0.00
[11.0, 15.0)	0	0.00
[15.0, 20.0)	1	16.67
[20.0, 30.0)	0	0.00

　　小乔木，高 3-7 m；树皮灰色，平滑。小枝常轮生，黄褐色，嫩时有灰褐色短柔毛，老时脱落无毛。顶芽常数个聚生，圆锥形、鳞片外被锈色丝状柔毛。叶密集呈轮生状，长圆形、披针形至狭披针形，长 5-12 cm，宽 1.2-3.5 cm，先端渐尖或短渐尖，基部楔形，薄革质，边缘微呈波状，上面深绿色，有光泽，无毛，下面带绿苍白色，幼时有短柔毛，羽状脉，或有时近似远离基三出脉，侧脉每边 4-6 条，或更多，中脉、侧脉两面皆突起；叶柄长 5-7 mm，幼时被灰褐色短柔毛。伞形花序常 3-5 个簇生于叶腋或节间，几无总梗；苞片 4，外面被丝状柔毛；每一花序有花 4 朵；花梗长约 2 mm，被丝状长柔毛；花被裂片黄色，宽卵形，外面中肋有丝状柔毛，内面无毛；雄花能育雄蕊 6 枚，花丝基部有髯毛，第三轮基部的腺体大，具柄；退化雌蕊柱头膨大，头状；雌花子房卵形，无毛，花柱长，柱头膨大，2 裂。果卵形或椭圆形，长 8-12 mm，径 5-6 mm，成熟时灰蓝黑色；果托扁平盘状径约 2 mm；果梗长 4-8 mm，顶端略增粗，无毛或初时有柔毛。花期 4-5 月，果期 9-10 月。

　　恩施州广布，生于山谷林中；分布于广东、广西、四川、贵州、陕西、河南、湖北、湖南、江西。

山鸡椒 *Litsea cubeba* (Lour.) Pers.

木姜子属 *Litsea*　樟科 Lauraceae

个体数量（Individual number）= 332
最小，平均，最大胸径（Min, Mean, Max DBH）= 1.0 cm, 2.4 cm, 8.8 cm
分布林层（Layer）= 灌木层（Shrub layer）
重要值排序（Importance value rank）= 15/122

胸径区间 /cm	个体数量	比例 /%
[1.0, 2.0)	142	42.77
[2.0, 3.0)	107	32.22
[3.0, 4.0)	46	13.86
[4.0, 5.0)	19	5.73
[5.0, 7.0)	15	4.52
[7.0, 10.0)	3	0.90
[10.0, 15.0)	0	0.00

　　落叶灌木或小乔木，高 8-10 m；幼树树皮黄绿色，光滑，老树树皮灰褐色。小枝细长，绿色，无毛，枝、叶具芳香味。顶芽圆锥形，外面具柔毛。叶互生，披针形或长圆形，长 4-11 cm，宽 1.1-2.4 cm，先端渐尖，基部楔形，纸质，上面深绿色，下面粉绿色，两面均无毛，羽状脉，侧脉每边 6-10 条，纤细，中脉、侧脉在两面均突起；叶柄长 6-20 mm，纤细，无毛。伞形花序单生或簇生，总梗细长，长 6-10 mm；苞片边缘有睫毛；每一花序有花 4-6 朵，先叶开放或与叶同时开放，花被裂片 6 片，宽卵形；能育雄蕊 9 枚，花丝中下部有毛，第 3 轮基部的腺体具短柄；退化雌蕊无毛；雌花中退化雄蕊中下部具柔毛；子房卵形，花柱短，柱头头状。果近球形，径约 5 mm，无毛，幼时绿色，成熟时黑色，果梗长 2-4 mm，先端稍增粗。花期 2-3 月，果期 7-8 月。

　　恩施州广布，生于林中路边；分布于广东、广西、福建、台湾、浙江、江苏、安徽、湖南、湖北、江西、贵州、四川、云南、西藏；东南亚各国也有。

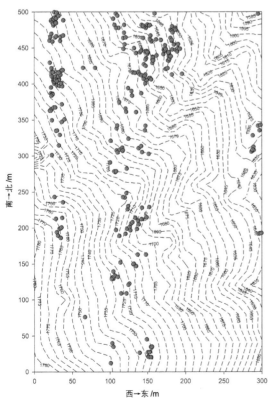

木姜子 *Litsea pungens* Hemsl.

木姜子属 *Litsea*   樟科 Lauraceae

个体数量（Individual number）= 1701
最小，平均，最大胸径（Min, Mean, Max DBH）= 1.0 cm, 3.0 cm, 14.3 cm
分布林层（Layer）= 灌木层（Shrub layer）
重要值排序（Importance value rank）= 2/122

胸径区间 /cm	个体数量	比例 /%
[1.0, 2.0)	612	35.98
[2.0, 3.0)	451	26.51
[3.0, 4.0)	232	13.64
[4.0, 5.0)	147	8.64
[5.0, 7.0)	155	9.11
[7.0, 10.0)	84	4.94
[10.0, 15.0)	20	1.18

　　落叶小乔木，高 3-10 m；树皮灰白色。幼枝黄绿色，被柔毛，老枝黑褐色，无毛。顶芽圆锥形，鳞片无毛。叶互生，常聚生于枝顶，披针形或倒卵状披针形，长 4-15 cm，宽 2-5.5 cm，先端短尖，基部楔形，膜质，幼叶下面具绢状柔毛，后脱落渐变无毛或沿中脉有稀疏毛，羽状脉，侧脉每边 5-7 条，叶脉在两面均突起；叶柄纤细，长 1-2 cm，初时有柔毛，后脱落渐变无毛。伞形花序腋生；总花梗长 5-8 mm，无毛；每一花序有雄花 8-12 朵，先叶开放；花梗长 5-6 mm，被丝状柔毛；花被裂片 6 片，黄色，倒卵形，长 2.5 mm，外面有稀疏柔毛；能育雄蕊 9 枚，花丝仅基部有柔毛，第 3 轮基部有黄色腺体，圆形；退化雌蕊细小，无毛。果球形，径 7-10 mm，成熟时蓝黑色；果梗长 1-2.5 cm，先端略增粗。花期 3-4 月，果期 5-6 月。

　　恩施州广布，生于山坡林中；分布于湖北、湖南、广东北部、广西、四川、贵州、云南、西藏、甘肃、陕西、河南、山西、浙江。

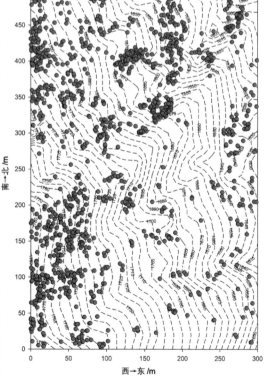

黄丹木姜子 *Litsea elongata* (Wall. ex Nees) Benth. et Hook. f.

木姜子属 *Litsea*　　樟科 Lauraceae

个体数量（Individual number）= 2306
最小，平均，最大胸径（Min, Mean, Max DBH）= 1.0 cm, 2.6 cm, 21.5 cm
分布林层（Layer）= 亚乔木层（Subtree layer）
重要值排序（Importance value rank）= 3/35

胸径区间 /cm	个体 数量	比例 /%
[1.0, 2.5)	1384	60.02
[2.5, 5.0)	739	32.05
[5.0, 8.0)	125	5.42
[8.0, 11.0)	33	1.43
[11.0, 15.0)	17	0.74
[15.0, 20.0)	6	0.26
[20.0, 30.0)	2	0.09

　　常绿小乔木或中乔木，高达 12 m；树皮灰黄色或褐色。小枝黄褐至灰褐色，密被褐色绒毛。顶芽卵圆形，鳞片外面被丝状短柔毛。叶互生，长圆形、长圆状披针形至倒披针形，长 6-22 cm，宽 2-6 cm，先端钝或短渐尖，基部楔形或近圆，革质，上面无毛，下面被短柔毛，沿中脉及侧脉有长柔毛，羽状脉，侧脉每边 10-20 条，中脉及侧脉在叶上面平或稍下陷，在下面突起，横行小脉在下面明显突起，网脉稍突起；叶柄长 1-2.5 cm，密被褐色绒毛。伞形花序单生，少簇生；总梗通常较粗短，长 2-5 mm，密被褐色绒毛；每一花序有花 4-5 朵；花梗被丝状长柔毛；花被裂片 6 片，卵形，外面中肋有丝状长柔毛，雄花中能育雄蕊 9-12 枚，花丝有长柔毛；腺体圆形，无柄，退化雌蕊细小，无毛；雌花序较雄花序略小，子房卵圆形，无毛，花柱粗壮，柱头盘状；退化雄蕊细小，基部有柔毛。果长圆形，长 11-13 mm，径 7-8 mm，成熟时黑紫色；果托杯状，深约 2 mm，径约 5 mm；果梗长 2-3 mm。花期 5-11 月，果期次年 2-6 月。

　　恩施州广布，生于山坡路旁；分布于广东、广西、湖南、湖北、四川、贵州、云南、西藏、安徽、浙江、江苏、江西、福建；尼泊尔、印度也有。

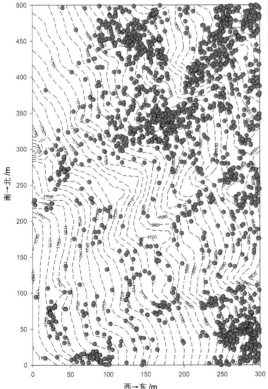

山胡椒 *Lindera glauca* (Sieb. et Zucc.) Blume

山胡椒属 *Lindera*　　樟科 Lauraceae

个体数量（Individual number）= 31
最小，平均，最大胸径（Min, Mean, Max DBH）= 1.0 cm, 3.2 cm, 14.4 cm
分布林层（Layer）= 灌木层（Shrub layer）
重要值排序（Importance value rank）= 33/122

胸径区间 /cm	个体 数量	比例 /%
[1.0, 2.0)	13	41.94
[2.0, 3.0)	8	25.81
[3.0, 4.0)	2	6.45
[4.0, 5.0)	2	6.45
[5.0, 7.0)	4	12.91
[7.0, 10.0)	1	3.22
[10.0, 15.0)	1	3.22

落叶灌木或小乔木，高达 8 m；树皮平滑，灰色或灰白色。冬芽长角锥形，长约 1.5 cm，径 4 mm，芽鳞裸露部分红色，幼枝条白黄色，初有褐色毛，后脱落成无毛。叶互生，宽椭圆形、椭圆形、倒卵形至狭倒卵形，长 4-9 cm，宽 2-6 cm，上面深绿色，下面淡绿色，被白色柔毛，纸质，羽状脉，侧脉每侧 4-6 条；叶枯后不落，翌年新叶发出时落下。伞形花序腋生，总梗短或不明显，长一般不超过 3 mm，生于混合芽中的总苞片绿色膜质，每总苞有 3-8 朵花。雄花花被片黄色，椭圆形，长约 2.2 mm，内、外轮几相等，外面在背脊部被柔毛；雄蕊 9 枚，近等长，花丝无毛，第三轮的基部着生 2 具角突宽肾形腺体，柄基部与花丝基部合生，有时第二轮雄蕊花丝也着生一较小腺体；退化雌蕊细小，椭圆形，长约 1 mm，上有一小突尖；花梗长约 1.2 cm，密被白色柔毛。雌花花被片黄色，椭圆或倒卵形，内、外轮几相等，长约 2 mm，外面在背脊部被稀疏柔毛或仅基部有少数柔毛；退化雄蕊长约 1 mm，条形，第三轮的基部着生 2 个长约 0.5 mm 具柄不规则肾形腺体，腺体柄与退化雄蕊中部以下合生；子房椭圆形，长约 1.5 mm，花柱长约 0.3 mm，柱头盘状；花梗长 3-6 mm，熟时黑褐色；果梗长 1-1.5 cm。花期 3-4 月，果期 7-8 月。

恩施州广布，生于山坡路旁；分布于山东、河南、陕西、甘肃、山西、江苏、安徽、浙江、江西、福建、台湾、广东、广西、湖北、湖南、四川等省；印度、朝鲜、日本也有。

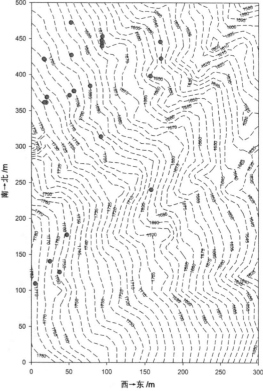

绿叶甘橿 *Lindera neesiana* (Wallich ex Nees) Kurz

山胡椒属 *Lindera* 樟科 Lauraceae

个体数量（Individual number）= 13
最小，平均，最大胸径（Min, Mean, Max DBH）= 1.0 cm, 1.9 cm, 3.4 cm
分布林层（Layer）=灌木层（Shrub layer）
重要值排序（Importance value rank）= 68/122

胸径区间 /cm	个体数量	比例 /%
[1.0, 2.0)	7	53.85
[2.0, 3.0)	5	38.46
[3.0, 4.0)	1	7.69
[4.0, 5.0)	0	0.00
[5.0, 7.0)	0	0.00
[7.0, 10.0)	0	0.00
[10.0, 15.0)	0	0.00

　　落叶灌木或小乔木，高达 6 m；树皮绿或绿褐色。幼枝青绿色，干后棕黄或棕褐色，光滑。冬芽卵形，具约 1 mm 长的短柄，基部着生 2 个花序。叶互生，卵形至宽卵形，长 5-14 cm，宽 2.5-8 cm，先端渐尖，基部圆形，有时宽楔形，纸质，上面深绿色，无毛，下面绿苍白色，初时密被柔毛，后毛被渐脱落，三出脉或离基三出脉，第一对侧脉如果为三出脉时较直，为离基三出脉时弧曲；叶柄长 10-12 mm。伞形花序具总梗，总梗通常长约 4 mm，无毛总苞片 4 片，具缘毛，内面基部被柔毛，内有花 7-9 朵。未开放时雄花花被片绿色，宽椭圆形或近圆形，先端圆，无毛，外轮长约 1 mm，花丝无毛，第三轮基部着生两个具柄阔三角状肾形腺体，有时第一、二轮花丝也有 1 个腺体；雌蕊凸字形，长不及 1 mm。雌花花被片黄色，宽倒卵形，先端圆，无毛，外轮长约 1.5 mm，内轮长约 1.2 mm；退化雄蕊条形，第一、二轮长约 0.8 mm，第三轮基部具 2 个不规则长柄腺体，腺体三角形或长圆形，大小不等；子房椭圆形，无毛；花梗长 2 mm，被微柔毛。果近球形，径 6-8 mm；果梗长 4-7 mm。花期 4 月，果期 9 月。

　　恩施州广布，生于山坡林下；分布于河南、陕西、安徽、浙江、江西、湖北、湖南、贵州、四川、云南、西藏等省。

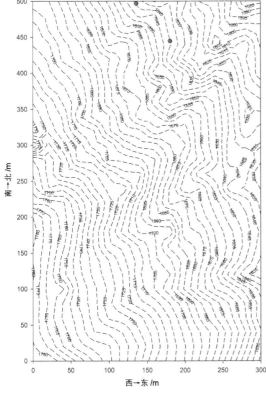

三桠乌药 *Lindera obtusiloba* Blume

山胡椒属 *Lindera*　　樟科 Lauraceae

个体数量（Individual number）= 1170
最小，平均，最大胸径（Min, Mean, Max DBH）= 1.0 cm, 7.7 cm, 55.0 cm
分布林层（Layer）= 乔木层（Tree layer）
重要值排序（Importance value rank）= 7/67

胸径区间 /cm	个体数量	比例 /%
[1.0, 2.5)	308	26.32
[2.5, 5.0)	253	21.62
[5.0, 10.0)	252	21.54
[10.0, 25.0)	325	27.78
[25.0, 40.0)	27	2.31
[40.0, 60.0)	5	0.43
[60.0, 110.0)	0	0.00

　　落叶乔木或灌木，高 3-10 m；树皮黑棕色。小枝黄绿色，当年枝条较平滑，有纵纹，老枝渐多木栓质皮孔、褐斑及纵裂；芽卵形，先端渐尖；外鳞片 3、革质，黄褐色，无毛，椭圆形，先端尖，长 0.6-0.9 cm，宽 0.6-0.7 cm；内鳞片 3 片，有淡棕黄色厚绢毛；有时为混合芽，内有叶芽及花芽。叶互生，近圆形至扁圆形，长 5.5-10 cm，宽 4.8-10.8 cm，先端急尖，全缘或 3 裂，常明显 3 裂，基部近圆形或心形，有时宽楔形，上面深绿，下面绿苍白色，有时带红色，被棕黄色柔毛或近无毛；三出脉，偶有五出脉，网脉明显；叶柄长 1.5-2.8 cm，被黄白色柔毛。花序在腋生混合芽，混合芽椭圆形，先端也急尖；外面的 2 片芽鳞革质，棕黄色，有皱纹，无毛，内面鳞片近革质，被贴服微柔毛；花芽内有无总梗花序 5-6 个，混合芽内有花芽 1-2 个；总苞片 4 片，长椭圆形，膜质，外面被长柔毛，内面无毛，内有花 5 朵。雄花花被片 6 片，长椭圆形，外被长柔毛，内面无毛；能育雄蕊 9 枚，花丝无毛，第三轮的基部着生 2 个具长柄宽肾形具角突的腺体，第二轮的基部有时也有 1 个腺体；退化雌蕊长椭圆形，无毛，花柱、柱头不分，成一小凸尖。雌花花被片 6 片，长椭圆形，长 2.5 mm，宽 1 mm，内轮略短，外面背脊部被长柔毛，内面无毛，退化雄蕊条片形，第一、二轮长 1.7 mm，第三轮长 1.5 mm，基部有 2 个具长柄腺体，其柄基部与退化雄蕊基部合生；子房椭圆形，长 2.2 mm，径 1 mm，无毛，花柱短，长不及 1 mm，花未开放时沿子房向下弯曲。果广椭圆形，长 0.8 cm，径 0.5-0.6 cm，成熟时红色，后变紫黑色，干时黑褐色。花期 3-4 月，果期 8-9 月。

　　恩施州广布，生于山谷林中；我国大部分区域均有分布；朝鲜、日本也有。

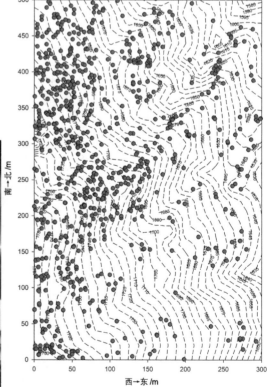

乌药 *Lindera aggregata* (Sims) Kosterm.

山胡椒属 *Lindera*　　樟科 Lauraceae

个体数量（Individual number）= 2
最小，平均，最大胸径（Min, Mean, Max DBH）= 14.2 cm，18.8 cm，23.4 cm
分布林层（Layer）= 亚乔木层（Subtree layer）
重要值排序（Importance value rank）= 32/35

胸径区间 /cm	个体 数量	比例 /%
[1.0, 2.5)	0	0.00
[2.5, 5.0)	0	0.00
[5.0, 8.0)	0	0.00
[8.0, 11.0)	0	0.00
[11.0, 15.0)	1	50.00
[15.0, 20.0)	0	0.00
[20.0, 30.0)	1	50.00

　　常绿灌木或小乔木，高达 5 m；树皮灰褐色；根有纺锤状或结节状膨胀，外面棕黄色至棕黑色，表面有细皱纹，有香味，微苦，有刺激性清凉感。幼枝青绿色，具纵向细条纹，密被金黄色绢毛，后渐脱落，老时无毛，干时褐色。顶芽长椭圆形。叶互生，卵形，椭圆形至近圆形，通常长 2.7-5 cm，宽 1.5-4 cm，先端长渐尖或尾尖，基部圆形，革质或有时近革质，上面绿色，有光泽，下面苍白色，幼时密被棕褐色柔毛，后渐脱落，偶见残存斑块状黑褐色毛片，两面有小凹窝，三出脉，中脉及第一对侧脉上面通常凹下，少有凸出，下面明显凸出；叶柄长 0.5-1 cm，有褐色柔毛，后毛被渐脱落。伞形花序腋生，无总梗，常有 6-8 个花序集生于短枝上，每花序有一苞片；花被片 6 片，近等长，外面被白色柔毛，内面无毛，黄色或黄绿色，偶有外乳白内紫红色；花梗长约 0.4 mm，被柔毛。雄花花被片长约 4 mm，宽约 2 mm；雄蕊长 3-4 mm，花丝被疏柔毛，第三轮的有 2 宽肾形具柄腺体，着生花丝基部，有时第二轮的也有腺体 1-2 枚；退化雌蕊坛状。雌花花被片长约 2.5 mm，宽约 2 mm，退化雄蕊长条片状，被疏柔毛，长约 1.5 mm，第三轮基部着生 2 具柄腺体；子房椭圆形，长约 1.5 mm，被褐色短柔毛，柱头头状。果卵形或有时近圆形，长 0.6-1 cm，径 4-7 mm。花期 3-4 月，果期 6-11 月。

恩施州广布，生于山坡林中；分布于浙江、江西、福建、安徽、湖南、湖北、广东、广西、台湾等省区；越南、菲律宾也有分布。

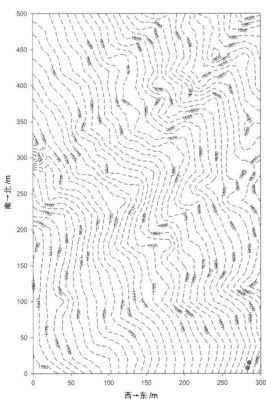

檫木 *Sassafras tzumu* (Hemsl.) Hemsl.

檫木属 *Sassafras*　　樟科 Lauraceae

个体数量（Individual number）= 33
最小，平均，最大胸径（Min, Mean, Max DBH）= 1.0 cm, 22.1 cm, 49.7 cm
分布林层（Layer）= 乔木层（Tree layer）
重要值排序（Importance value rank）= 37/67

胸径区间 /cm	个体数量	比例 /%
[1.0, 2.5)	2	6.06
[2.5, 5.0)	3	9.09
[5.0, 10.0)	3	9.09
[10.0, 25.0)	12	36.37
[25.0, 40.0)	11	33.33
[40.0, 60.0)	2	6.06
[60.0, 110.0)	0	0.00

　　落叶乔木，高达 35 m；树皮幼时黄绿色，平滑，老时变灰褐色，呈不规则纵裂。顶芽大，椭圆形，长达 1.3 cm，芽鳞近圆形，外面密被黄色绢毛。枝条粗壮，近圆柱形，多少具棱角，无毛，初时带红色，干后变黑色。叶互生，聚集于枝顶，卵形或倒卵形，长 9-18 cm，宽 6-10 cm，先端渐尖，基部楔形，全缘或 2-3 浅裂，裂片先端略钝，坚纸质，上面绿色，晦暗或略光亮，下面灰绿色，两面无毛或下面尤其是沿脉网疏被短硬毛，羽状脉或离基三出脉，中脉、侧脉及支脉两面稍明显，最下方一对侧脉对生，十分发达，向叶缘一方生出多数支脉，支脉向叶缘弧状网结；叶柄纤细，长 2-7 cm，鲜时常带红色，腹平背凸，无毛或略被短硬毛。花序顶生，先叶开放，长 4-5 cm，多花，具梗，梗长不及 1 cm，与序轴密被棕褐色柔毛，基部承有迟落互生的总苞片；苞片线形至丝状，长 1-8 mm，位于花序最下部者最长。花黄色，长约 4 mm，雌雄异株；花梗纤细，长 4.5-6 mm，密被棕褐色柔毛。雄花花被筒极短，花被裂片 6 片，披针形，近相等，长约 3.5 mm，先端稍钝，外面疏被柔毛，内面近于无毛；能育雄蕊 9 枚，成三轮排列，近相等，长约 3 mm，花丝扁平，被柔毛，第一、二轮雄蕊花丝无腺体，第三轮雄蕊花丝近基部有一对具短柄的腺体，花药均为卵圆状长圆形，4 室，上方 2 室较小，药室均内向，退化雄蕊 3 枚，长 1.5 mm，三角状钻形，具柄；退化雌蕊明显。雌花退化雄蕊 12 枚，排成四轮，体态上类似雄花的能育雄蕊及退化雄蕊；子房卵珠形，长约 1 mm，无毛，花柱长约 1.2 mm，等粗，柱头盘状。果近球形，径达 8 mm，成熟时蓝黑色而带有白蜡粉，着生于浅杯状的果托上，果梗长 1.5-2 cm，上端渐增粗，无毛，与果托呈红色。花期 3-4 月，果期 5-9 月。

　　恩施州广布，生于山坡林中；分布于浙江、江苏、安徽、江西、福建、广东、广西、湖南、湖北、四川、贵州及云南等省区。

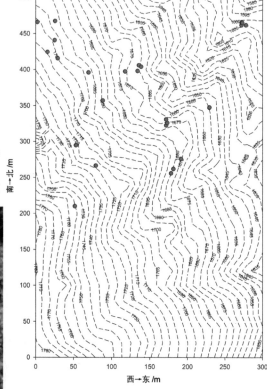

红果黄肉楠 *Actinodaphne cupularis* (Hemsl.) Gamble

黄肉楠属 *Actinodaphne*　　　樟科 Lauraceae

个体数量（Individual number）= 1
最小，平均，最大胸径（Min, Mean, Max DBH）= 1.2 cm, 1.2 cm, 1.2 cm
分布林层（Layer）=灌木层（Shrub layer）
重要值排序（Importance value rank）= 120/122

胸径区间 /cm	个体 数量	比例 /%
[1.0, 2.0)	1	100.00
[2.0, 3.0)	0	0.00
[3.0, 4.0)	0	0.00
[4.0, 5.0)	0	0.00
[5.0, 7.0)	0	0.00
[7.0, 10.0)	0	0.00
[10.0, 15.0)	0	0.00

　　灌木或小乔木，高 2-10 m。小枝细，灰褐色，幼时有灰色或灰褐色微柔毛。顶芽卵圆形或圆锥形，鳞片外面被锈色丝状短柔毛，边缘有睫毛。叶通常 5-6 片簇生于枝端成轮生状，长圆形至长圆状披针形，长 5.5-13.5 cm，宽 1.5-2.7 cm，两端渐尖或急尖，革质，上面绿色，有光泽，无毛，下面粉绿色，有灰色或灰褐色短柔毛，后毛被渐脱落，羽状脉，中脉在叶上面下陷，在下面突起，侧脉每边 8-13 条，斜展，纤细，在叶上面不甚明显，稍下陷，在下面明显，且突起，横脉不甚明显；叶柄长 3-8 mm，有沟槽，被灰色或灰褐色短柔毛。伞形花序单生或数个簇生于枝侧，无总梗；苞片 5-6 片，外被锈色丝状短柔毛；每一雄花序有雄花 6-7 朵；花梗及花被筒密被黄褐色长柔毛；花被裂片 6-8 枚，卵形，长约 2 mm，宽约 1.5 mm，外面中肋有柔毛，内面无毛；能育雄蕊 9 枚，花丝长约 4 mm，无毛，第三轮基部两侧的腺体有柄；退化雌蕊细小，无毛；雌花序常有雌花 5 朵；子房椭圆形，无毛，花柱长 1.5 mm，外露，柱头 2 裂。果卵形或卵圆形，长 12-14 mm，径约 10 mm，先端有短尖，无毛，成熟时红色，着生于杯状果托上；果托深约 4-5 mm，外面有皱褶，边缘全缘或为粗波状缘。花期 10-11 月，果期次年 8-9 月。

　　产于恩施市，生于山坡密林中；分布于湖北、湖南、四川、广西、云南、贵州。

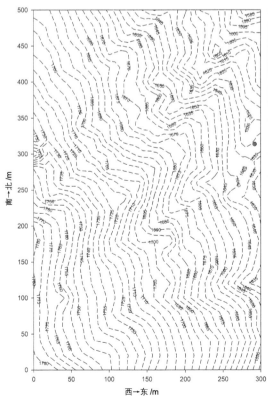

川桂 *Cinnamomum wilsonii* Gamble

樟属 *Cinnamomum*　　樟科 Lauraceae

个体数量（Individual number）= 3
最小，平均，最大胸径（Min, Mean, Max DBH）= 2.3 cm, 3.6 cm, 5.0 cm
分布林层（Layer）= 灌木层（Shrub layer）
重要值排序（Importance value rank）= 60/122

胸径区间 /cm	个体数量	比例 /%
[1.0, 2.0)	0	0.00
[2.0, 3.0)	1	33.33
[3.0, 4.0)	1	33.33
[4.0, 5.0)	0	0.00
[5.0, 7.0)	1	33.34
[7.0, 10.0)	0	0.00
[10.0, 15.0)	0	0.00

　　乔木，高 25 m。枝条圆柱形，干时深褐色或紫褐色。叶互生或近对生，卵圆形或卵圆状长圆形，长 8.5-18 cm，宽 3.2-5.3 cm，先端渐尖，尖头钝，基部渐狭下延至叶柄，但有时为近圆形，革质，边缘软骨质而内卷，上面绿色，光亮，无毛，下面灰绿色，晦暗，幼时明显被白色丝毛但最后变无毛，离基三出脉，中脉与侧脉两面凸起，干时均呈淡黄色，侧脉自离叶基 5-15 mm 处生出，向上弧曲，至叶端渐消失，外侧有时具 3-10 条支脉但常无明显的支脉，支脉弧曲且与叶缘的肋连接，横脉弧曲状，多数，纤细，下面多少明显；叶柄长 10-15 mm，腹面略具槽，无毛。圆锥花序腋生，长 3-9 cm，单一或多数密集，少花，近总状或为 2-5 朵花的聚伞状，具梗，总梗纤细，长 1.5-6 cm，与序轴均无毛或疏被短柔毛。花白色，长约 6.5 mm；花梗丝状，长 6-20 mm，被细微柔毛。花被内外两面被丝状微柔毛，花被筒倒锥形，长约 1.5 mm，花被裂片卵圆形，先端锐尖，近等大，长 4-5 mm，宽约 1 mm。能育雄蕊 9 枚，花丝被柔毛，第一、二轮雄蕊长 3 mm，花丝稍长于花药，花药卵圆状长圆形，先端钝，药室 4 个，内向，第三轮雄蕊长约 3.5 mm，花丝长约为花药的 1.5 倍，中部有一对肾形无柄的腺体，花药长圆形，药室 4 个，外向。退化雄蕊 3 枚，位于最内轮，卵圆状心形，先端锐尖，长 2.8 mm，具柄。子房卵球形，长近 1 mm，花柱增粗，长 3 mm，柱头宽大，头状。花期 4-5月，果期 6 月以后。

　　恩施州广布，生于山坡林中；分布于陕西、四川、湖北、湖南、广西、广东及江西。

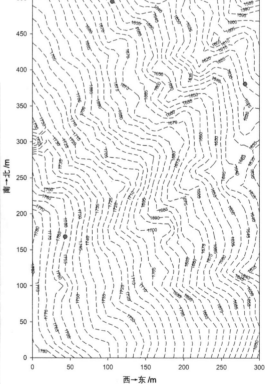

楠木 *Phoebe zhennan* S. Lee et F. N. Wei

楠属 *Phoebe* 樟科 Lauraceae

个体数量（Individual number）= 2
最小，平均，最大胸径（Min, Mean, Max DBH）= 1.1 cm, 1.1 cm, 1.2 cm
分布林层（Layer）= 灌木层（Shrub layer）
重要值排序（Importance value rank）= 99/122

胸径区间 /cm	个体 数量	比例 /%
[1.0, 2.0)	2	100.00
[2.0, 3.0)	0	0.00
[3.0, 4.0)	0	0.00
[4.0, 5.0)	0	0.00
[5.0, 7.0)	0	0.00
[7.0, 10.0)	0	0.00
[10.0, 15.0)	0	0.00

大乔木，高达 30 余米，树干通直。芽鳞被灰黄色贴伏长毛。小枝通常较细，有棱或近于圆柱形，被灰黄色或灰褐色长柔毛或短柔毛。叶革质，椭圆形，少为披针形或倒披针形，长 7-11 cm，宽 2.5-4 cm，先端渐尖，尖头直或呈镰状，基部楔形，最末端钝或尖，上面光亮无毛或沿中脉下半部有柔毛，下面密被短柔毛，脉上被长柔毛，中脉在上面下陷成沟，下面明显突起，侧脉每边 8-13 条，斜伸，上面不明显，下面明显，近边缘网结，并渐消失，横脉在下面略明显或不明显，小脉几乎看不见，不与横脉构成网格状或很少呈模糊的小网格状；叶柄细，长 1-2.2 cm，被毛。聚伞状圆锥花序十分开展，被毛，长 7.5-12 cm，纤细，在中部以上分枝，最下部分枝通常长 2.5-4 cm，每伞形花序有花 3-6 朵，一般为 5 朵；花中等大，长 3-4 mm，花梗与花等长；花被片近等大，长 3-3.5 mm，宽 2-2.5 mm，外轮卵形，内轮卵状长圆形，先端钝，两面被灰黄色长或短柔毛，内面较密；第一、二轮花丝长约 2 mm，第三轮长 2.3 mm，均被毛，第三轮花丝基部的腺体无柄，退化雄蕊三角形，具柄，被毛；子房球形，无毛或上半部与花柱被疏柔毛，柱头盘状。果椭圆形，长 1.1-1.4 cm，径 6-7 mm；果梗微增粗；宿存花被片卵形，革质、紧贴，两面被短柔毛或外面被微柔毛。花期 4-5 月，果期 9-10 月。

恩施州广布，生于山坡林中；分布于湖北、贵州、四川。

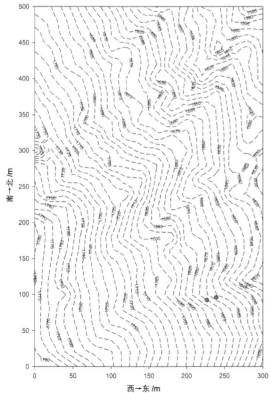

宜昌润楠 *Machilus ichangensis* Rehd. et Wils.

润楠属 *Machilus*   樟科 Lauraceae

个体数量（Individual number）= 77
最小，平均，最大胸径（Min, Mean, Max DBH）= 1.0 cm, 3.2 cm, 16.5 cm
分布林层（Layer）=亚乔木层（Subtree layer）
重要值排序（Importance value rank）= 15/35

胸径区间 /cm	个体 数量	比例 /%
[1.0, 2.5)	46	59.74
[2.5, 5.0)	16	20.78
[5.0, 8.0)	10	12.98
[8.0, 11.0)	2	2.60
[11.0, 15.0)	2	2.60
[15.0, 20.0)	1	1.30
[20.0, 30.0)	0	0.00

　　乔木，高 7-15 m，很少较高，树冠卵形。小枝纤细而短，无毛，褐红色，极少褐灰色。顶芽近球形，芽鳞近圆形，先端有小尖，外面有灰白色很快脱落小柔毛，边缘常有浓密的缘毛。叶常集生当年生枝上，长圆状披针形至长圆状倒披针形，长 10-24 cm，宽 2-6 cm，通常长约 16 cm，宽约 4 cm，先端短渐尖，有时尖头稍呈镰形，基部楔形，坚纸质，上面无毛，稍光亮，下面带粉白色，有贴伏小绢毛或变无毛，中脉上面凹下，下面明显突起，侧脉纤细，每边 12-17 条，上面稍凸起，下面较上面为明显，侧脉间有不规则的横行脉连结，小脉很纤细，结成细密网状，两面均稍突起，有时在上面构成蜂巢状浅窝穴；叶柄纤细，长 0.8-2 cm。圆锥花序生自当年生枝基部脱落苞片的腋内，长 5-9 cm，有灰黄色贴伏小绢毛或变无毛，总梗纤细，长 2.2-5 cm，带紫红色，约在中部分枝，下部分枝有花 2-3 朵，较上部的有花 1 朵；花梗长 5-7 mm，有贴伏小绢毛；花白色，花被裂片长 5-6 mm，外面和内面上端有贴伏小绢毛，先端钝圆，外轮的稍狭；雄蕊较花被稍短，近等长，花丝长约 2.5 mm，无毛；花药长圆形，长约 1.5 mm，第三轮雄蕊腺体近球形，有柄；退化雄蕊三角形，稍尖，基部平截，连柄长约 1.8 mm；子房近球形，无毛；花柱长 3 mm，柱头小，头状。果序长 6-9 cm；果近球形，径约 1 cm，黑色，有小尖头；果梗不增大。花期 4 月，果期 8 月。

　　恩施州广布，生于山坡林中；分布于湖北、四川、陕西、甘肃。

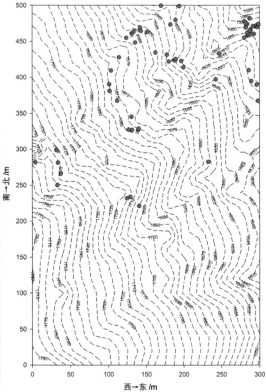

小果润楠 *Machilus microcarpa* Hemsl.

润楠属 *Machilus* 樟科 Lauraceae

个体数量（Individual number）= 121
最小，平均，最大胸径（Min, Mean, Max DBH）= 1.0 cm, 2.8 cm, 18.1 cm
分布林层（Layer）= 亚乔木层（Subtree layer）
重要值排序（Importance value rank）= 14/35

胸径区间/cm	个体数量	比例/%
[1.0, 2.5)	75	61.98
[2.5, 5.0)	35	28.93
[5.0, 8.0)	8	6.61
[8.0, 11.0)	1	0.83
[11.0, 15.0)	0	0.00
[15.0, 20.0)	2	1.65
[20.0, 30.0)	0	0.00

　　乔木，高达 8 m 或更高。小枝纤细，无毛。顶芽卵形，芽鳞宽，早落，密被绢毛。叶倒卵形、倒披针形至椭圆形或长椭圆形，长 5-9 cm，宽 3-5 cm，先端尾状渐尖，基部楔形，革质，上面光亮，下面带粉绿色，中脉上面凹下，下面明显凸起，侧脉每边 8-10 条，纤弱，但在两面上可见，小脉在两面结成密网状；叶柄细弱，长 8-15 mm，无毛。圆锥花序集生小枝枝端，较叶为短，长 3.5-9 cm；花梗与花等长或较长；花被裂片近等长，卵状长圆形，长 4-5 mm，先端很钝，外面无毛，内面基部有柔毛，有纵脉；花丝无毛，第三轮雄蕊腺体近肾形，有柄，基部有柔毛；子房近球形；花柱略蜿蜒弯曲，柱头盘状。果球形，径 5-7 mm。花期 3-4 月，果期 7 月。

　　产于宣恩、利川，生于山坡林中；分布于四川、湖北、贵州。

伯乐树 *Bretschneidera sinensis* Hemsl.

伯乐树属 *Bretschneidera*　　伯乐树科 Bretschneideraceae

个体数量（Individual number）= 1
最小，平均，最大胸径（Min, Mean, Max DBH）= 2.5 cm, 2.5 cm, 2.5 cm
分布林层（Layer）= 灌木层（Shrub layer）
重要值排序（Importance value rank）= 112/122

胸径区间 /cm	个体数量	比例 /%
[1.0, 2.0)	0	0.00
[2.0, 3.0)	1	100.00
[3.0, 4.0)	0	0.00
[4.0, 5.0)	0	0.00
[5.0, 7.0)	0	0.00
[7.0, 10.0)	0	0.00
[10.0, 15.0)	0	0.00

又名"钟萼木"，乔木，高 10-20 m；树皮灰褐色；小枝有较明显的皮孔。羽状复叶通常长 25-45 cm，总轴有疏短柔毛或无毛；叶柄长 10-18 cm，小叶 7-15 片，纸质或革质，狭椭圆形，菱状长圆形，长圆状披针形或卵状披针形，多少偏斜，长 6-26 cm，宽 3-9 cm，全缘，顶端渐尖或急短渐尖，基部钝圆或短尖、楔形，叶面绿色，无毛，叶背粉绿色或灰白色，有短柔毛，常在中脉和侧脉两侧较密；叶脉在叶背明显，侧脉 8-15 对；小叶柄长 2-10 mm，无毛。花序长 20-36 cm；总花梗、花梗、花萼外面有棕色短绒毛；花淡红色，径约 4 cm，花梗长 2-3 cm；花萼径约 2 cm，长 1.2-1.7 cm，顶端具短的 5 齿，内面有疏柔毛或无毛，花瓣阔匙形或倒卵楔形，顶端浑圆，长 1.8-2 cm，宽 1-1.5 cm，无毛，内面有红色纵条纹；花丝长 2.5-3 cm，基部有小柔毛；子房有光亮、白色的柔毛，花柱有柔毛。果椭圆球形，近球形或阔卵形，长 3-5.5 cm，径 2-3.5 cm，被极短的棕褐色毛和常混生疏白色小柔毛，有或无明显的黄褐色小瘤体，果瓣厚 1.2-5 mm；果柄长 2.5-3.5 cm，有或无毛；种子椭圆球形，平滑，成熟时长约 1.8 cm，径约 1.3 cm。花期 3-9 月，果期 5 月至次年 4 月。

恩施州广布，生于山地林中；分布于四川、云南、贵州、广西、广东、湖南、湖北、江西、浙江、福建等省区；越南也有。按照国务院 1999 年批准的国家重点保护野生植物（第一批）名录，本种为一级保护植物。

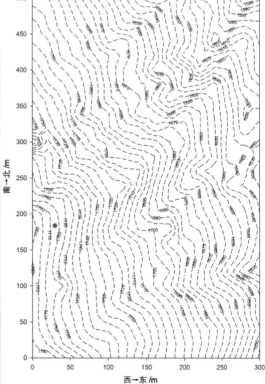

西→东 /m

中国绣球 *Hydrangea chinensis* Maxim.

绣球属 *Hydrangea*　　虎耳草科 Saxifragaceae

个体数量（Individual number）= 1
最小，平均，最大胸径（Min, Mean, Max DBH）= 3.3 cm, 3.3 cm, 3.3 cm
分布林层（Layer）=灌木层（Shrub layer）
重要值排序（Importance value rank）= 108/122

胸径区间 /cm	个体 数量	比例 /%
[1.0, 2.0)	0	0.00
[2.0, 3.0)	0	0.00
[3.0, 4.0)	1	100.00
[4.0, 5.0)	0	0.00
[5.0, 7.0)	0	0.00
[7.0, 10.0)	0	0.00
[10.0, 15.0)	0	0.00

　　灌木，高 0.5-2 m；一年生或二年生小枝，红褐色或褐色，初时被短柔毛，后渐变无毛，老后树皮呈薄片状剥落。叶薄纸质至纸质，长圆形或狭椭圆形，有时近倒披针形，长 6-12 cm，宽 2-4 cm，先端渐尖或短渐尖，具尾状尖头或短尖头，基部楔形，边缘近中部以上具疏钝齿或小齿，两面被疏短柔毛或仅脉上被毛，下面脉腋间常有髯毛；侧脉 6-7 对，纤细，弯拱，下面稍凸起，小脉稀疏网状，下面较明显；叶柄长 0.5-2 cm，被短柔毛。伞形状或伞房状聚伞花序顶生，长和宽 3-7 cm，顶端截平或微拱；分枝 3 个或 5 个，如分枝 5 个，其长短，粗细相若，被短柔毛；不育花萼片 3-4 片，椭圆形、卵圆形、倒卵形或扁圆形，结果时长 1.1-3 cm，宽 1-3 cm，全缘或具数小齿；孕性花萼筒杯状，长约 1 mm，宽约 1.5 mm，萼齿披针形或三角状卵形，长 0.5-2 mm；花瓣黄色，椭圆形或倒披针形，长 3-3.5 mm，先端略尖，基部具短爪；雄蕊 10-11 枚，近等长，盛开时长 3-4.5 mm，花蕾时不内折；子房近半下位，花柱 3-4 个，结果时长 1-2 mm，直立或稍扩展，柱头通常增大呈半环状。蒴果卵球形，不连花柱长 3.5-5 mm，宽 3-3.5 mm，顶端突出部分长 2-2.5 mm，稍长于萼筒；种子淡褐色，椭圆形、卵形或近圆形，长 0.5-1 mm，宽 0.4-0.5 mm，略扁，无翅，具网状脉纹。花期 5-6 月，果期 9-10 月。

恩施州广布（属湖北省新记录），生于山谷溪边林下；分布于台湾、福建、浙江、安徽、江西、湖南、湖北、广西。

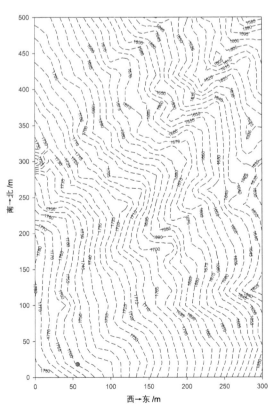

白背绣球 *Hydrangea hypoglauca* Rehd.

绣球属 *Hydrangea* 虎耳草科 Saxifragaceae

个体数量（Individual number）= 64
最小，平均，最大胸径（Min, Mean, Max DBH）= 1.0 cm, 5.9 cm, 36.4 cm
分布林层（Layer）= 乔木层（Tree layer）
重要值排序（Importance value rank）= 35/67

胸径区间 /cm	个体数量	比例 /%
[1.0, 2.5)	24	37.50
[2.5, 5.0)	16	25.00
[5.0, 10.0)	14	21.87
[10.0, 25.0)	8	12.50
[25.0, 40.0)	2	3.13
[40.0, 60.0)	0	0.00
[60.0, 110.0)	0	0.00

灌木，高 1-3 m；枝红褐色，无毛或被疏散粗伏毛，老后树皮呈薄片状剥落。叶纸质，卵形或长卵形，长 7-12 cm，宽 2.8-6.5 cm，先端渐尖，基部圆或略钝，边缘有具短尖头的小锯齿，齿尖向上，上面无毛或脉上有稀疏、紧贴的短粗毛，下面灰绿白色，有密集的颗粒状小腺体，无毛或近无毛，仅脉上密被紧贴短粗毛，脉腋间有时具髯毛；侧脉 7-8 对，直斜向上，近边缘稍弯拱，彼此以小横脉相连，并有支脉直达各个齿端，上面平坦，下面凸起，小脉纤细，网状，稠密，下面稍明显；叶柄纤细，长 1.5-3 cm。伞房状聚伞花序有或无总花梗，径 10-14 cm，顶端稍弯拱，分枝 2-3，具多回分枝，疏被粗长伏毛；不育花径 2-4 cm；萼片 4 片，少有 3 片，阔卵形、倒卵形或扁圆形，稍不等大，长和宽 1.1-2 cm，先端圆或略尖，白色；孕性花密集，萼筒钟状，长约 1 mm，萼齿卵状三角形，长 0.5-1 mm，渐尖；花瓣白色，长卵形，长 2-2.5 mm，内凹；雄蕊不等长，短的与花瓣近等长，长的长约 3 mm，花蕾时内折，花药近圆形，长不及 0.5 mm；子房半下位或略超过一半下位，花柱 3 个，长约 1 mm，钻状，基部连合，柱头不增大。蒴果卵球形，连花柱长 4-4.5 mm，宽约 3 mm，顶端突出部分圆锥形，长约 1.5 mm，等于或略短于萼筒；种子淡褐色，轮廓纺锤形，略扁，不连翅长约 1 mm，具纵脉纹，两端各具 0.5-0.7 mm 的狭翅。花期 6-7 月，果期 9-10 月。

恩施州广布，生于山坡林中；分布于湖北、湖南、贵州。

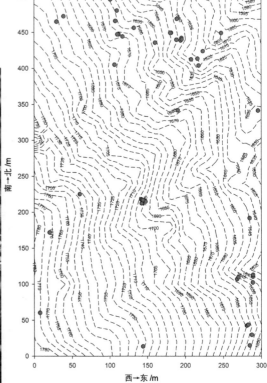

蜡莲绣球 *Hydrangea strigosa* Rehd.

绣球属 *Hydrangea*　　虎耳草科 Saxifragaceae

个体数量（Individual number）= 8
最小，平均，最大胸径（Min, Mean, Max DBH）= 1.4 cm, 1.9 cm, 3.0 cm
分布林层（Layer）= 灌木层（Shrub layer）
重要值排序（Importance value rank）= 88/122

胸径区间 /cm	个体数量	比例 /%
[1.0, 2.0)	5	62.50
[2.0, 3.0)	2	25.00
[3.0, 4.0)	1	12.50
[4.0, 5.0)	0	0.00
[5.0, 7.0)	0	0.00
[7.0, 10.0)	0	0.00
[10.0, 15.0)	0	0.00

　　灌木，高 1-3 m；小枝圆柱形或微具四钝棱，灰褐色，密被糙伏毛，无皮孔，老后色较淡，树皮常呈薄片状剥落。叶纸质，长圆形、卵状披针形或倒卵状倒披针形，长 8-28 cm，宽 2-10 cm，先端渐尖，基部楔形、钝或圆形，边缘有具硬尖头的小齿或小锯齿，干后上面黑褐色，被稀疏糙伏毛或近无毛，下面灰棕色，新鲜时有时呈淡紫红色或淡红色，密被灰棕色颗粒状腺体和灰白色糙伏毛，脉上的毛更密；中脉粗壮，上面平坦，下面隆起，侧脉 7-10 对，弯拱，沿边缘长延伸，上面平坦，下面凸起，小脉网状，下面微凸；叶柄长 1-7 cm，被糙伏毛。伞房状聚伞花序大，径达 28 cm，顶端稍拱，分枝扩展，密被灰白色糙伏毛；不育花萼片 4-5 片，阔卵形、阔椭圆形或近圆形，结果时长 1.3-2.7 cm，宽 1.1-2.5 cm，先端钝头渐尖或近截平，基部具爪，边全缘或具数齿，白色或淡紫红色；孕性花淡紫红色，萼筒钟状，长约 2 mm，萼齿三角形，长约 0.5 mm；花瓣长卵形，长 2-2.5 mm，初时顶端稍连合，后分离，早落；雄蕊不等长，较长的长约 6 mm，较短的长约 3 mm，花药长圆形，长约 0.5 mm；子房下位，花柱 2 个，结果时长约 2 mm，近棒状，直立或外弯。蒴果坛状，不连花柱长和宽 3-3.5 mm，顶端截平，基部圆；种子褐色，阔椭圆形，不连翅长 0.35-0.5 mm，具纵脉纹，两端各具长 0.2-0.25 mm 的翅，先端的翅宽而扁平，基部的收狭呈短柄状。花期 7-8 月，果期 11-12 月。

恩施州广布，生于山坡林中；分布于陕西、四川、云南、贵州、湖北和湖南。

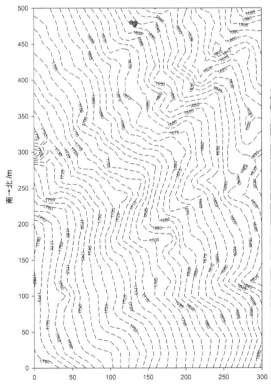

粗枝绣球 *Hydrangea robusta* J. D. Hooker & Thomson

绣球属 *Hydrangea*　　虎耳草科 Saxifragaceae

个体数量（Individual number）= 4
最小，平均，最大胸径（Min, Mean, Max DBH）= 5.6 cm, 7.5 cm, 11.6 cm
分布林层（Layer）= 灌木层（Shrub layer）
重要值排序（Importance value rank）= 74/122

胸径区间/cm	个体数量	比例/%
[1.0, 2.0)	0	0.00
[2.0, 3.0)	0	0.00
[3.0, 4.0)	0	0.00
[4.0, 5.0)	0	0.00
[5.0, 7.0)	3	75.00
[7.0, 10.0)	0	0.00
[10.0, 15.0)	1	25.00

　　灌木或小乔木，高 2-3 m；小枝具 4 棱或棱不明显，褐色，密被黄褐色短粗毛或扩展的粗长毛，或者渐变近无毛。叶纸质，阔卵形至长卵形或椭圆形至阔椭圆形，长 9-35 cm，宽 5-22 cm，先端急尖或渐尖，基部截平、微心形、圆形或钝，边缘具不规则的细齿或粗齿，有时具重齿，上面疏被糙伏毛，下面密被灰白色短柔毛或淡褐色短疏粗毛，脉上特别是中脉上有时被黄褐色、扩展且易脱落的粗长毛；侧脉 9-13 对，微弯，斜举或基部数对几近平展，下面微凸，小脉网状，下面稍凸起；叶柄长 3-15 cm，被毛或后渐变近无毛。伞房状聚伞花序较大，结果时径达 30 cm，顶端稍弯拱或截平，花序轴粗壮，有时具明显四棱，密被灰黄色或褐色短粗毛或长粗毛；分枝多而疏散，彼此间隔较宽；不育花淡紫色或白色；萼片 4-5 片，阔卵形、圆形或扁圆形，结果时长 1.2-2.8 cm，宽 1.5-3.3 cm，边缘具齿或近全缘；孕性花萼筒杯状，长 1-1.5 mm，宽约 2 mm，萼齿卵状三角形或阔三角形，长 0.5-1 mm；花瓣紫色，卵状披针形，长 2-3 mm，初时顶部稍连合，后分离；雄蕊 10-14 枚，不等长，较短的稍长过花瓣，较长的长 6-6.5 mm，花后期长达 10 mm；子房下位，花柱 2 根，结果时长 1-2 mm，扩展或外反。蒴果杯状，不连花柱长 3-3.5 mm，宽 3.5-4.5 mm，顶端截平；种子红褐色，椭圆形或近圆形，长 0.4-0.6 mm，略扁，具稍凸起的纵脉纹，两端各具长 0.1-0.3 mm 的短翅，先端的翅稍长而宽。花期 8-9 月，果期 10-11 月。

　　产于巴东、宣恩，生于山坡林中；分布于四川、云南、贵州、广西、广东、湖南、湖北、江西、安徽、浙江、福建。

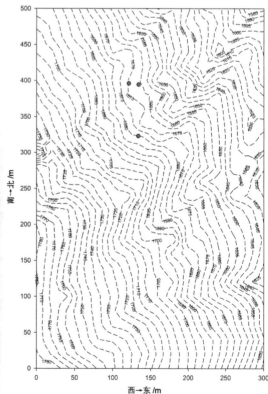

马桑绣球 *Hydrangea aspera* D. Don

绣球属 *Hydrangea*　　虎耳草科 Saxifragaceae

个体数量（Individual number）= 16
最小，平均，最大胸径（Min，Mean，Max DBH）= 1.5 cm，4.5 cm，9.0 cm
分布林层（Layer）= 灌木层（Shrub layer）
重要值排序（Importance value rank）= 40/122

胸径区间 /cm	个体 数量	比例 /%
[1.0, 2.0)	4	25.00
[2.0, 3.0)	6	37.50
[3.0, 4.0)	0	0.00
[4.0, 5.0)	0	0.00
[5.0, 7.0)	2	12.50
[7.0, 10.0)	4	25.00
[10.0, 15.0)	0	0.00

　　灌木，高约 1 m；小枝圆柱形，较细，无毛或近无毛，老时淡黄珍珠灰色，树皮不剥落。叶披针形，长 6-12 cm，宽 2-3 cm，先端渐尖，基部阔楔形或圆形，边缘有具硬尖头的锯形小齿，上面暗黄绿色，密被小糙伏毛，下面苍白色，密被长柔毛，但中脉上几无毛；叶柄细小，长 1.5-4 cm，无毛，仅上面凹槽边被稀疏短柔毛。伞房状聚伞花序径 8-10 cm，顶端平或稍弯拱，分枝短，密集，紧靠，彼此间间隔小，被糙伏毛；不育花萼片 4

片，红色，阔倒卵形，先端微凹，全缘；孕性花玫瑰红色，萼筒半球状，基部被疏柔毛，萼齿三角形，短小；花瓣长卵形，长约 1.5 mm；雄蕊不等长，较长的长约 4 mm；子房下位，花柱 2 根。花期 8-9 月，果期 10-11 月。

　　产于恩施市、巴东，生于山坡林中；分布于湖北。

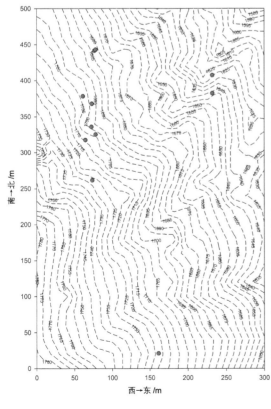

柔毛绣球 *Hydrangea villosa* Rehd.

绣球属 *Hydrangea* 虎耳草科 Saxifragaceae

个体数量（Individual number）= 208
最小，平均，最大胸径（Min, Mean, Max DBH）= 1.0 cm, 4.3 cm, 26.3 cm
分布林层（Layer）=亚乔木层（Subtree layer）
重要值排序（Importance value rank）= 8/35

胸径区间 /cm	个体数量	比例 /%
[1.0, 2.5)	91	43.75
[2.5, 5.0)	61	29.33
[5.0, 8.0)	27	12.98
[8.0, 11.0)	12	5.77
[11.0, 15.0)	11	5.29
[15.0, 20.0)	3	1.44
[20.0, 30.0)	3	1.44

　　灌木，高 1-4 m；小枝常具钝棱，与其叶柄、花序密被灰白色短柔毛或黄褐色、扩展的粗长毛。叶纸质，披针形、卵状披针形、卵形或长椭圆形，长 5-23 cm，宽 2-8 cm，先端渐尖，基部阔楔形或圆形，两侧略不相等或明显不相等，且一侧稍弯拱，边缘具密的小齿，上面密被糙伏毛，下面密被灰白色短绒毛，脉上特别是中脉上的毛较长，有时稍带黄褐色，极易脱落；侧脉 6-10 对，弯拱，下面稍凸起，叶柄长 1-4.5 cm。伞房状聚伞花序径 10-20 cm，顶端常弯拱，总花梗粗壮，分枝较短，密集，紧靠，彼此间隔小，一般长 0.5-2 cm，个别的有时较长；不育花萼片 4 片，少有 5 片，淡红色，倒卵圆形或卵圆形，长 1-3.3 cm，宽 0.9-2.7 cm，边缘常具圆齿或细齿；孕性花紫蓝色或紫红色，萼筒钟状，长约 1 mm，被毛，萼齿卵状三角形，长约 0.5 mm；花瓣卵形或长卵形，长 2-2.2 mm，先端略尖，基部截平；雄蕊 10 枚，不等长，较短的与花瓣近等长，较长的长 4-5 mm；子房下位，花柱 2 根，结果时长约 1 mm，扩展或稍外弯，柱头近半环状。蒴果坛状，不连花柱长和宽约 3 mm，顶端截平，基部圆，具棱；种子褐色，椭圆形或纺锤形，长 0.4-0.5 mm，稍扁，具凸起的纵脉纹，两端各具 0.15-0.25 mm 长的翅，先端的翅较长，扁平，基部的较狭。花期 7-8 月，果期 9-10 月。

　　恩施州广布，生于山谷林下；分布于甘肃、陕西、江苏、湖北、湖南、广西、贵州、四川、云南。

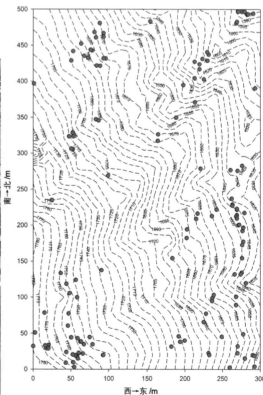

钻地风 *Schizophragma integrifolium* Oliv.

钻地风属 *Schizophragma* 　　虎耳草科 Saxifragaceae

个体数量（Individual number）＝ 29
最小，平均，最大胸径（Min, Mean, Max DBH）＝ 1.1 cm, 3.7 cm, 11.0 cm
分布林层（Layer）＝灌木层（Shrub layer）
重要值排序（Importance value rank）＝ 27/122

胸径区间 /cm	个体数量	比例 /%
[1.0, 2.0)	6	20.69
[2.0, 3.0)	7	24.14
[3.0, 4.0)	5	17.24
[4.0, 5.0)	4	13.79
[5.0, 7.0)	4	13.79
[7.0, 10.0)	2	6.90
[10.0, 15.0)	1	3.45

　　木质藤本或藤状灌木；小枝褐色，无毛，具细条纹。叶纸质，椭圆形或长椭圆形或阔卵形，长 8-20 cm，宽 3.5-12.5 cm，先端渐尖或急尖，具狭长或阔短尖头，基部阔楔形、圆形至浅心形，边全缘或上部或多或少具仅有硬尖头的小齿，上面无毛，下面有时沿脉被疏短柔毛，后渐变近无毛，脉腋间常具髯毛；侧脉 7-9 对，弯拱或下部稍直，下面凸起，小脉网状，较密，下面微凸；叶柄长 2-9 cm，无毛。伞房状聚伞花序密被褐色、紧贴短柔毛，结果时毛渐稀少；不育花萼片单生或偶有 2-3 片聚生于花柄上、卵状披针形、披针形或阔椭圆形，结果时长 3-7 cm，宽 2-5 cm，黄白色；孕性花萼筒陀螺状，长 1.5-2 mm，宽 1-1.5 mm，基部略尖，萼齿三角形，长约 0.5 mm；花瓣长卵形，长 2-3 mm，先端钝；雄蕊近等长，盛开时长 4.5-6 mm，花药近圆形，长约 0.5 mm；子房近下位，花柱和柱头长约 1 mm。蒴果钟状或陀螺状，较小，全长 6.5-8 mm，宽 3.5-4.5 mm，基部稍宽，阔楔形，顶端突出部分短圆锥形，长约 1.5 mm；种子褐色，连翅轮廓纺锤形或近纺锤形，扁，长 3-4 mm，宽 0.6-0.9 mm，两端的翅近相等，长 1-1.5 mm。花期 6-7 月，果期 10-11 月。

　　恩施州广布，生于山谷林下；分布于四川、云南、贵州、广西、广东、海南、湖南、湖北、江西、福建、江苏、浙江、安徽等省区。

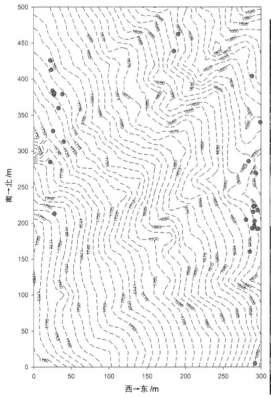

海桐 *Pittosporum tobira* (Thunb.) Ait.

海桐花属 *Pittosporum*　　海桐科 Pittosporaceae

个体数量（Individual number）= 2
最小，平均，最大胸径（Min，Mean，Max DBH）= 3.0 cm，6.3 cm，9.5 cm
分布林层（Layer）= 灌木层（Shrub layer）
重要值排序（Importance value rank）= 94/122

胸径区间/cm	个体数量	比例/%
[1.0, 2.0)	0	0.00
[2.0, 3.0)	0	0.00
[3.0, 4.0)	1	50.00
[4.0, 5.0)	0	0.00
[5.0, 7.0)	0	0.00
[7.0, 10.0)	1	50.00
[10.0, 15.0)	0	0.00

　　常绿灌木或小乔木，高达 6 m，嫩枝被褐色柔毛，有皮孔。叶聚生于枝顶，二年生，革质，嫩时上下两面有柔毛，以后变秃净，倒卵形或倒卵状披针形，长 4-9 cm，宽 1.5-4 cm，上面深绿色，发亮、干后暗晦无光，先端圆形或钝，常微凹入或为微心形，基部窄楔形，侧脉 6-8 对，在靠近边缘处相结合，有时因侧脉间的支脉较明显而呈多脉状，网脉稍明显，网眼细小，全缘，干后反卷，叶柄长达 2 cm。伞形花序或伞房状伞形花序顶生或近顶生，密被黄褐色柔毛，花梗长 1-2 cm；苞片披针形，长 4-5 mm；小苞片长 2-3 mm，均被褐毛。花白色，有芳香，后变黄色；萼片卵形，长 3-4 mm，被柔毛；花瓣倒披针形，长 1-1.2 cm，离生；雄蕊 2 型，退化雄蕊的花丝长 2-3 mm，花药近于不育；正常雄蕊的花丝长 5-6 mm，花药长圆形，长 2 mm，黄色；子房长卵形，密被柔毛，侧膜胎座 3 个，胚珠多数，2 列着生于胎座中段。蒴果圆球形，有棱或呈三角形，径 12 mm，多少有毛，子房柄长 1-2 mm，3 片裂开，果片木质，厚 1.5 mm，内侧黄褐色，有光泽，具横格；种子多数，长 4 mm，多角形，红色，种柄长约 2 mm。花期 3-5 月，果期 5-10 月。

　　恩施州广泛栽培；我国各省区均有栽培。

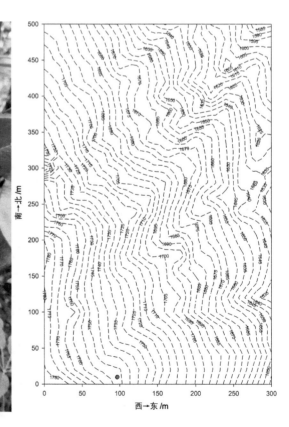

狭叶海桐（变种）*Pittosporum glabratum* var. *neriifolium* Rehd. et Wils.

海桐花属 *Pittosporum*　　海桐科 Pittosporaceae

个体数量（Individual number）= 119
最小，平均，最大胸径（Min, Mean, Max DBH）= 1.0 cm，2.0 cm，12.4 cm
分布林层（Layer）= 灌木层（Shrub layer）
重要值排序（Importance value rank）= 16/122

胸径区间 /cm	个体 数量	比例 /%
[1.0, 2.0)	82	68.91
[2.0, 3.0)	27	22.69
[3.0, 4.0)	5	4.20
[4.0, 5.0)	1	0.84
[5.0, 7.0)	1	0.84
[7.0, 10.0)	1	0.84
[10.0, 15.0)	2	1.68

常绿灌木，高 1.5 m，嫩枝无毛，叶带状或狭窄披针形，长 6-18 cm，或更长，宽 1-2 cm，无毛，叶柄长 5-12 mm。伞形花序顶生，花多朵，花梗长约 1 cm，有微毛，萼片长 2 mm，有睫毛；花瓣长 8-12 mm；雄蕊比花瓣短；子房无毛。蒴果长 2-2.5 cm，子房柄不明显，3 片裂开，种子红色，长 6 mm。花期 3-5 月，果期 6-11 月。

恩施州广布，生于山坡林中；分布于广东、广西、江西、湖南、贵州、湖北等省区。

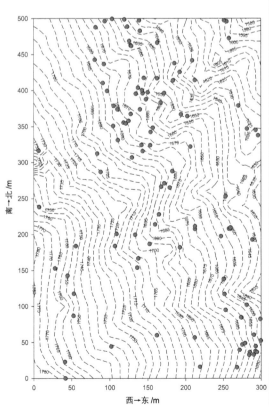

棱果海桐 *Pittosporum trigonocarpum* Lévl.

海桐花属 *Pittosporum*　　海桐科 **Pittosporaceae**

个体数量（Individual number）= 39
最小，平均，最大胸径（Min，Mean，Max DBH）= 1.0 cm，2.5 cm，11.2 cm
分布林层（Layer）= 灌木层（Shrub layer）
重要值排序（Importance value rank）= 22/122

胸径区间 /cm	个体数量	比例 /%
[1.0, 2.0)	27	69.23
[2.0, 3.0)	6	15.39
[3.0, 4.0)	2	5.13
[4.0, 5.0)	0	0.00
[5.0, 7.0)	0	0.00
[7.0, 10.0)	3	7.69
[10.0, 15.0)	1	2.56

　　常绿灌木、嫩枝无毛，嫩芽有短柔毛，老枝灰色，有皮孔。叶簇生于枝顶，二年生，革质，倒卵形或矩圆倒披针形，长 7-14 cm，宽 2.5-4 cm，先端急短尖，基部窄楔形，上面绿色、发亮，干后褐绿色，下面浅褐色，无毛；侧脉约 6 对，与网脉在上下两面均不明显，边缘平展，叶柄长约 1 cm。伞形花序 3-5 枝顶生，花多数；花梗长 1-2.5 cm，纤细，无毛；萼片卵形，长 2 mm，有睫毛；花瓣长 1.2 cm，分离，或部分联合；雄蕊长 8 mm，雌蕊与雄蕊等长，子房有柔毛，侧膜胎座 3 个，胚珠 9-15 个。蒴果常单生，椭圆形，干后三角形或圆形，长 2.7 cm，有毛，子房柄短，长不过 2 mm，宿存花柱长 3 mm，果梗长约 1 cm，有柔毛，3 片裂开，果片薄，革质，表面粗糙，每片有种子 3-5 个；种子红色，长约 5-6 cm，种柄长 2 mm，压扁，散生于纵长的胎座上。花期 3-5 月，果期 6-10 月。

　　恩施州广布（属湖北省新记录），生于山坡林中；分布于贵州、湖北。

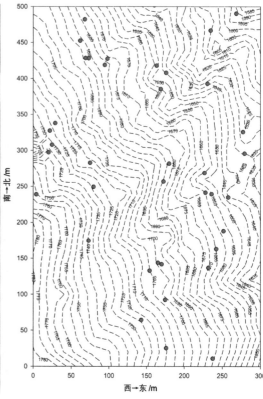

檵木 *Loropetalum chinense* (R. Br.) Oliv.

檵木属 *Loropetalum*　　金缕梅科 Hamamelidaceae

个体数量（Individual number）= 3
最小，平均，最大胸径（Min, Mean, Max DBH）= 1.3 cm，1.6 cm，2.2 cm
分布林层（Layer）= 灌木层（Shrub layer）
重要值排序（Importance value rank）= 64/122

胸径区间/cm	个体数量	比例/%
[1.0, 2.0)	2	66.67
[2.0, 3.0)	1	33.33
[3.0, 4.0)	0	0.00
[4.0, 5.0)	0	0.00
[5.0, 7.0)	0	0.00
[7.0, 10.0)	0	0.00
[10.0, 15.0)	0	0.00

　　灌木，有时为小乔木，多分枝，小枝有星毛。叶革质，卵形，长2-5 cm，宽1.5-2.5 cm，先端尖锐，基部钝，不对称，上面略有粗毛或秃净，干后暗绿色，无光泽，下面被星毛，稍带灰白色，侧脉约5对，在上面明显，在下面突起，全缘；叶柄长2-5 mm，有星毛；托叶膜质，三角状披针形，长3-4 mm，宽1.5-2 mm，早落。花3-8朵簇生，有短花梗，白色，比新叶先开放，或与嫩叶同时开放，花序柄长约1 cm，被毛；苞片线形，长3 mm；萼筒杯状，被星毛，萼齿卵形，长约2 mm，花后脱落；花瓣4片，带状，长1-2 cm，先端圆或钝；雄蕊4枚，花丝极短，药隔突出成角状；退化雄蕊4枚，鳞片状，与雄蕊互生；子房完全下位，被星毛；花柱极短，长约1 mm；胚珠1个，垂生于心皮内上角。蒴果卵圆形，长7-8 mm，宽6-7 mm，先端圆，被褐色星状绒毛，萼筒长为蒴果的2/3。种子圆卵形，长4-5 mm，黑色，发亮。花期3-4月，果期7-8月。

　　恩施州广布，生于山坡林下或灌丛中；分布于我国中部、南部及西南各省；亦见于日本及印度。

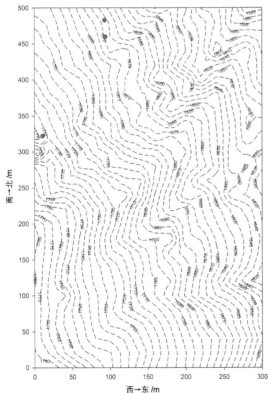

金缕梅 *Hamamelis mollis* Oliv.

金缕梅属 *Hamamelis*   金缕梅科 Hamamelidaceae

个体数量（Individual number）= 11
最小，平均，最大胸径（Min, Mean, Max DBH）= 1.6 cm, 2.8 cm, 6.1 cm
分布林层（Layer）= 灌木层（Shrub layer）
重要值排序（Importance value rank）= 54/122

胸径区间 /cm	个体数量	比例 /%
[1.0, 2.0)	2	18.18
[2.0, 3.0)	7	63.64
[3.0, 4.0)	0	0.00
[4.0, 5.0)	0	0.00
[5.0, 7.0)	2	18.18
[7.0, 10.0)	0	0.00
[10.0, 15.0)	0	0.00

　　落叶灌木或小乔木，高达 8 m；嫩枝有星状绒毛；老枝秃净；芽体长卵形，有灰黄色绒毛。叶纸质或薄革质，阔倒卵圆形，长 8-15 cm，宽 6-10 cm，先端短急尖，基部不等侧心形，上面稍粗糙，有稀疏星状毛，不发亮，下面密生灰色星状绒毛；侧脉 6-8 对，最下面 1 对侧脉有明显的第二次侧脉，在上面很显著，在下面突起；边缘有波状钝齿；叶柄长 6-10 mm，被绒毛，托叶早落。头状或短穗状花序腋生，有花数朵，无花梗，苞片卵形，花序柄短，长不到 5 mm；萼筒短，与子房合生，萼齿卵形，长 3 mm，宿存，均被星状绒毛；花瓣带状，长约 1.5 cm，黄白色；雄蕊 4 枚，花丝长 2 mm，花药与花丝几等长；退化雄蕊 4 枚，先端平截；子房有绒毛，花柱长 1-1.5 mm。蒴果卵圆形，长 1.2 cm，宽 1 cm，密被黄褐色星状绒毛，萼筒长约为蒴果 1/3。种子椭圆形，长约 8 mm，黑色，发亮。花期 4-5 月，果期 7 月。

　　产于鹤峰、利川，生于山坡林中；分布于四川、湖北、安徽、浙江、江西、湖南、广西等省区。

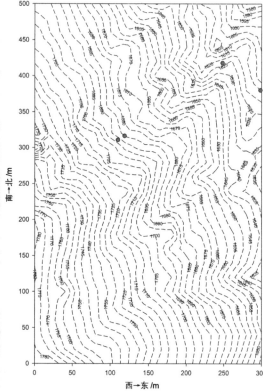

西北栒子 *Cotoneaster zabelii* Schneid.

栒子属 *Cotoneaster*　　蔷薇科 Rosaceae

个体数量（Individual number）= 4
最小，平均，最大胸径（Min, Mean, Max DBH）= 1.8 cm, 2.0 cm, 2.6 cm
分布林层（Layer）= 灌木层（Shrub layer）
重要值排序（Importance value rank）= 58/122

胸径区间 /cm	个体数量	比例 /%
[1.0, 2.0)	3	75.00
[2.0, 3.0)	1	25.00
[3.0, 4.0)	0	0.00
[4.0, 5.0)	0	0.00
[5.0, 7.0)	0	0.00
[7.0, 10.0)	0	0.00
[10.0, 15.0)	0	0.00

　　落叶灌木，高达 2 m；枝条细瘦开张，小枝圆柱形，深红褐色，幼时密被带黄色柔毛，老时无毛。叶片椭圆形至卵形，长 1.2-3 cm，宽 1-2 cm，先端多数圆钝，稀微缺，基部圆形或宽楔形，全缘，上面具稀疏柔毛，下面密被带黄色或带灰色绒毛；叶柄长 1-3 mm，被绒毛；托叶披针形，有毛，在果期多数脱落。花 3-13 朵成下垂聚伞花序，总花梗和花梗被柔毛；花梗长 2-4 mm；萼筒钟状，外面被柔毛；萼片三角形，先端稍钝或具短尖头，外面具柔毛，内面几无毛或仅沿边缘有少数柔毛；花瓣直立，倒卵形或近圆形，径 2-3 mm，先端圆钝，浅红色；雄蕊 18-20 枚，较花瓣短；花柱 2 根，离生，短于雄蕊，子房先端具柔毛。果实倒卵形至卵球形，径 7-8 mm，鲜红色，常具 2 个小核。花期 5-6 月，果期 8-9 月。

　　产于恩施市、宣恩，生于山坡灌丛中；分布于河北、山西、山东、河南、陕西、甘肃、宁夏、青海、湖北、湖南。

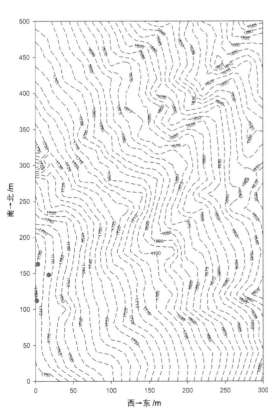

野山楂 *Crataegus cuneata* Sieb. et Zucc.

山楂属 *Crataegus*　蔷薇科 Rosaceae

个体数量（Individual number）= 2
最小，平均，最大胸径（Min, Mean, Max DBH）= 1.3 cm, 2.9 cm, 4.5 cm
分布林层（Layer）= 灌木层（Shrub layer）
重要值排序（Importance value rank）= 95/122

胸径区间 /cm	个体数量	比例 /%
[1.0, 2.0)	1	50.00
[2.0, 3.0)	0	0.00
[3.0, 4.0)	0	0.00
[4.0, 5.0)	1	50.00
[5.0, 7.0)	0	0.00
[7.0, 10.0)	0	0.00
[10.0, 15.0)	0	0.00

落叶灌木，高达 15 m，分枝密，通常具细刺，刺长 5-8 mm；小枝细弱，圆柱形，有棱，幼时被柔毛，一年生枝紫褐色，无毛，老枝灰褐色，散生长圆形皮孔；冬芽三角卵形，先端圆钝，无毛，紫褐色。叶片宽倒卵形至倒卵状长圆形，长 2-6 cm，宽 1-4.5 cm，先端急尖，基部楔形，下延连于叶柄，边缘有不规则重锯齿，顶端常有 3 片或稀 5-7 片浅裂片，上面无毛，有光泽，下面具稀疏柔毛，沿叶脉较密，以后脱落，叶脉显著；叶柄两侧有叶翼，长约 4-15 mm；托叶大，草质，镰刀状，边缘有齿。伞房花序，径 2-2.5 cm，具花 5-7 朵，总花梗和花梗均被柔毛。花梗长约 1 cm；苞片草质，披针形，条裂或有锯齿，长 8-12 mm，脱落很迟；花径约 1.5 cm；萼筒钟状，外被长柔毛，萼片三角卵形，长约 4 mm，约与萼筒等长，先端尾状渐尖，全缘或有齿，内外两面均具柔毛；花瓣近圆形或倒卵形，长 6-7 mm，白色，基部有短爪；雄蕊 20 枚；花药红色；花柱 4-5 根，基部被绒毛。果实近球形或扁球形，径 1-1.2 cm，红色或黄色，常具有宿存反折萼片或 1 苞片；小核 4-5 个，内面两侧平滑。花期 5-6 月，果期 9-11 月。

产于鹤峰，生于山地灌丛中；分布于河南、湖北、江西、湖南、安徽、江苏、浙江、云南、贵州、广东、广西、福建；也分布于日本。

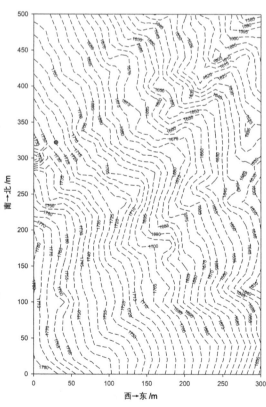

西→东 /m

湖北海棠 *Malus hupehensis* (Pamp.) Rehd.

苹果属 *Malus*　　蔷薇科 Rosaceae

个体数量（Individual number）= 1
最小，平均，最大胸径（Min, Mean, Max DBH）= 4.1 cm, 4.1 cm, 4.1 cm
分布林层（Layer）= 灌木层（Shrub layer）
重要值排序（Importance value rank）= 104/122

胸径区间/cm	个体数量	比例/%
[1.0, 2.0)	0	0.00
[2.0, 3.0)	0	0.00
[3.0, 4.0)	0	0.00
[4.0, 5.0)	1	100.00
[5.0, 7.0)	0	0.00
[7.0, 10.0)	0	0.00
[10.0, 15.0)	0	0.00

　　乔木，高达 8 m；小枝最初有短柔毛，不久脱落，老枝紫色至紫褐色；冬芽卵形，先端急尖，鳞片边缘有疏生短柔毛，暗紫色。叶片卵形至卵状椭圆形，长 5-10 cm，宽 2.5-4 cm，先端渐尖，基部宽楔形，稀近圆形，边缘有细锐锯齿，嫩时具稀疏短柔毛，不久脱落无毛，常呈紫红色；叶柄长 1-3 cm，嫩时有稀疏短柔毛，逐渐脱落；托叶草质至膜质，线状披针形，先端渐尖，有疏生柔毛，早落。伞房花序，具花 4-6 朵，花梗长 3-6 cm，无毛或稍有长柔毛；苞片膜质，披针形，早落；花径 3.5-4 cm；萼筒外面无毛或稍有长柔毛；萼片三角卵形，先端渐尖或急尖，长 4-5 mm，外面无毛，内面有柔毛，略带紫色，与萼筒等长或稍短；花瓣倒卵形，长约 1.5 cm，基部有短爪，粉白色或近白色；雄蕊 20 枚，花丝长短不齐，约等于花瓣之半；花柱 3 根，稀 4 根，基部有长绒毛，较雄蕊稍长。果实椭圆形或近球形，径约 1 cm，黄绿色稍带红晕，萼片脱落；果梗长 2-4 cm。花期 4-5 月，果期 8-9 月。

　　恩施州广布，生于山坡林中；分布于湖北、湖南、江西、江苏、浙江、安徽、福建、广东、甘肃、陕西、河南、山西、山东、四川、云南、贵州。

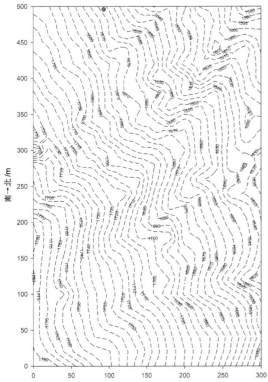

湖北花楸 *Sorbus hupehensis* Schneid.

花楸属 *Sorbus*　　蔷薇科 Rosaceae

个体数量（Individual number）= 633
最小，平均，最大胸径（Min，Mean，Max DBH）= 1.0 cm，8.0 cm，69.0 cm
分布林层（Layer）= 乔木层（Tree layer）
重要值排序（Importance value rank）= 13/67

胸径区间 /cm	个体数量	比例 /%
[1.0, 2.5)	148	23.38
[2.5, 5.0)	162	25.59
[5.0, 10.0)	140	22.12
[10.0, 25.0)	153	24.17
[25.0, 40.0)	27	4.26
[40.0, 60.0)	2	0.32
[60.0, 110.0)	1	0.16

　　乔木，高 5-10 m；小枝圆柱形，暗灰褐色，具少数皮孔，幼时微被白色绒毛，不久脱落；冬芽长卵形，先端急尖或短渐尖，外被数枚红褐色鳞片，无毛。奇数羽状复叶，连叶柄共长 10-15 cm，叶柄长 1.5-3.5 cm；小叶片 4-8 对，间隔 0.5-1.5 cm，基部和顶端的小叶片较中部的稍长，长圆披针形或卵状披针形，长 3-5 cm，宽 1-1.8 cm，先端急尖、圆钝或短渐尖，边缘有尖锐锯齿，近基部 1/3 或 1/2 几为全缘；上面无毛，下面沿中脉有白色绒毛，逐渐脱落无毛，侧脉 7-16 对，几乎直达叶边锯齿；叶轴上面有沟，初期被绒毛，以后脱落；托叶膜质，线状披针形，早落。复伞房花序具多数花朵，总花梗和花梗无毛或被稀疏白色柔毛；花梗长 3-5 mm；花径 5-7 mm；萼筒钟状，外面无毛，内面几无毛；萼片三角形，先端急尖，外面无毛，内面近先端微具柔毛；花瓣卵形，长 3-4 mm，宽约 3 mm，先端圆钝，白色；雄蕊 20 枚，长约为花瓣的 1/3；花柱 4-5 根，基部有灰白色柔毛，稍短于雄蕊或几与雄蕊等长。果实球形，径 5-8 mm，白色，有时带粉红晕，先端具宿存闭合萼片。花期 5-7 月，果期 8-9 月。

　　恩施州广布，生于山坡密林内；分布于湖北、江西、安徽、山东、四川、贵州、陕西、甘肃、青海。

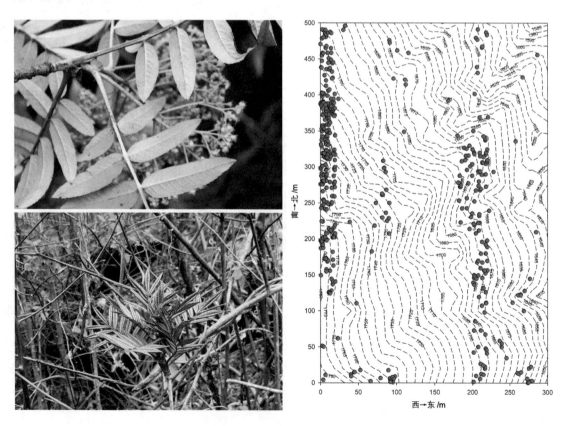

华西花楸 *Sorbus wilsoniana* Schneid.

花楸属 *Sorbus*　　蔷薇科 Rosaceae

个体数量（Individual number）= 151
最小，平均，最大胸径（Min, Mean, Max DBH）= 1.0 cm, 6.0 cm, 29.8 cm
分布林层（Layer）= 乔木层（Tree layer）
重要值排序（Importance value rank）= 28/67

胸径区间 /cm	个体 数量	比例 /%
[1.0, 2.5)	76	50.33
[2.5, 5.0)	26	17.22
[5.0, 10.0)	12	7.95
[10.0, 25.0)	35	23.18
[25.0, 40.0)	2	1.32
[40.0, 60.0)	0	0.00
[60.0, 110.0)	0	0.00

　　乔木，高 5-10 m；小枝粗壮，圆柱形，暗灰色，有皮孔，无毛；冬芽长卵形，肥大，先端急尖，外被数枚红褐色鳞片，无毛或先端具柔毛。奇数羽状复叶，连叶柄长 20-25 cm，叶柄长 5-6 cm；小叶片 6-7 对，间隔 1.5-3 cm，顶端和基部的小叶片常较中部的稍小，长椭圆形或长圆披针形，长 5-8.5 cm，宽 1.8-2.5 cm，先端急尖或渐尖，基部宽楔形或圆形，边缘每侧有 8-20 个细锯齿，基部近于全缘，上下两面均无毛或仅在下面沿中脉附近有短柔毛，侧脉 17-20 对，在边缘稍弯曲；叶轴上面有浅沟，下面无毛或在小叶着生处有短柔毛；托叶发达，草质，半圆形，有锐锯齿，开花后有时脱落。复伞房花序具多数密集的花朵，总花梗和花梗均被短柔毛；花梗长 2-4 mm；花径 6-7 mm；萼筒钟状，外面有短柔毛，内面无毛；萼片三角形，先端稍钝，外面微具短柔毛或无毛，内面无毛；花瓣卵形，长与宽各约 3-3.5 mm，先端圆钝，稀微凹，白色，内面无毛或微有柔毛；雄蕊 20 枚，短于花瓣；花柱 3-5 根，较雄蕊短，基部密具柔毛。果实卵形，径 5-8 mm，橘红色，先端有宿存闭合萼片。花期 5 月，果期 9 月。

　　恩施州广布，生于山地林中；分布于湖北、湖南、四川、贵州、云南、广西。

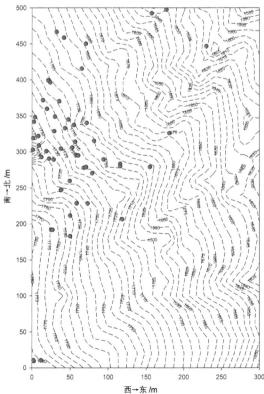

大果花楸 *Sorbus megalocarpa* Rehd.

花楸属 *Sorbus*　　蔷薇科 Rosaceae

个体数量（Individual number）= 402
最小，平均，最大胸径（Min, Mean, Max DBH）= 1.0 cm, 8.5 cm, 56.0 cm
分布林层（Layer）= 乔木层（Tree layer）
重要值排序（Importance value rank）= 19/67

胸径区间 /cm	个体数量	比例 /%
[1.0, 2.5)	85	21.14
[2.5, 5.0)	73	18.16
[5.0, 10.0)	115	28.61
[10.0, 25.0)	119	29.60
[25.0, 40.0)	7	1.74
[40.0, 60.0)	3	0.75
[60.0, 110.0)	0	0.00

　　灌木或小乔木，高 5-8 m，有时附生在其他乔木枝干上面；小枝粗壮，圆柱形，具明显皮孔，幼嫩时微被短柔毛，老时脱落，黑褐色；冬芽膨大，卵形，先端稍钝，外被多数棕褐色鳞片，无毛。叶片椭圆倒卵形或倒卵状长椭圆形，长 10-18 cm，宽 5-9 cm，先端渐尖，基部楔形或近圆形，边缘有浅裂片和圆钝细锯齿，上下两面均无毛，有时下面脉腋间有少数柔毛，侧脉 14-20 对，直达叶边锯齿尖端，上面微下陷，下面突起；叶柄长 1-1.8 cm，无毛。复伞房花序具多花，总花梗和花梗被短柔毛；花梗长 5-8 mm；花径 5-8 mm；萼筒钟状，外面被短柔毛，内面近无毛；萼片宽三角形，先端急尖，外面微具短柔毛，内面无毛；花瓣宽卵形至近圆形，长约 3 mm，宽几与长相等，先端圆钝；雄蕊 20 枚，约与花瓣等长；花柱 3-4 根，基部合生，与雄蕊等长，无毛。果实卵球形或扁圆形，径 1-1.5 cm，有时达 2 cm，长 2-3.5 cm，暗褐色，密被锈色斑点，3-4 室，萼片残存在果实先端呈短筒状。花期 4 月，果期 7-8 月。

　　产于利川，生于山坡林中；分布于湖北、湖南、四川、贵州、云南、广西。

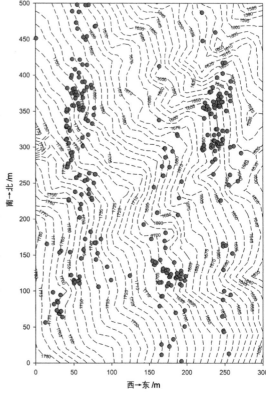

石灰花楸 *Sorbus folgneri* (Schneid.) Rehd.

花楸属 *Sorbus*   蔷薇科 **Rosaceae**

个体数量（Individual number）＝ 2455
最小，平均，最大胸径（Min, Mean, Max DBH）＝ 1.0 cm, 12.6 cm, 48.4 cm
分布林层（Layer）＝乔木层（Tree layer）
重要值排序（Importance value rank）＝ 4/67

胸径区间 /cm	个体数量	比例 /%
[1.0, 2.5)	202	8.23
[2.5, 5.0)	307	12.51
[5.0, 10.0)	525	21.39
[10.0, 25.0)	1219	49.65
[25.0, 40.0)	196	7.98
[40.0, 60.0)	6	0.24
[60.0, 110.0)	0	0.00

　　乔木，高达 10 m；小枝圆柱形，具少数皮孔，黑褐色，幼时被白色绒毛；冬芽卵形，先端急尖，外具数枚褐色鳞片。叶片卵形至椭圆卵形，长 5-8 cm，宽 2-3.5 cm，先端急尖或短渐尖，基部宽楔形或圆形，边缘有细锯齿或在新枝上的叶片有重锯齿和浅裂片，上面深绿色，无毛，下面密被白色绒毛，中脉和侧脉上也具绒毛，侧脉通常 8-15 对，直达叶边锯齿顶端；叶柄长 5-15 mm，密被白色绒毛。复伞房花序具多花，总花梗和花梗均被白色绒毛；花梗长 5-8 mm；花径 7-10 mm；萼筒钟状，外被白色绒毛，内面稍具绒毛；萼片三角卵形，先端急尖，外面被绒毛，内面微有绒毛；花瓣卵形，长 3-4 mm，宽 3-3.5 mm，先端圆钝，白色；雄蕊 18-20 枚，几与花瓣等长或稍长；花柱 2-3 根，近基部合生并有绒毛，短于雄蕊。果实椭圆形，径 6-7 mm，长 9-13 mm，红色，近平滑或有极少数不显明的细小斑点，2-3 室，先端萼片脱落后留有圆穴。花期 4-5 月，果期 7-8 月。

　　恩施州广布，生于山坡林中；分布于陕西、甘肃、河南、湖北、湖南、江西、安徽、广东、广西、贵州、四川、云南。

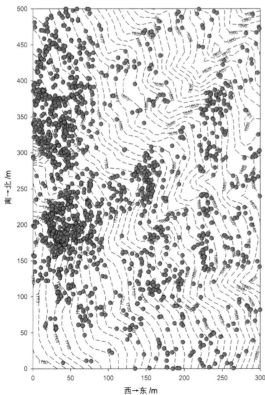

江南花楸 *Sorbus hemsleyi* (Schneid.) Rehd.

花楸属 *Sorbus*　　蔷薇科 Rosaceae

个体数量（Individual number）= 18
最小，平均，最大胸径（Min，Mean，Max DBH）= 1.6 cm，17.5 cm，39.0 cm
分布林层（Layer）= 乔木层（Tree layer）
重要值排序（Importance value rank）= 50/67

胸径区间 /cm	个体 数量	比例 /%
[1.0, 2.5)	5	27.78
[2.5, 5.0)	1	5.56
[5.0, 10.0)	2	11.11
[10.0, 25.0)	4	22.22
[25.0, 40.0)	6	33.33
[40.0, 60.0)	0	0.00
[60.0, 110.0)	0	0.00

　　乔木或灌木，高 7-10 m；小枝圆柱形，暗红褐色，有显明皮孔，无毛，棕褐色；冬芽卵形，先端急尖，外被数枚暗红色鳞片，无毛。叶片卵形至长椭卵形，稀长椭倒卵形，长 5-11 cm，宽 2.5-5.5 cm，先端急尖或短渐尖，基部楔形，稀圆形，边缘有细锯齿并微向下卷，上面深绿色，无毛，下面除中脉和侧脉外均有灰白色绒毛，侧脉 12-14 对，直达叶边齿端；叶柄通常长 1-2 cm，无毛或微有绒毛。复伞房花序有花 20-30 朵；花梗长 5-12 mm，被白色绒毛；花径 10-12 mm；萼筒钟状，外面密被白色绒毛，内面微有柔毛；萼片三角卵形，先端急尖，外被白色绒毛，内面微有绒毛；花瓣宽卵形，长 4-5 mm，先端圆钝，白色，内面微有绒毛；雄蕊 20 枚，长短不齐，长者几与花瓣等长；花柱 2 根，基部合生，并有白色绒毛，短于雄蕊。果实近球形，径 5-8 mm，有少数斑点，先端萼片脱落后留有圆斑。花期 5 月，果期 8-9 月。

　　恩施州广布，生于山坡林中；分布于湖北、湖南、江西、安徽、浙江、广西、四川、贵州、云南。

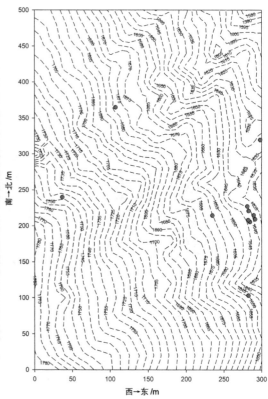

美脉花楸 *Sorbus caloneura* (Stapf) Rehd.

花楸属 *Sorbus*　　蔷薇科 Rosaceae

个体数量（Individual number）= 279
最小，平均，最大胸径（Min, Mean, Max DBH）= 1.0 cm，9.2 cm，39.8 cm
分布林层（Layer）=乔木层（Tree layer）
重要值排序（Importance value rank）= 22/67

胸径区间/cm	个体数量	比例/%
[1.0, 2.5)	64	22.94
[2.5, 5.0)	59	21.15
[5.0, 10.0)	60	21.50
[10.0, 25.0)	78	27.96
[25.0, 40.0)	18	6.45
[40.0, 60.0)	0	0.00
[60.0, 110.0)	0	0.00

　　乔木或灌木，高达 10 m；小枝圆柱形，具少数不显明皮孔，暗红褐色，幼时无毛；冬芽卵形，外被数枚褐色鳞片，无毛。叶片长椭圆形、长椭卵形至长椭倒卵形，长 7-12 cm，宽 3-5.5 cm，先端渐尖，基部宽楔形至圆形，边缘有圆钝锯齿，上面常无毛，下面叶脉上有稀疏柔毛，侧脉 10-18 对，直达叶边齿尖；叶柄长 1-2 cm，无毛。复伞房花序有多花，总花梗和花梗被稀疏黄色柔毛；花梗长 5-8 mm；花径 6-10 mm；萼筒钟状，外面具稀疏柔毛，内面无毛；萼片三角卵形，先端急尖，外面被稀疏柔毛，内面近无毛；花瓣宽卵形，长 3-4 mm，宽几与长相等，先端圆钝，白色；雄蕊 20 枚，稍短于花瓣；花柱 4-5 根，中部以下部分合生，无毛，短于雄蕊。果实球形，稀倒卵形，径约 1 cm，长 1-1.4 cm，褐色，外被显著斑点，4-5 室，萼片脱落后残留圆斑。花期 4 月，果期 8-10 月。

　　恩施州广布，生于山地林中；分布于湖北、湖南、四川、贵州、云南、广东、广西；越南也有。

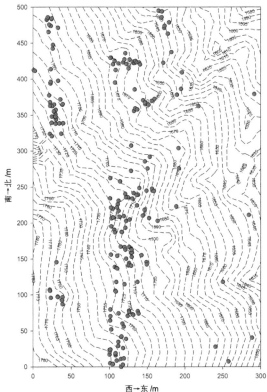

波叶红果树（变种）*Stranvaesia davidiana* var. *undulata* (Dcne.) Rehd.&.Wils.

红果树属 *Stranvaesia*　　薔薇科 Rosaceae

个体数量（Individual number）= 98
最小，平均，最大胸径（Min, Mean, Max DBH）= 1.0 cm, 2.7 cm, 6.8 cm
分布林层（Layer）= 灌木层（Shrub layer）
重要值排序（Importance value rank）= 21/122

胸径区间 /cm	个体数量	比例 /%
[1.0, 2.0)	38	38.78
[2.0, 3.0)	29	29.59
[3.0, 4.0)	18	18.37
[4.0, 5.0)	8	8.16
[5.0, 7.0)	5	5.10
[7.0, 10.0)	0	0.00
[10.0, 15.0)	0	0.00

　　灌木或小乔木，高 1-10 m，枝条密集；小枝粗壮，圆柱形，幼时密被长柔毛，逐渐脱落，当年枝条紫褐色，老枝灰褐色，有稀疏不显明皮孔；冬芽长卵形，先端短渐尖，红褐色，近于无毛或在鳞片边缘有短柔毛。叶片较小，长椭圆形至长圆披针形，边缘波皱起伏，长 3-8 cm，宽 1.5-2.5 cm，先端急尖或突尖，基部楔形至宽楔形，全缘，上面中脉下陷，沿中脉被灰褐色柔毛，下面中脉突起，侧脉 8-16 对，不明显，沿中脉有稀疏柔毛；叶柄长 1.2-2 cm，被柔毛，逐渐脱落；托叶膜质，钻形，长 5-6 mm，早落。复伞房花序，近无毛，径 5-9 cm，密具多花；花梗短，长 2-4 mm；苞片与小苞片均膜质，卵状披针形，早落；花径 5-10 mm；萼筒外面有稀疏柔毛；萼片三角卵形，先端急尖，全缘，长 2-3 mm，长不及萼筒之半，外被少数柔毛；花瓣近圆形，径约 4 mm，基部有短爪，白色；雄蕊 20 枚，花药紫红色；花柱 5 根，大部分连合，柱头头状，比雄蕊稍短；子房顶端被绒毛。果实近球形，橘红色，径 6-7 mm；萼片宿存，直立；种子长椭圆形。花期 5-6 月，果期 9-10 月。

　　恩施州广布，生于山坡、灌木丛中、河谷、山沟潮湿地区；分布于陕西、湖北、湖南、江西、浙江、广西、四川、贵州、云南。

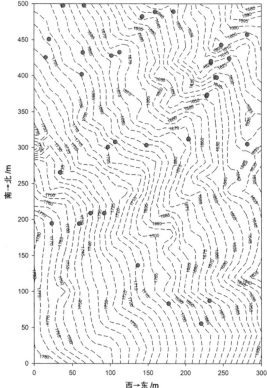

小叶石楠 *Photinia parvifolia* (Pritz.) Schneid.

石楠属 *Photinia*   蔷薇科 Rosaceae

个体数量（Individual number）= 1209
最小，平均，最大胸径（Min, Mean, Max DBH）= 1.0 cm, 6.2 cm, 46.7 cm
分布林层（Layer）= 灌木层（Shrub layer）
重要值排序（Importance value rank）= 3/122

胸径区间/cm	个体数量	比例/%
[1.0, 2.5)	514	42.52
[2.5, 5.0)	226	18.69
[5.0, 10.0)	218	18.03
[10.0, 25.0)	219	18.11
[25.0, 40.0)	29	2.40
[40.0, 60.0)	3	0.25
[60.0, 110.0)	0	0.00

　　落叶灌木，高 1-3 m；枝纤细，小枝红褐色，无毛，有黄色散生皮孔；冬芽卵形，长 3-4 mm，先端急尖。叶片草质，椭圆形、椭圆卵形或菱状卵形，长 4-8 cm，宽 1-3.5 cm，先端渐尖或尾尖，基部宽楔形或近圆形，边缘有具腺尖锐锯齿，上面光亮，初疏生柔毛，以后无毛，下面无毛，侧脉 4-6 对；叶柄长 1-2 mm，无毛。花 2-9 朵，成伞形花序，生于侧枝顶端，无总花梗；苞片及小苞片钻形，早落；花梗细，长 1-2.5 cm，无毛，有疣点；花径 0.5-1.5 cm；萼筒杯状，径约 3 mm，无毛；萼片卵形，长约 1 mm，先端急尖，外面无毛，内面疏生柔毛；花瓣白色，圆形，径 4-5 mm，先端钝，有极短爪，内面基部疏生长柔毛；雄蕊 20 枚，较花瓣短；花柱 2-3 根，中部以下合生，较雄蕊稍长，子房顶端密生长柔毛。果实椭圆形或卵形，长 9-12 mm，径 5-7 mm，橘红色或紫色，无毛，有直立宿存萼片，内含 2-3 粒卵形种子；果梗长 1-2.5 cm，密布疣点。花期 4-5 月，果期 7-8 月。

　　恩施州广布，生于山坡林中；分布于河南、江苏、安徽、浙江、江西、湖南、湖北、四川、贵州、台湾、广东、广西。

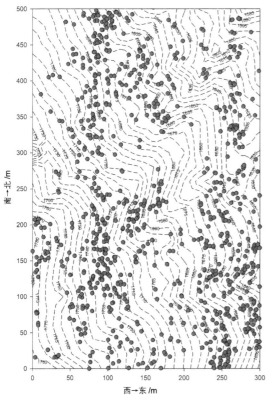

中华石楠 *Photinia beauverdiana* Schneid.

石楠属 *Photinia*　　蔷薇科 Rosaceae

个体数量（Individual number）= 3
最小，平均，最大胸径（Min，Mean，Max DBH）= 1.2 cm，3.4 cm，5.8 cm
分布林层（Layer）= 灌木层（Shrub layer）
重要值排序（Importance value rank）= 79/122

胸径区间 /cm	个体数量	比例 /%
[1.0, 2.0)	1	33.33
[2.0, 3.0)	0	0.00
[3.0, 4.0)	1	33.33
[4.0, 5.0)	0	0.00
[5.0, 7.0)	1	33.34
[7.0, 10.0)	0	0.00
[10.0, 15.0)	0	0.00

　　落叶灌木或小乔木，高 3-10 m；小枝无毛，紫褐色，有散生灰色皮孔。叶片薄纸质，长圆形、倒卵状长圆形或卵状披针形，长 5-10 cm，宽 2-4.5 cm，先端突渐尖，基部圆形或楔形，边缘有疏生具腺锯齿，上面光亮，无毛，下面中脉疏生柔毛，侧脉 9-14 对；叶柄长 5-10 mm，微有柔毛。花多数，成复伞房花序，径 5-7 cm；总花梗和花梗无毛，密生疣点，花梗长 7-15 mm；花径 5-7 mm；萼筒杯状，长 1-1.5 mm，外面微有毛；萼片三角卵形，长 1 mm；花瓣白色，卵形或倒卵形，长 2 mm，先端圆钝，无毛；雄蕊 20 枚；花柱 2-3 根，基部合生。果实卵形，长 7-8 mm，径 5-6 mm，紫红色，无毛，微有疣点，先端有宿存萼片；果梗长 1-2 cm。花期 5 月，果期 7-8 月。

　　恩施州广布，生于山坡林中；分布于陕西、河南、江苏、安徽、浙江、江西、湖南、湖北、四川、云南、贵州、广东、广西、福建。

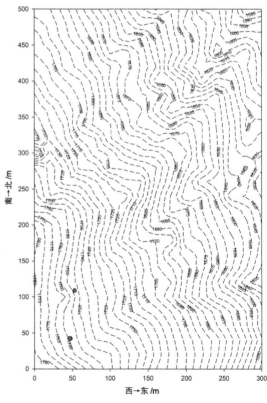

绒毛石楠 *Photinia schneideriana* Rehd. et Wils.

石楠属 *Photinia*　　蔷薇科 Rosaceae

个体数量（Individual number）= 51
最小，平均，最大胸径（Min，Mean，Max DBH）= 1.0 cm，5.3 cm，26.1 cm
分布林层（Layer）= 亚乔木层（Subtree layer）
重要值排序（Importance value rank）= 18/35

胸径区间 /cm	个体数量	比例 /%
[1.0, 2.5)	24	47.05
[2.5, 5.0)	14	27.44
[5.0, 8.0)	3	5.89
[8.0, 11.0)	2	3.92
[11.0, 15.0)	3	5.89
[15.0, 20.0)	2	3.92
[20.0, 30.0)	3	5.89

　　灌木或小乔木，高达 7 m；幼枝有稀疏长柔毛，以后脱落近无毛，一年生枝紫褐色，老时带灰褐色，具梭形皮孔；冬芽卵形，先端急尖，鳞片深褐色，无毛。叶片长圆披针形或长椭圆形，长 6-11 cm，宽 2-5.5 cm，先端渐尖，基部宽楔形，边缘有锐锯齿，上面初疏生长柔毛，以后脱落，下面永被稀疏绒毛，侧脉 10-15 对，微凸起；叶柄长 6-10 mm，初被柔毛，以后脱落。花多数，成顶生复伞房花序，径 5-7 cm；总花梗和分枝疏生长柔毛；花梗长 3-8 mm，无毛；萼筒杯状，长 4 mm，外面无毛；萼片直立、开展，圆形，长约 1 mm，先端具短尖头，内面上部有疏柔毛；花瓣白色，近圆形，径约 4 mm，先端钝，无毛，基部有短爪；雄蕊 20 枚，约和花瓣等长；花柱 2-3 根，基部连合，子房顶端有柔毛。果实卵形，长 10 mm，径约 8 mm，带红色，无毛，有小疣点，顶端具宿存萼片；种子 2-3 粒，卵形，长 5-6 mm，两端尖，黑褐色。花期 5 月，果期 10 月。

　　恩施州广布，生于山坡疏林中；分布于浙江、江西、湖南、湖北、四川、贵州、福建、广东。

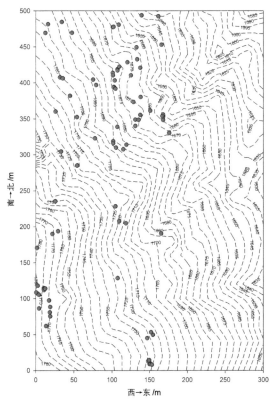

毛叶石楠 *Photinia villosa* (Thunb.) DC.

石楠属 *Photinia*　　蔷薇科 Rosaceae

个体数量（Individual number）= 1
最小，平均，最大胸径（Min，Mean，Max DBH）= 1.3 cm，1.3 cm，1.3 cm
分布林层（Layer）= 灌木层（Shrub layer）
重要值排序（Importance value rank）= 119/122

胸径区间/cm	个体数量	比例/%
[1.0, 2.0)	1	100.00
[2.0, 3.0)	0	0.00
[3.0, 4.0)	0	0.00
[4.0, 5.0)	0	0.00
[5.0, 7.0)	0	0.00
[7.0, 10.0)	0	0.00
[10.0, 15.0)	0	0.00

　　落叶灌木或小乔木，高 2-5 m；小枝幼时有白色长柔毛，以后脱落无毛，灰褐色，有散生皮孔；冬芽卵形，长 2 mm，鳞片褐色，无毛。叶片草质，倒卵形或长圆倒卵形，长 3-8 cm，宽 2-4 cm，先端尾尖，基部楔形，边缘上半部具密生尖锐锯齿，两面初有白色长柔毛，以后上面逐渐脱落几无毛，仅下面叶脉有柔毛，侧脉 5-7 对；叶柄长 1-5 mm，有长柔毛。花 10-20 朵，成顶生伞房花序，径 3-5 cm；总花梗和花梗有长柔毛；花梗长 1.5-2.5 cm，在果期具疣点；苞片和小苞片钻形，长 1-2 mm，早落；花径 7-12 mm；萼筒杯状，长 2-3 mm，外面有白色长柔毛；萼片三角卵形，长 2-3 mm，先端钝，外面有长柔毛，内面有毛或无毛；花瓣白色，近圆形，径 4-5 mm，外面无毛，内面基部具柔毛，有短爪；雄蕊 20 枚，较花瓣短；花柱 3 根，离生，无毛，子房顶端密生白色柔毛。果实椭圆形或卵形，长 8-10 mm，径 6-8 mm，红色或黄红色，稍有柔毛，顶端有直立宿存萼片。花期 4 月，果期 8-9 月。

　　产于宣恩，生于山坡灌丛中；分布于甘肃、河南、山东、江苏、安徽、浙江、江西、湖南、湖北、贵州、云南、福建、广东。

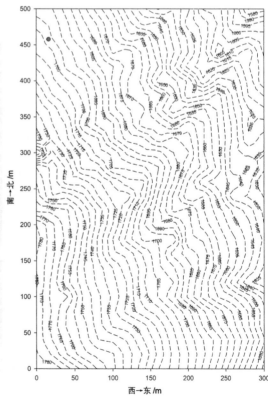

西→东 /m

峨眉蔷薇 *Rosa omeiensis* Rolfe

蔷薇属 *Rosa*　　蔷薇科 Rosaceae

个体数量（Individual number）= 3
最小，平均，最大胸径（Min, Mean, Max DBH）= 1.1 cm，1.5 cm，2.0 cm
分布林层（Layer）= 灌木层（Shrub layer）
重要值排序（Importance value rank）= 92/122

胸径区间 /cm	个体 数量	比例 /%
[1.0, 2.0)	2	66.70
[2.0, 3.0)	1	33.30
[3.0, 4.0)	0	0.00
[4.0, 5.0)	0	0.00
[5.0, 7.0)	0	0.00
[7.0, 10.0)	0	0.00
[10.0, 15.0)	0	0.00

　　直立灌木，高 3-4 m；小枝细弱，无刺或有扁而基部膨大皮刺，幼嫩时常密被针刺或无针刺。小叶 9-17 片，连叶柄长 3-6 cm；小叶片长圆形或椭圆状长圆形，长 8-30 mm，宽 4-10 mm，先端急尖或圆钝，基部圆钝或宽楔形，边缘有锐锯齿，上面无毛，中脉下陷，下面无毛或在中脉有疏柔毛，中脉突起；叶轴和叶柄有散生小皮刺；托叶大部贴生于叶柄，顶端离生部分呈三角状卵形，边缘有齿或全缘，有时有腺。花单生于叶腋，无苞片；花梗长 6-20 mm，无毛；花径 2.5-3.5 cm；萼片 4 片，披针形，全缘，先端渐尖或长尾尖，外面近无毛，内面有稀疏柔毛；花瓣 4 片，白色，倒三角状卵形，先端微凹，基部宽楔形；花柱离生，被长柔毛，比雄蕊短很多。果倒卵球形或梨形，径 8-15 mm，亮红色，果成熟时果梗肥大，萼片直立宿存。花期 5-6 月，果期 7-9 月。

　　产于巴东，生于山坡灌丛中；分布于云南、四川、湖北、陕西、宁夏、甘肃、青海、西藏。

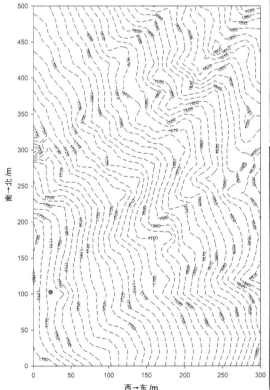

野蔷薇 *Rosa multiflora* Thunb.

蔷薇属 *Rosa* 蔷薇科 Rosaceae

个体数量（Individual number）= 27
最小，平均，最大胸径（Min, Mean, Max DBH）= 1.3 cm, 4.1 cm, 8.1 cm
分布林层（Layer）= 灌木层（Shrub layer）
重要值排序（Importance value rank）= 32/122

胸径区间 /cm	个体 数量	比例 /%
[1.0, 2.0)	7	25.92
[2.0, 3.0)	0	0.00
[3.0, 4.0)	7	25.93
[4.0, 5.0)	3	11.11
[5.0, 7.0)	8	29.63
[7.0, 10.0)	2	7.41
[10.0, 15.0)	0	0.00

攀援灌木；小枝圆柱形，通常无毛，有短、粗稍弯曲皮刺。小叶5-9 片，近花序的小叶有时 3 片，连叶柄长 5-10 cm；小叶片倒卵形、长圆形或卵形，长 1.5-5 cm，宽 8-28 mm，先端急尖或圆钝，基部近圆形或楔形，边缘有尖锐单锯齿，稀混有重锯齿，上面无毛，下面有柔毛；小叶柄和叶轴有柔毛或无毛，有散生腺毛；托叶篦齿状，大部贴生于叶柄，边缘有或无腺毛。花多朵，排成圆锥状花序，花梗长 1.5-2.5 cm，无毛或有腺毛，有时基部有篦齿状小苞片；花径 1.5-2 cm，萼片披针形，有时中部具 2 个线形裂片，外面无毛，内面有柔毛；花瓣白色，宽倒卵形，先端微凹，基部楔形；花柱结合成束，无毛，比雄蕊稍长。果近球形，径 6-8 mm，红褐色或紫褐色，有光泽，无毛，萼片脱落。花期 4-5 月，果期 9-10 月。

恩施州广布，生于路边、溪边、山坡中；分布于湖北、江苏、山东、河南等省；日本、朝鲜也有。

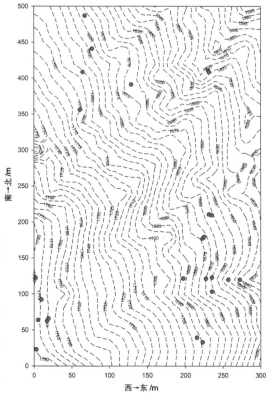

鸡爪茶 *Rubus henryi* Hemsl. et Ktze.

悬钩子属 *Rubus* 蔷薇科 Rosaceae

个体数量（Individual number）＝2
最小，平均，最大胸径（Min, Mean, Max DBH）＝1.3 cm，1.3 cm，1.3 cm
分布林层（Layer）＝灌木层（Shrub layer）
重要值排序（Importance value rank）＝84/122

胸径区间 /cm	个体 数量	比例 /%
[1.0, 2.0)	2	100.00
[2.0, 3.0)	0	0.00
[3.0, 4.0)	0	0.00
[4.0, 5.0)	0	0.00
[5.0, 7.0)	0	0.00
[7.0, 10.0)	0	0.00
[10.0, 15.0)	0	0.00

　　常绿攀援灌木，高达 6 m；枝疏生微弯小皮刺，幼时被绒毛，老时近无毛，褐色或红褐色。单叶，革质，长 8-15 cm，基部较狭窄，宽楔形至近圆形，稀近心形，深 3 裂，稀 5 裂，分裂至叶片的 2/3 处或超过之，顶生裂片与侧生裂片之间常成锐角，裂片披针形或狭长圆形，长 7-11 cm，宽 1.5-2.5 cm，顶端渐尖，边缘有稀疏细锐锯齿，上面亮绿色，无毛，下面密被灰白色或黄白色绒毛，叶脉突起，有时疏生小皮刺；叶柄细，长 3-6 cm，有绒毛；托叶长圆形或长圆披针形，离生，膜质，长 1-1.8 cm，宽 0.3-0.6 cm，全缘或顶端有 2-3 个锯齿，有长柔毛。花常 9-20 朵，成顶生和腋生总状花序；总花梗、花梗和花萼密被灰白色或黄白色绒毛和长柔毛，混生少数小皮刺；花梗短，长达 1 cm；苞片和托叶相似；花萼长约 1.5 cm，有时混生腺毛；萼片长三角形，顶端尾状渐尖，全缘，花后反折；花瓣狭卵圆形，粉红色，两面疏生柔毛，基部具短爪；雄蕊多数，有长柔毛；雌蕊多数，被长柔毛。果实近球形，黑色，径 1.3-1.5 cm，宿存花柱带红色并有长柔毛；核稍有网纹。花期 5-6 月，果期 7-8 月。

　　产于宣恩、鹤峰，生于山坡林中；分布于湖北、湖南。

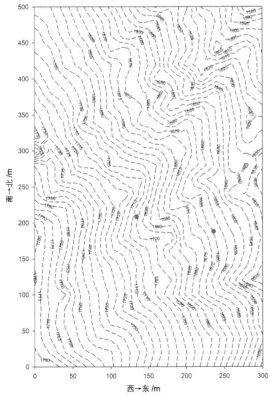

棠叶悬钩子 *Rubus malifolius* Focke

悬钩子属 *Rubus* 蔷薇科 Rosaceae

个体数量（Individual number）= 3
最小，平均，最大胸径（Min, Mean, Max DBH）= 1.1 cm, 1.2 cm, 1.2 cm
分布林层（Layer）= 灌木层（Shrub layer）
重要值排序（Importance value rank）= 66/122

胸径区间 /cm	个体数量	比例 /%
[1.0, 2.0)	3	100.00
[2.0, 3.0)	0	0.00
[3.0, 4.0)	0	0.00
[4.0, 5.0)	0	0.00
[5.0, 7.0)	0	0.00
[7.0, 10.0)	0	0.00
[10.0, 15.0)	0	0.00

　　攀援灌木，高 1.5-3.5 m，具稀疏微弯小皮刺；一年生枝、不育枝和结果枝幼时均具柔毛，老时渐脱落。单叶，椭圆形或长圆状椭圆形，长 5-12 cm，宽 2.5-5 cm，顶端渐尖，稀急尖，基部近圆形，下面无毛，下面具平贴灰白色绒毛，不育枝和老枝上叶片下面的绒毛不脱落，结果枝上的叶片下面绒毛脱落，叶脉 8-10 对，边缘具不明显浅齿或粗锯齿；叶柄短，长约 1-1.5 cm，幼时有绒毛状毛，以后脱落，有时具少数小针刺；托叶和苞片线状披针形，膜质，幼时被平铺柔毛，早落。花成顶生总状花序，长 5-10 cm，总花梗和花梗被较密绒毛状长柔毛，逐渐脱落近无毛；花梗长 1-1.5 cm；花萼密被绒毛状长柔毛；萼筒盆形；萼片卵形或三角状卵形，顶端渐尖，长 8-10 mm，全缘；花径可达 2.5 cm；花瓣宽，倒卵形至近圆形，基部具短爪，白色或白色有粉红色斑，两面微具细柔毛；雄蕊多数，花丝细，顶端钻状，近基部较宽大，微被柔毛，花药具长硬毛；雌蕊多数，花柱长于雄蕊很多，顶端棍棒状，花柱和子房无毛。果实扁球形，无毛，由多数小核果组成，无毛，熟时紫黑色；小核果半圆形，核稍有皱纹或较平滑。花期 5-6 月，果期 6-8 月。

　　产于宣恩、利川；生于山坡林中；分布于湖北、湖南、四川、贵州、云南、广东、广西。

李 *Prunus salicina* Lindl.

李属 *Prunus*　蔷薇科 Rosaceae

个体数量（Individual number）= 2
最小，平均，最大胸径（Min, Mean, Max DBH）= 2.6 cm, 5.2 cm, 7.8 cm
分布林层（Layer）= 灌木层（Shrub layer）
重要值排序（Importance value rank）= 80/122

胸径区间/cm	个体数量	比例/%
[1.0, 2.0)	0	0.00
[2.0, 3.0)	1	50.00
[3.0, 4.0)	0	0.00
[4.0, 5.0)	0	0.00
[5.0, 7.0)	0	0.00
[7.0, 10.0)	1	50.00
[10.0, 15.0)	0	0.00

　　落叶乔木，高 9-12 m；树冠广圆形，树皮灰褐色，起伏不平；老枝紫褐色或红褐色，无毛；小枝黄红色，无毛；冬芽卵圆形，红紫色，有数枚覆瓦状排列鳞片，通常无毛，稀鳞片边缘有极稀疏毛。叶片长圆倒卵形、长椭圆形，稀长圆卵形，长 6-12 cm，宽 3-5 cm，先端渐尖、急尖或短尾尖，基部楔形，边缘有圆钝重锯齿，常混有单锯齿，幼时齿尖带腺，上面深绿色，有光泽，侧脉 6-10 对，不达到叶片边缘，与主脉成 45° 角，两面均无毛，有时下面沿主脉有稀疏柔毛或脉腋有髯毛；托叶膜质，线形，先端渐尖，边缘有腺，早落；叶柄长 1-2 cm，通常无毛，顶端有 2 个腺体或无，有时在叶片基部边缘有腺体。花通常 3 朵并生；花梗 1-2 cm，通常无毛；花径 1.5-2.2 cm；萼筒钟状；萼片长圆卵形，长约 5 mm，先端急尖或圆钝，边有疏齿，与萼筒近等长，萼筒和萼片外面均无毛，内面在萼筒基部被疏柔毛；花瓣白色，长圆倒卵形，先端啮蚀状，基部楔形，有明显带紫色脉纹，具短爪，着生在萼筒边缘，比萼筒长 2-3 倍；雄蕊多数，花丝长短不等，排成不规则 2 轮，比花瓣短；雌蕊 1 枚；柱头盘状，花柱比雄蕊稍长。核果球形、卵球形或近圆锥形，径 3.5-5 cm，栽培品种可达 7 cm，黄色或红色，有时为绿色或紫色，梗凹陷，顶端微尖，基部有纵沟，外被蜡粉；核卵圆形或长圆形，有皱纹。花期 4 月，果期 7-8 月。

　　恩施州广泛栽培；分布于陕西、甘肃、四川、云南、贵州、湖南、湖北、江苏、浙江、江西、福建、广东、广西和台湾。

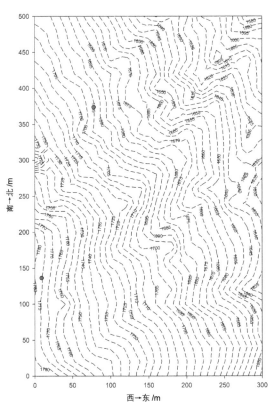

尾叶樱桃 *Prunus dielsiana* (Schneid.) Yü et Li

樱属 *Cerasus*　蔷薇科 Rosaceae

个体数量（Individual number）= 19
最小，平均，最大胸径（Min, Mean, Max DBH）= 1.9 cm, 12.8 cm, 28.7 cm
分布林层（Layer）= 亚乔木层（Subtree layer）
重要值排序（Importance value rank）= 21/35

胸径区间 /cm	个体数量	比例 /%
[1.0, 2.5)	2	10.53
[2.5, 5.0)	3	15.79
[5.0, 8.0)	1	5.26
[8.0, 11.0)	2	10.53
[11.0, 15.0)	4	21.05
[15.0, 20.0)	4	21.05
[20.0, 30.0)	3	15.79

乔木或灌木，高 5-10 m。小枝灰褐色，无毛，嫩枝无毛或密被褐色长柔毛。冬芽卵圆形，无毛。叶片长椭圆形或倒卵状长椭圆形，长 6-14 cm，宽 2.5-4.5 cm，先端尾状渐尖，基部圆形至宽楔形，叶边有尖锐单齿或重锯齿，齿端有圆钝腺体，上面暗绿色，无毛，下面淡绿色，中脉和侧脉密被开展柔毛，其余被疏柔毛，有侧脉 10-13 对；叶柄长 0.8-1.7 cm，密被开展柔毛，以后脱落变疏，先端或上部有 1-3 个腺体；托叶狭带形，长 0.8-1.5 cm，边有腺齿。花序伞形或近伞形，有花 3-6 朵，先叶开放或近先叶开放；总苞褐色，长椭圆形，内面密被伏生柔毛；总梗长 0.6-2 cm，被黄色开展柔毛；苞片卵圆形，径 3-6 mm，边缘撕裂状，有长柄腺体；花梗长 1-3.5 cm，被褐色开展柔毛；萼筒钟形，长 3.5-5 mm，被疏柔毛，萼片长椭圆形或椭圆披针形，长约为萼筒的 2 倍，先端急尖或钝，边有缘毛；花瓣白色或粉红色，卵圆形，先端 2 裂；雄蕊 32-36 枚，与花瓣近等长，花柱比雄蕊稍短或较长，无毛。核果红色，近球形，径 8-9 mm；核卵形表面较光滑。花期 3-4 月，果期 5-6 月。

恩施州广布，生于山谷林中；分布于江西、安徽、湖北、湖南、四川、广东、广西。

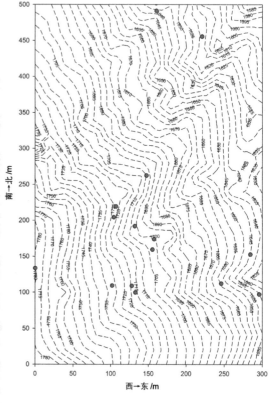

康定樱桃 *Prunus tatsienensis* (Batal.) Yü et Li

樱属 *Cerasus*   蔷薇科 Rosaceae

个体数量（Individual number）＝ 21
最小，平均，最大胸径（Min，Mean，Max DBH）＝ 1.6 cm，13.0 cm，45.1 cm
分布林层（Layer）＝乔木层（Tree layer）
重要值排序（Importance value rank）＝ 45/67

胸径区间 /cm	个体 数量	比例 /%
[1.0, 2.5)	4	19.05
[2.5, 5.0)	5	23.81
[5.0, 10.0)	2	9.52
[10.0, 25.0)	6	28.57
[25.0, 40.0)	3	14.29
[40.0, 60.0)	1	4.76
[60.0, 110.0)	0	0.00

灌木或小乔木，高 2-5 m，树皮灰褐色。小枝灰色，嫩枝绿色，被疏柔毛或无毛。冬芽卵圆形，无毛。叶片卵形或卵状椭圆形，长 1-4.5 cm，宽 1-2.5 cm，先端渐尖，基部圆形，边有重锯齿，齿端有小腺体，上面绿色，几无毛，下面淡绿色，无毛或脉腋有簇毛，侧脉 6-9 对；叶柄长 0.8-1 cm，无毛或被疏柔毛，顶端有腺或无腺体；托叶椭圆披针形或卵状披针形，边有锯齿，齿端有盘状腺体。花序伞形或近伞形，有花 2-4 朵，花叶同开；总苞片紫褐色，匙形，长约 8 mm，宽约 4 mm，外面无毛或被疏长毛，总梗长 5-12 mm，无毛或被疏柔毛；苞片绿色，果实宿存，椭圆形或近圆形，径 3-5 mm，边缘齿端有盘状腺体；总梗长 1-2 cm，无毛，花径约 1.5 cm；萼筒钟状，长 3-4 mm，宽 2-3 mm，无毛，萼片卵状三角形、先端急尖或钝，全缘或有疏齿，长约为萼筒的一半；花瓣白色或粉红色，卵圆形；雄蕊 20-35 枚；花柱与雄蕊近等长，柱头头状。花期 4-6 月，果期 6-12 月。

产于宣恩、利川，生于林中；分布于山西、陕西、河南、湖北、四川、云南。

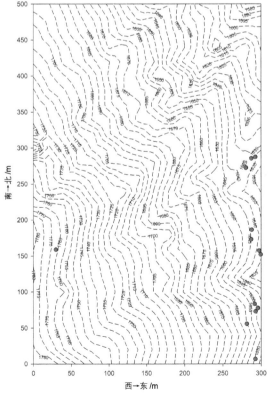

微毛樱桃 *Prunus clarofolia* (Schneid.) Yü et Li

樱属 *Cerasus*　　蔷薇科 Rosaceae

个体数量（Individual number）= 5
最小，平均，最大胸径（Min，Mean，Max DBH）= 3.8 cm, 18.9 cm, 39.9 cm
分布林层（Layer）=乔木层（Tree layer）
重要值排序（Importance value rank）= 55/67

胸径区间 /cm	个体数量	比例 /%
[1.0, 2.5)	0	0.00
[2.5, 5.0)	1	20.00
[5.0, 10.0)	0	0.00
[10.0, 25.0)	3	60.00
[25.0, 40.0)	1	20.00
[40.0, 60.0)	0	0.00
[60.0, 110.0)	0	0.00

　　灌木或小乔木，高 2.5-20 m，树皮灰黑色。小枝灰褐色，嫩枝紫色或绿色，无毛或多少被疏柔毛。冬芽卵形，无毛。叶片卵形，卵状椭圆形，或倒卵状椭圆形，长 3-6 cm，宽 2-4 cm，先端渐尖或骤尖，基部圆形，边有单锯齿或重锯齿，齿渐尖，齿端有小腺体或不明显，上面绿色，疏被短柔毛或无毛，下面淡绿色，无毛或被疏柔毛，侧脉 7-12 对；叶柄长 0.8-1 cm，无毛或被疏柔毛；托叶披针形，边有腺齿或有羽状分裂腺齿。花序伞形或近伞形，有花 2-4 朵，花叶同开；总苞片褐色，匙形，长约 0.8 mm，宽 3-4 mm，外面无毛，内面被疏柔毛；总梗长 4-10 mm，无毛或被疏柔毛；苞片绿色，果时宿存，近卵形、卵状长圆形或近圆形，径 2-5 mm，边有锯齿，齿端有锥状或头状腺体；花梗长 1-2 cm，无毛或被稀疏柔毛；萼筒钟状，无毛或几无毛，萼片卵状三角形或披针状三角形，先端急尖或渐尖，边有腺齿或全缘；花瓣白色或粉红色，倒卵形至近圆形；雄蕊 20-30 枚；花柱基部有疏柔毛，比雄蕊稍短或稍长，柱头头状。核果红色，长椭圆形，纵径 7-8 mm，横径 4-5 mm；核表面微具棱纹。花期 4-6 月，果期 6-7 月。

　　产于利川，生于山坡林中；分布于河北、山西、陕西、甘肃、湖北、四川、贵州、云南。

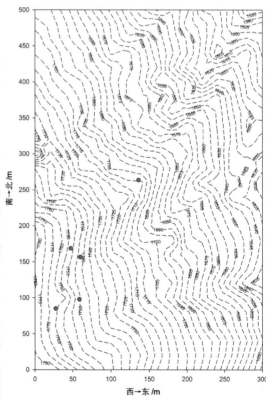

刺毛樱桃 *Prunus setulosa* (Batal.) Yü et Li

樱属 *Cerasus*　　蔷薇科 Rosaceae

个体数量（Individual number）= 3
最小，平均，最大胸径（Min，Mean，Max DBH）= 3.8 cm，18.9 cm，39.9 cm
分布林层（Layer）= 亚乔木层（Subtree layer）
重要值排序（Importance value rank）= 31/35

胸径区间 /cm	个体 数量	比例 /%
[1.0, 2.5)	0	0.00
[2.5, 5.0)	1	33.34
[5.0, 10.0)	0	0
[10.0, 25.0)	1	33.33
[25.0, 40.0)	1	33.33
[40.0, 60.0)	0	0.00
[60.0, 110.0)	0	0.00

　　灌木或小乔木，高 1.5-5 m，树皮灰棕色。小枝灰白色或棕褐色，无毛。冬芽尖卵形，无毛。叶片卵形、倒卵形或卵状椭圆形，长 2-5 cm，宽 1-2.5 cm，先端尾状渐尖或骤尖，基部圆形，边有圆钝重锯齿，齿尖有小腺体，上面绿色，伏生小糙毛，下面浅绿色，沿脉被稀疏柔毛，脉腋有簇毛，侧脉 6-8 对；叶柄长 4-8 mm，无毛；托叶卵状长圆形或倒卵状披针形，长 4-8 mm，宽 1.5-3 mm，边有腺齿。花序伞形，有花 2-3 朵，花叶同开；总苞褐色，匙形，长约 5 mm，宽约 1.5 mm，边有腺体，内面被柔毛，早落；总梗长 5-7 mm，无毛；苞片 2-3 片，绿色，呈叶状，卵圆形，长 5-20 mm，边有锯齿，齿端有腺体，两面疏被糙毛；花梗长 8-12 mm，被疏柔毛或无毛；花径 6-8 mm；萼筒管状，长 5-6 mm，宽 3-4 mm，外面疏被糙毛，萼片开展，三角状长卵形，长 2-3 mm，两面均被稀疏柔毛，先端急尖，边有疏齿；花瓣倒卵形或近圆形，粉红色；雄蕊 30-40 枚，与萼片近等长或短于萼片；花柱比雄蕊略长或与雄蕊近等长，中部以下被疏柔毛。核果红色，卵状椭球形，纵径约 8 mm，横径约 6 mm；核表面略有棱纹。花期 4-6 月，果期 6-8 月。

　　产于利川、巴东，生于山谷林中；分布于陕西、甘肃、湖北、四川、贵州。

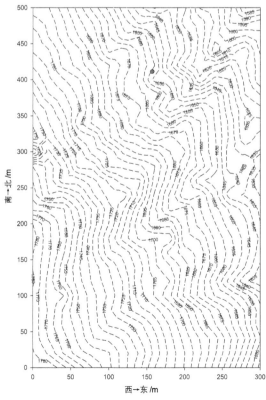

华中樱桃 *Prunus conradinae* (Koehne) Yü et Li

樱属 *Cerasus*　　蔷薇科 Rosaceae

个体数量（Individual number）= 256
最小，平均，最大胸径（Min, Mean, Max DBH）= 1.1 cm，11.9 cm，50.8 cm
分布林层（Layer）= 乔木层（Tree layer）
重要值排序（Importance value rank）= 17/67

胸径区间 /cm	个体数量	比例 /%
[1.0, 2.5)	43	16.80
[2.5, 5.0)	41	16.02
[5.0, 10.0)	49	19.14
[10.0, 25.0)	100	39.06
[25.0, 40.0)	17	6.64
[40.0, 60.0)	6	2.34
[60.0, 110.0)	0	0.00

乔木，高 3-10 m，树皮灰褐色。小枝灰褐色，嫩枝绿色，无毛。冬芽卵形，无毛。叶片倒卵形、长椭圆形或倒卵状长椭圆形，长 5-9 cm，宽 2.5-4 cm，先端骤渐尖，基部圆形，边有向前伸展锯齿，齿端有小腺体，上面绿色，下面淡绿色，两面均无毛，有侧脉 7-9 对；叶柄长 6-8 mm，无毛，有 2 个腺体；托叶线形，长约 6 mm，边有腺齿，花后脱落。伞形花序，有花 3-5 朵，先叶开放，径约 1.5 cm；总苞片褐色，倒卵椭圆形，长约 8 mm，宽约 4 mm，外面无毛，内面密被疏柔毛；总梗长 0.4-1.5 cm，稀总梗不明显，无毛；苞片褐色，宽扇形，长约 1.3 mm，有腺齿，果时脱落；花梗长 1-1.5 cm，无毛；萼筒管形钟状，长约 4 mm，宽约 3 mm，无毛，萼片三角卵形，长约 2 mm，先端圆钝或急尖；花瓣白色或粉红色，卵形或倒卵圆形，先端 2 裂；雄蕊 32-43 枚；花柱无毛，比雄蕊短或稍长。核果卵球形，红色，纵径 8-11 mm，横径 5-9 mm；核表面棱纹不显著。花期 3 月，果期 4-5 月。

产于宣恩、利川，生于沟边林中；分布于陕西、河南、湖南、湖北、四川、贵州、云南、广西。

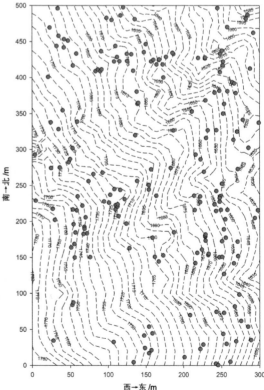

橉木 *Padus buergeriana* (Miq.) Yü et Ku

稠李属 *Padus* 蔷薇科 Rosaceae

个体数量（Individual number）= 101
最小，平均，最大胸径（Min, Mean, Max DBH）= 1.0 cm, 12.4 cm, 48.8 cm
分布林层（Layer）= 乔木层（Tree layer）
重要值排序（Importance value rank）= 25/67

胸径区间 /cm	个体 数量	比例 /%
[1.0, 2.5)	26	25.75
[2.5, 5.0)	12	11.88
[5.0, 10.0)	19	18.81
[10.0, 25.0)	28	27.72
[25.0, 40.0)	13	12.87
[40.0, 60.0)	3	2.97
[60.0, 110.0)	0	0.00

　　落叶乔木，高 6-12 m；老枝黑褐色；小枝红褐色或灰褐色，通常无毛；冬芽卵圆形，通常无毛，稀在鳞片边缘有睫毛。叶片椭圆形或长圆椭圆形，稀倒卵椭圆形，长 4-10 cm，宽 2.5-5 cm，先端尾状渐尖或短渐尖，基部圆形、宽楔形，偶有楔形，边缘有贴生锐锯齿，上面深绿色，下面淡绿色，两面无毛；叶柄长 1-1.5 cm，通常无毛，无腺体，有时在叶片基部边缘两侧各有 1 个腺体；托叶膜质，线形，先端渐尖，边有腺齿，早落。总状花序具多花，通常 20-30 朵，长 6-9 cm，基部无叶；花梗长约 2 mm，总花梗和花梗近无毛或被疏短柔毛；花径 5-7 mm；萼筒钟状，与萼片近等长；萼片三角状卵形，长宽几相等，先端急尖，边有不规则细锯齿，齿尖幼时带腺体，萼筒和萼片外面近无毛或有稀疏短柔毛，内面有稀疏短柔毛；花瓣白色，宽倒卵形，先端啮蚀状，基部楔形，有短爪，着生在萼筒边缘；雄蕊 10 枚，花丝细长，基部扁平，比花瓣长 1/3-1/2，着生在花盘边缘；花盘圆盘形，紫红色；心皮 1 个，子房无毛，花柱比雄蕊短近 1/2，柱头圆盘状或半圆形。核果近球形或卵球形，径约 5 mm，黑褐色，无毛；果梗无毛；萼片宿存。花期 4-5 月，果期 5-10 月。

　　恩施州广布，生于山坡林中；分布于甘肃、陕西、河南、安徽、江苏、浙江、江西、广西、湖南、湖北、四川、贵州等省区；日本和朝鲜也有分布。

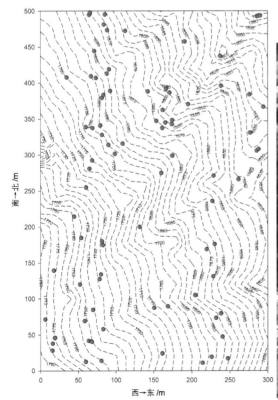

绢毛稠李 *Padus wilsonii* Schneid.

稠李属 *Padus*   蔷薇科 Rosaceae

个体数量（Individual number）= 3
最小，平均，最大胸径（Min, Mean, Max DBH）= 1.6 cm, 9.3 cm, 19.9 cm
分布林层（Layer）=乔木层（Tree layer）
重要值排序（Importance value rank）= 61/67

胸径区间 /cm	个体数量	比例 /%
[1.0, 2.5)	1	33.33
[2.5, 5.0)	0	0.00
[5.0, 10.0)	1	33.33
[10.0, 25.0)	1	33.34
[25.0, 40.0)	0	0.00
[40.0, 60.0)	0	0.00
[60.0, 110.0)	0	0.00

　　落叶乔木，高 10-30 m，树皮灰褐色，有长圆形皮孔；多年生小枝粗壮，紫褐色或黑褐色，有明显密而浅色皮孔，被短柔毛或近于无毛，当年生小枝红褐色，被短柔毛；冬芽卵圆形，无毛或仅鳞片边缘有短柔毛。叶片椭圆形、长圆形或长圆倒卵形，长 6-14 cm，宽 3-8 cm，先端短渐尖或短尾尖，基部圆形、楔形或宽楔形，叶边有疏生圆钝锯齿，有时带尖头，上面深绿色或带紫绿色，中脉和侧脉均下陷，下面淡绿色，幼时密被白色绢状柔毛，随叶片的成长颜色变深，毛被由白色变为棕色，尤其沿主脉和侧脉更为明显，中脉和侧脉明显突起；叶柄长 7-8 mm，无毛或被短柔毛，顶端两侧各有 1 个腺体或在叶片基部边缘各有 1 个腺体；托叶膜质，线形，先端长渐尖，幼时边常具毛，早落。总状花序具有多数花朵，长 7-14 cm，基部有 3-4 片叶，长圆形或长圆披针形，长不超过 8 cm；花梗长 5-8 mm，总花梗和花梗随花成长而增粗，皮孔长大，毛被由白色也逐渐变深；花径 6-8 mm，萼筒钟状或杯状，比萼片长约 2 倍，萼片三角状卵形，先端急尖，边有细齿，萼筒和萼片外面被绢状短柔毛，内面被疏柔毛，边缘较密；花瓣白色，倒卵状长圆形，先端啮蚀状，基部楔形，有短爪；雄蕊约 20 枚，排成紧密不规则 2 轮，着生在花盘边缘，长花丝比花瓣稍长，短花丝则比花瓣短很多；雌蕊 1 枚，心皮无毛，柱头盘状，花柱比长雄蕊短。核果球形或卵球形，径 8-11 mm，顶端有短尖头，无毛，幼果红褐色，老时黑紫色；果梗明显增粗，被短柔毛，皮孔显著变大，色淡，长圆形；萼片脱落；核平滑。花期 4-5 月，果期 6-10 月。

　　恩施州广布，生于山坡林中；分布于陕西、湖北、湖南、江西、安徽、浙江、广东、广西、贵州、四川、云南和西藏等省区。

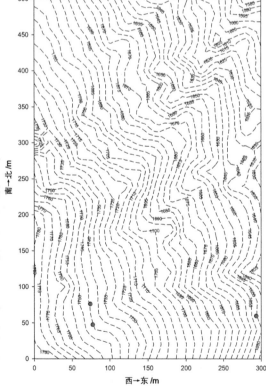

小花香槐 *Cladrastis delavayi* (Franchet) Prain

香槐属 *Cladrastis*   豆科 Leguminosae

个体数量（Individual number）= 6
最小，平均，最大胸径（Min, Mean, Max DBH）= 1.2 cm, 12.1 cm, 33.5 cm
分布林层（Layer）= 乔木层（Tree layer）
重要值排序（Importance value rank）= 59/67

胸径区间 /cm	个体 数量	比例 /%
[1.0, 2.5)	2	33.33
[2.5, 5.0)	1	16.67
[5.0, 10.0)	1	16.67
[10.0, 25.0)	0	0.00
[25.0, 40.0)	2	33.33
[40.0, 60.0)	0	0.00
[60.0, 110.0)	0	0.00

乔木，高达 20 m。幼枝、叶轴、小叶柄被灰褐色或锈色柔毛。奇数羽状复叶，长达 20 cm；小叶 4-7 对，互生或近对生，卵状披针形或长圆状披针形，通常长 6-10 cm，宽 2-3.5 cm，先端渐尖、钝尖或圆钝，基部圆或微心形，上面深绿色，无毛，下面苍白色，被灰白色柔毛，常沿中脉被锈色毛，侧脉 10-15 对，上面平，下面隆起，细脉明显；小叶柄短，长 1-3 mm；无小托叶。圆锥花序顶生，长 15-30 cm；花多，长约 14 mm；苞片早落；花萼钟状，长约 4 mm，萼齿 5 片，半圆形，钝尖，密被灰褐色或锈色短柔毛；花冠白色或淡黄色，偶为粉红色，旗瓣倒卵形或近圆形，长 9-11 mm，先端微缺或倒心形，基部骤狭成柄，柄长约 3 mm，翼瓣箭形，比旗瓣稍长，柄纤细，龙骨瓣比翼瓣稍大，椭圆形，基部具 1 个下垂圆耳；雄蕊 10 枚，分离；子房线形，被淡黄色疏柔毛，胚珠 6-8 粒。荚果扁平，椭圆形或长椭圆形，两端渐狭，两侧无翅，稍增厚，长 3-8 cm，宽 1-1.2 cm，有种子 1-3 粒；种子卵形，压扁，褐色，长约 4 mm，宽 2 mm，种脐小。花果期 6-10 月。

产于鹤峰、利川，生于山谷林中；分布于陕西、甘肃、福建、湖北、广西、四川、贵州、云南。

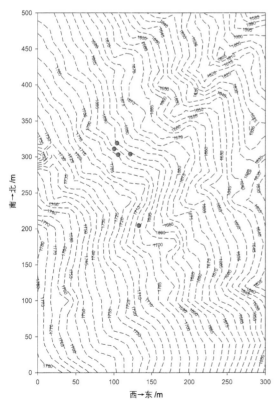

葛 *Pueraria montana* (Loureiro) Merrill

葛属 *Pueraria*　　豆科 Leguminosae

个体数量（Individual number）= 3
最小，平均，最大胸径（Min，Mean，Max DBH）= 1.9 cm，3.1 cm，3.8 cm
分布林层（Layer）= 灌木层（Shrub layer）
重要值排序（Importance value rank）= 61/122

胸径区间 /cm	个体 数量	比例 /%
[1.0, 2.0)	1	33.33
[2.0, 3.0)	0	0.00
[3.0, 4.0)	2	66.67
[4.0, 5.0)	0	0.00
[5.0, 7.0)	0	0.00
[7.0, 10.0)	0	0.00
[10.0, 15.0)	0	0.00

粗壮藤本，长达 8 m，全体被黄色长硬毛，茎基部木质，有粗厚的块状根。羽状复叶具 3 小叶；托叶背着，卵状长圆形，具线条；小托叶线状披针形，与小叶柄等长或较长；小叶三裂，偶尔全缘，顶生小叶宽卵形或斜卵形，长 7-15 cm，宽 5-12 cm，先端长渐尖，侧生小叶斜卵形，稍小，上面被淡黄色、平伏的疏柔毛。下面较密；小叶柄被黄褐色绒毛。总状花序长 15-30 cm，中部以上有颇密集的花；苞片线状披针形至线形，远比小苞片长，早落；小苞片卵形，长不及 2 mm；花 2-3 朵聚生于花序轴的节上；花萼钟形，长 8-10 mm，被黄褐色柔毛，裂片披针形，渐尖，比萼管略长；花冠长 10-12 mm，紫色，旗瓣倒卵形，基部有 2 耳及一黄色硬痂状附属体，具短瓣柄，翼瓣镰状，较龙骨瓣为狭，基部有线形、向下的耳，龙骨瓣镰状长圆形，基部有极小、急尖的耳；对旗瓣的 1 枚雄蕊仅上部离生；子房线形，被毛。荚果长椭圆形，长 5-9 cm，宽 8-11 mm，扁平，被褐色长硬毛。花期 9-10 月，果期 11-12 月。

恩施州广布，生于山坡草丛；我国南北各地均有；东南亚至澳大利亚也有分布。

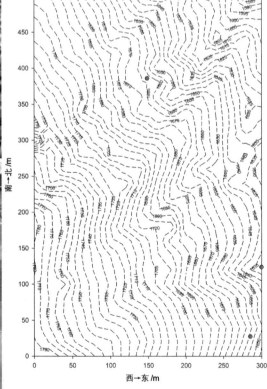

大金刚藤 *Dalbergia dyeriana* Prain ex Harms

黄檀属 *Dalbergia* 豆科 Leguminosae

个体数量（Individual number）= 4
最小，平均，最大胸径（Min, Mean, Max DBH）= 1.0 cm, 1.6 cm, 2.3 cm
分布林层（Layer）= 灌木层（Shrub layer）
重要值排序（Importance value rank）= 76/122

胸径区间 /cm	个体数量	比例 /%
[1.0, 2.0)	3	75.00
[2.0, 3.0)	1	25.00
[3.0, 4.0)	0	0.00
[4.0, 5.0)	0	0.00
[5.0, 7.0)	0	0.00
[7.0, 10.0)	0	0.00
[10.0, 15.0)	0	0.00

大藤本。小枝纤细，无毛。羽状复叶长 7-13 cm；小叶 3-7 对，薄革质，倒卵状长圆形或长圆形，长 2.5-4 cm，宽 1-2 cm，基部楔形，有时阔楔形，先端圆或钝，有时稍凹缺，上面无毛，有光泽，下面疏被紧贴柔毛，细脉纤细而密，两面明显隆起；小叶柄长 2-2.5 mm。圆锥花序腋生，长 3-5 cm，径约 3 cm；总花梗、分枝与花梗均略被短柔毛，花梗长 1.5-3 mm；基生小苞片与副萼状小苞片长圆形或披针形，脱落；花萼钟状，略被短柔毛，渐变无毛，萼齿三角形，先端钝，上面 2 枚较阔，下方 1 枚最长，先端近急尖；花冠黄白色，各瓣均具稍长的瓣柄，旗瓣长圆形，先端微缺，翼瓣倒卵状长圆形，无耳，龙骨瓣狭长圆形，内侧有短耳；雄蕊 9 枚，单体，花丝上部 1/4 离生；子房具短柄，被短柔毛或近无毛，有胚珠 1-3 粒，花柱短，无毛，柱头小，尖状。荚果长圆形或带状，扁平，长 5-6 cm，宽 1.2-2 cm，顶端圆、钝或急尖，有细尖头，基部楔形，具果颈，果瓣薄革质，干时淡褐色，接触种子部分有细而清晰网纹，有种子 1-2 粒；种子长圆状肾形，长约 1 cm，宽约 5 mm。花期 5 月，果期 8-10 月。

恩施州广布，生于山坡林中；分布于陕西、甘肃、浙江、湖北、湖南、四川、云南。

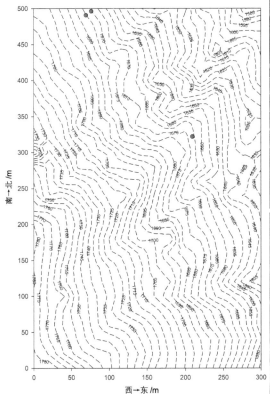

臭檀吴萸 *Tetradium daniellii* (Bennett) T. G. Hartley

四数花属 *Tetradium*　　芸香科 Rutaceae

个体数量（Individual number）= 5
最小，平均，最大胸径（Min, Mean, Max DBH）= 1.1 cm, 2.1 cm, 2.9 cm
分布林层（Layer）= 灌木层（Shrub layer）
重要值排序（Importance value rank）= 72/122

胸径区间 /cm	个体数量	比例 /%
[1.0, 2.0)	2	40.00
[2.0, 3.0)	3	60.00
[3.0, 4.0)	0	0.00
[4.0, 5.0)	0	0.00
[5.0, 7.0)	0	0.00
[7.0, 10.0)	0	0.00
[10.0, 15.0)	0	0.00

　　落叶乔木，高达 20 m。叶有小叶 5-11 片，小叶纸质，有时颇薄，阔卵形、卵状椭圆形，长 6-15 cm，宽 3-7 cm，顶部长渐尖或短尖，基部圆或阔楔形，有时一侧略偏斜，散生少数油点或油点不显，叶缘有细钝裂齿，有时有缘毛，叶面中脉被疏短毛，叶背中脉两侧被长柔毛或仅脉腋有丛毛，嫩叶有时两面被疏柔毛；小叶柄长 2-6 mm。伞房状聚伞花序，花序轴及分枝被灰白色或棕黄色柔毛，花蕾近圆球形；萼片及花瓣均 5 片；萼片卵形，长不及 1 mm；花瓣长约 3 mm；雄花的退化雌蕊圆锥状，顶部 5 深裂，裂片约与不育子房等长，被毛；雌花的退化雄蕊约为子房长的 1/4，鳞片状。分果瓣紫红色，干后变淡黄或淡棕色，长 5-6 mm，背部无毛，两侧面被疏短毛，顶端有长 1-2.5 mm 的芒尖，内、外果皮均较薄，内果皮干后软骨质，蜡黄色，每分果瓣有 2 种子；种子卵形，一端稍尖，长 3-4 mm，宽约 3 mm，褐黑色，有光泽，种脐线状纵贯种子的腹面。花期 6-7 月，果期 9-10 月。

　　恩施州广泛栽培；分布于辽宁以南至长江沿岸各地；朝鲜也有。

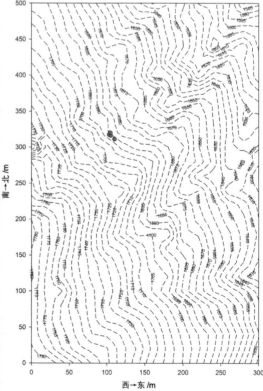

楝叶吴萸 *Tetradium glabrifolium* (Champion ex Bentham) T. G. Hartley

四数花属 *Tetradium*　　芸香科 Rutaceae

个体数量（Individual number）= 30
最小，平均，最大胸径（Min, Mean, Max DBH）= 1.0 cm，4.6 cm，35.6 cm
分布林层（Layer）= 乔木层（Tree layer）
重要值排序（Importance value rank）= 43/67

胸径区间 /cm	个体数量	比例 /%
[1.0, 2.5)	10	33.33
[2.5, 5.0)	12	40.00
[5.0, 10.0)	7	23.33
[10.0, 25.0)	0	0.00
[25.0, 40.0)	1	3.34
[40.0, 60.0)	0	0.00
[60.0, 110.0)	0	0.00

　　树高达 20 m。树皮灰白色，不开裂，密生圆或扁圆形、略凸起的皮孔。叶有小叶 7-11 片，小叶斜卵状披针形，通常长 6-10 cm，宽 2.5-4 cm，两侧明显不对称，油点不显或甚稀少且细小，叶背灰绿色，干后略呈苍灰色，叶缘有细钝齿或全缘，无毛；小叶柄长 1-1.5 cm。花序顶生，花甚多，萼片及花瓣常 5 片；花瓣白色，长约 3 mm；雄花的退化雌蕊短棒状，顶部 5 深裂，花丝中部以下被长柔毛；雌花的退化雄蕊鳞片状或仅具痕迹。分果瓣淡紫红色，干后暗灰带紫色，油点疏少但较明显，外果皮的两侧面被短伏毛，内果皮肉质，白色，干后暗蜡黄色，壳质，每分果瓣径约 5 mm，有成熟种子 1 粒；种子长约 4 mm，宽约 3.5 mm，褐黑色。花期 7-9 月，果期 10-12 月。

　　恩施州广布，生于山谷林中；分布于安徽、浙江、湖北、湖南、江西、福建、广东、广西、贵州、四川、云南。

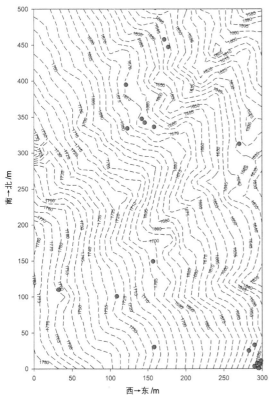

吴茱萸 *Tetradium ruticarpum* (A. Jussieu) T. G. Hartley

四数花属 *Tetradium*　　芸香科 Rutaceae

个体数量（Individual number）= 52

最小，平均，最大胸径（Min，Mean，Max DBH）= 1.0 cm, 3.9 cm, 25.0 cm

分布林层（Layer）= 亚乔木层（Subtree layer）

重要值排序（Importance value rank）= 17/35

胸径区间 /cm	个体 数量	比例 /%
[1.0, 2.5)	29	55.77
[2.5, 5.0)	9	17.31
[5.0, 8.0)	8	15.39
[8.0, 11.0)	4	7.69
[11.0, 15.0)	0	0.00
[15.0, 20.0)	1	1.92
[20.0, 30.0)	1	1.92

　　小乔木或灌木，高 3-5 m，嫩枝暗紫红色，与嫩芽同被灰黄或红锈色绒毛，或疏短毛。叶有小叶 5-11 片，小叶薄至厚纸质，卵形，椭圆形或披针形，长 6-18 cm，宽 3-7 cm，叶轴下部的较小，两侧对称或一侧的基部稍偏斜，边全缘或浅波浪状，小叶两面及叶轴被长柔毛，毛密如毡状，或仅中脉两侧被短毛，油点大且多。花序顶生；雄花序的花彼此疏离，雌花序的花密集或疏离；萼片及花瓣均 5 片，偶有 4 片，镊合排列；雄花花瓣长 3-4 mm，腹面被疏长毛，退化雌蕊 4-5 深裂，下部及花丝均被白色长柔毛，雄蕊伸出花瓣之上；雌花花瓣长 4-5 mm，腹面被毛，退化雄蕊鳞片状或短线状或兼有细小的不育花药，子房及花柱下部被疏长毛。果序宽 3-12 cm，果密集或疏离，暗紫红色，有大油点，每分果瓣有 1 粒种子；种子近圆球形，一端钝尖，腹面略平坦，长 4-5 mm，褐黑色，有光泽。花期 4-6 月，果期 8-11 月。

　　恩施州广布，生于山坡林中；广布于秦岭以南各地；日本也有。

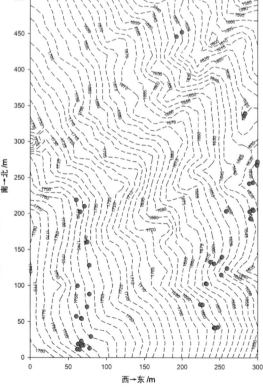

野花椒 *Zanthoxylum simulans* Hance

花椒属 *Zanthoxylum*　　芸香科 Rutaceae

个体数量（Individual number）= 1
最小，平均，最大胸径（Min，Mean，Max DBH）= 25.5 cm，25.5 cm，25.5 cm
分布林层（Layer）= 亚乔木层（Subtree layer）
重要值排序（Importance value rank）= 34/35

胸径区间 /cm	个体数量	比例 /%
[1.0, 2.5)	0	0.00
[2.5, 5.0)	0	0.00
[5.0, 8.0)	0	0.00
[8.0, 11.0)	0	0.00
[11.0, 15.0)	0	0.00
[15.0, 20.0)	0	0.00
[20.0, 30.0)	1	100.00

　　灌木或小乔木；枝干散生基部宽而扁的锐刺，嫩枝及小叶背面沿中脉或仅中脉基部两侧或有时及侧脉均被短柔毛，或各部均无毛。叶有小叶 5-15 片；叶轴有狭窄的叶质边缘，腹面呈沟状凹陷；小叶对生，无柄或位于叶轴基部的有甚短的小叶柄，卵形，卵状椭圆形或披针形，长 2.5-7 cm，宽 1.5-4 cm，两侧略不对称，顶部急尖或短尖，常有凹口，油点多，干后半透明且常微凸起，间有窝状凹陷，叶面常有刚毛状细刺，中脉凹陷，叶缘有疏离而浅的钝裂齿。花序顶生，长 1-5 cm；花被片 5-8 片，狭披针形、宽卵形或近于三角形，长约 2 mm，淡黄绿色；雄花的雄蕊 5-8 枚，花丝及半圆形凸起的退化雌蕊均淡绿色，药隔顶端有 1 干后暗褐黑色的油点；雌花的花被片为狭长披针形；心皮 2-3 个，花柱斜向背弯。果红褐色，分果瓣基部变狭窄且略延长 1-2 mm 呈柄状，油点多，微凸起，单个分果瓣径约 5 mm；种子长 4-4.5 mm。花期 3-5 月，果期 7-9 月。

　　恩施州广布，生于平地、低丘陵或略高的山地疏或密林下；分布于青海、甘肃、山东、河南、安徽、江苏、浙江、湖北、江西、台湾、福建、湖南及贵州。

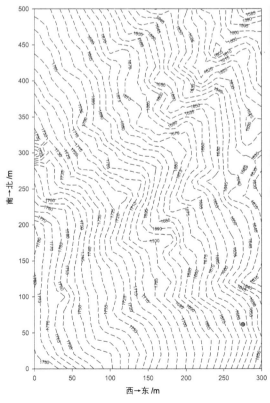

川黄檗 *Phellodendron chinense* Schneid.
黄檗属 *Phellodendron*　　芸香科 **Rutaceae**

个体数量（Individual number）= 3
最小，平均，最大胸径（Min, Mean, Max DBH）= 3.0 cm, 10.1 cm, 22.8 cm
分布林层（Layer）= 亚乔木层（Subtree layer）
重要值排序（Importance value rank）= 30/35

胸径区间 /cm	个体 数量	比例 /%
[1.0, 2.5)	0	0.00
[2.5, 5.0)	1	33.33
[5.0, 8.0)	1	33.33
[8.0, 11.0)	0	0.00
[11.0, 15.0)	0	0.00
[15.0, 20.0)	0	0.00
[20.0, 30.0)	1	33.34

树高达 15 m。成年树有厚、纵裂的木栓层，内皮黄色，小枝粗壮，暗紫红色，无毛。叶轴及叶柄粗壮，通常密被褐锈色或棕色柔毛，有小叶 7-15 片，小叶纸质，长圆状披针形或卵状椭圆形，长 8-15 cm，宽 3.5-6 cm，顶部短尖至渐尖，基部阔楔形至圆形。两侧通常略不对称，边全缘或浅波浪状，叶背密被长柔毛或至少在叶脉上被毛，叶面中脉有短毛或嫩叶被疏短毛；小叶柄长 1-3 mm，被毛。花序顶生，花通常密集，花序轴粗壮，密被短柔毛。果多数密集成团，果的顶部呈略狭窄的椭圆形或近圆球形，径约 1 cm 或大的达 1.5 cm，蓝黑色，有分核 10 个；种子 5-8 粒，很少 10 粒，长 6-7 mm，厚 4-5 mm，一端微尖，有细网纹。花期 5-6 月，果期 9-11 月。

产于宣恩，生于山坡林中；分布于湖北、湖南、四川。

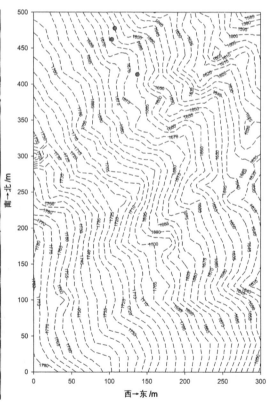

苦树 *Picrasma quassioides* (D. Don) Benn.

苦树属 *Picrasma*   苦木科 Simaroubaceae

个体数量（Individual number）= 1
最小，平均，最大胸径（Min, Mean, Max DBH）= 1.2 cm，1.2 cm，1.2 cm
分布林层（Layer）= 灌木层（Shrub layer）
重要值排序（Importance value rank）= 121/122

胸径区间 /cm	个体数量	比例 /%
[1.0, 2.0)	1	100.00
[2.0, 3.0)	0	0.00
[3.0, 4.0)	0	0.00
[4.0, 5.0)	0	0.00
[5.0, 7.0)	0	0.00
[7.0, 10.0)	0	0.00
[10.0, 15.0)	0	0.00

　　落叶乔木，高达 10 余米；树皮紫褐色，平滑，有灰色斑纹，全株有苦味。叶互生，奇数羽状复叶，长 15-30 cm；小叶 9-15 片，卵状披针形或广卵形，边缘具不整齐的粗锯齿，先端渐尖，基部楔形，除顶生叶外，其余小叶基部均不对称，叶面无毛，背面仅幼时沿中脉和侧脉有柔毛，后变无毛；落叶后留有明显的半圆形或圆形叶痕；托叶披针形，早落。花雌雄异株，组成腋生复聚伞花序，花序轴密被黄褐色微柔毛；萼片小，通常 5 片，偶有 4 片，卵形或长卵形，外面被黄褐色微柔毛，覆瓦状排列；花瓣与萼片同数，卵形或阔卵形，两面中脉附近有微柔毛；雄花中雄蕊长为花瓣的 2 倍，与萼片对生，雌花中雄蕊短于花瓣；花盘 4-5 裂；心皮 2-5 个，分离，每个心皮有 1 个胚珠。核果成熟后蓝绿色，长 6-8 mm，宽 5-7 mm，种皮薄，萼宿存。花期 4-5 月，果期 6-9 月。

　　恩施州广布，生于山坡林中；分布于黄河流域及其以南各省区；印度、不丹、尼泊尔、朝鲜和日本也有。

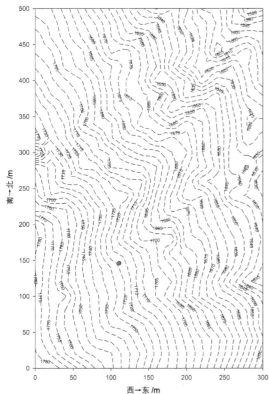

红椿 *Toona ciliata* Roem.

香椿属 *Toona* 　　楝科 Meliaceae

个体数量（Individual number）= 5
最小，平均，最大胸径（Min, Mean, Max DBH）= 1.4 cm, 7.9 cm, 21.0 cm
分布林层（Layer）=乔木层（Tree layer）
重要值排序（Importance value rank）= 56/67

胸径区间 /cm	个体数量	比例 /%
[1.0, 2.5)	2	40.00
[2.5, 5.0)	0	0.00
[5.0, 10.0)	2	40.00
[10.0, 25.0)	1	20.00
[25.0, 40.0)	0	0.00
[40.0, 60.0)	0	0.00
[60.0, 110.0)	0	0.00

　　大乔木，高达 20 余米；小枝初时被柔毛，渐变无毛，有稀疏的苍白色皮孔。叶为偶数或奇数羽状复叶，长 25-40 cm，通常有小叶 7-8 对；叶柄长约为叶长的 1/4，圆柱形；小叶对生或近对生，纸质，长圆状卵形或披针形，长 8-15 cm，宽 2.5-6 cm，先端尾状渐尖，基部一侧圆形，另一侧楔形，不等边，边全缘，两面均无毛或仅于背面脉腋内有毛，侧脉每边 12-18 条，背面凸起；小叶柄长 5-13 mm。圆锥花序顶生，约与叶等长或稍短，被短硬毛或近无毛；花长约 5 mm，具短花梗，长 1-2 mm；花萼短，5 裂，裂片钝，被微柔毛及睫毛；花瓣 5 片，白色，长圆形，长 4-5 mm，先端钝或具短尖，无毛或被微柔毛，边缘具睫毛；雄蕊 5 枚，约与花瓣等长，花丝被疏柔毛，花药椭圆形；花盘与子房等长，被粗毛；子房密被长硬毛，每室有胚珠 8-10 颗，花柱无毛，柱头盘状，有 5 条细纹。蒴果长椭圆形，木质，干后紫褐色，有苍白色皮孔，长 2-3.5 cm；种子两端具翅，翅扁平，膜质。花期 4-6 月，果期 10-12 月。

　　恩施州广布，多生于低海拔沟谷林中或山坡疏林中；分布于福建、湖南、湖北、广东、广西、四川和云南等省区；印度、中南半岛、马来西亚、印度尼西亚也有。

香椿 *Toona sinensis* (A. Juss.) Roem.

香椿属 *Toona* 棟科 Meliaceae

个体数量（Individual number）= 151
最小，平均，最大胸径（Min, Mean, Max DBH）= 1.0 cm, 14.2 cm, 88.6 cm
分布林层（Layer）= 乔木层（Tree layer）
重要值排序（Importance value rank）= 24/67

胸径区间/cm	个体数量	比例/%
[1.0, 2.5)	41	27.15
[2.5, 5.0)	39	25.83
[5.0, 10.0)	24	15.90
[10.0, 25.0)	18	11.92
[25.0, 40.0)	6	3.97
[40.0, 60.0)	13	8.61
[60.0, 110.0)	10	6.62

乔木；树皮粗糙，深褐色，片状脱落。叶具长柄，偶数羽状复叶，长 30-50 cm 或更长；小叶 16-20，对生或互生，纸质，卵状披针形或卵状长椭圆形，长 9-15 cm，宽 2.5-4 cm，先端尾尖，基部一侧圆形，另一侧楔形，不对称，边全缘或有疏离的小锯齿，两面均无毛，无斑点，背面常呈粉绿色，侧脉每边 18-24 条，平展，与中脉几成直角开出，背面略凸起；小叶柄长 5-10 mm。圆锥花序与叶等长或更长，被稀疏的锈色短柔毛或有时近无毛，小聚伞花序生于短的小枝上，多花；花长 4-5 mm，具短花梗；花萼 5 齿裂或浅波状，外面被柔毛，且有睫毛；花瓣 5 片，白色，长圆形，先端钝，长 4-5 mm，宽 2-3 mm，无毛；雄蕊 10 枚，其中 5 枚能育，5 枚退化；花盘无毛，近念珠状；子房圆锥形，有 5 条细沟纹，无毛，每室有胚珠 8 颗，花柱比子房长，柱头盘状。蒴果狭椭圆形，长 2-3.5 cm，深褐色，有小而苍白色的皮孔，果瓣薄；种子基部通常钝，上端有膜质的长翅，下端无翅。花期 6-8 月，果期 10-12 月。

恩施州广布，生于山地林中；分布于华北、华东、中部、南部和西南部各省区；朝鲜也有。

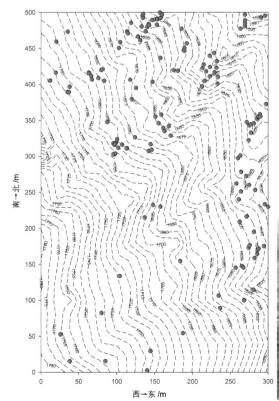

交让木 *Daphniphyllum macropodium* Miq.

交让木属 *Daphniphyllum*　　交让木科 Daphniphyllaceae

个体数量（Individual number）= 327
最小，平均，最大胸径（Min, Mean, Max DBH）= 1.0 cm, 3.7 cm, 44.7 cm
分布林层（Layer）= 乔木层（Tree layer）
重要值排序（Importance value rank）= 16/67

胸径区间 /cm	个体 数量	比例 /%
[1.0, 2.5)	134	40.98
[2.5, 5.0)	141	43.12
[5.0, 10.0)	39	11.93
[10.0, 25.0)	10	3.06
[25.0, 40.0)	1	0.30
[40.0, 60.0)	2	0.61
[60.0, 110.0)	0	0.00

灌木或小乔木，高 3-10 m；小枝粗壮，暗褐色，具圆形大叶痕。叶革质，长圆形至倒披针形，长 14-25 cm，宽 3-6.5 cm，先端渐尖，顶端具细尖头，基部楔形至阔楔形，叶面具光泽，干后叶面绿色，叶背淡绿色，无乳突体，有时略被白粉，侧脉纤细而密，12-18 对，两面清晰；叶柄紫红色，粗壮，长 3-6 cm。雄花序长 5-7 cm，雄花花梗长约 0.5 cm；花萼不育；雄蕊 8-10 枚，花药长为宽的 2 倍，约 2 mm，花丝短，长约 1 mm，背部压扁，具短尖头；雌花序长 4.5-8 cm；花梗长 3-5 mm；花萼不育；子房基部具大小不等的不育雄蕊 10 枚；子房卵形，长约 2 mm，多少被白粉，花柱极短，柱头 2 根，外弯，扩展。果椭圆形，长约 10 mm，径 5-6 mm，先端具宿存柱头，基部圆形，暗褐色，有时被白粉，具疣状皱褶，果梗长 10-15 cm，纤细。花期 3-5 月，果期 8-10 月。

恩施州广布，生于山地林中；分布于云南、四川、贵州、广西、广东、台湾、湖南、湖北、江西、浙江、安徽等省区；日本和朝鲜亦有分布。

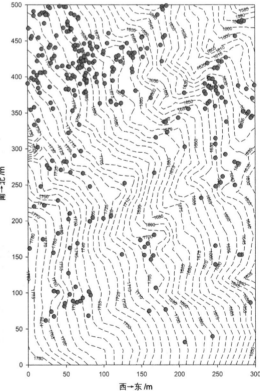

虎皮楠 *Daphniphyllum oldhamii* (Hemsl.) Rosenthal

交让木属 *Daphniphyllum*   交让木科 Daphniphyllaceae

个体数量（Individual number）= 238
最小，平均，最大胸径（Min, Mean, Max DBH）= 1.0 cm, 4.5 cm, 22.9 cm
分布林层（Layer）= 乔木层（Tree layer）
重要值排序（Importance value rank）= 27/67

胸径区间 /cm	个体数量	比例 /%
[1.0, 2.5)	118	49.58
[2.5, 5.0)	55	23.11
[5.0, 10.0)	35	14.71
[10.0, 25.0)	30	12.60
[25.0, 40.0)	0	0.00
[40.0, 60.0)	0	0.00
[60.0, 110.0)	0	0.00

乔木或小乔木，高 5-10 m，也有灌木；小枝纤细，暗褐色。叶纸质，披针形或倒卵状披针形或长圆形或长圆状披针形，长 9-14 cm，宽 2.5-4 cm，最宽处常在叶的上部，先端急尖或渐尖或短尾尖，基部楔形或钝，边缘反卷，干后叶面暗绿色，具光泽，叶背通常显著被白粉，具细小乳突体，侧脉纤细，8-15 对，两面突起，网脉在叶面明显突起；叶柄长 2-3.5 cm，纤细，上面具槽。雄花序长 2-4 cm，较短；花梗长约 5 mm，纤细；花萼小，不整齐 4-6 裂，三角状卵形，长 0.5-1 mm，具细齿；雄蕊 7-10 枚，花药卵形，长约 2 mm，花丝极短，长约 0.5 mm；雌花序长 4-6 cm，序轴及总梗纤细；花梗长 4-7 mm，纤细；萼片 4-6 片，披针形，具齿；子房长卵形，长约 1.5 mm，被白粉，柱头 2 根，叉开，外弯或拳卷。果椭圆或倒卵圆形，长约 8 mm，径约 6 mm，暗褐至黑色，具不明显疣状突起，先端具宿存柱头，基部无宿存萼片或多少残存。花期 3-5 月，果期 8-11 月。

恩施州广布，生于山地林中；广泛分布于长江以南各省区；朝鲜和日本也有分布。

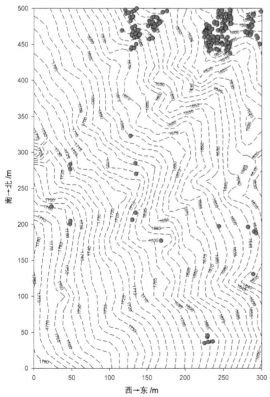

马桑 *Coriaria nepalensis* Wall.

马桑属 *Coriaria*　　马桑科 Coriariaceae

个体数量（Individual number）= 1
最小，平均，最大胸径（Min, Mean, Max DBH）= 6.4 cm, 6.4 cm, 6.4 cm
分布林层（Layer）= 灌木层（Shrub layer）
重要值排序（Importance value rank）= 102/122

胸径区间 /cm	个体数量	比例 /%
[1.0, 2.0)	0	0.00
[2.0, 3.0)	0	0.00
[3.0, 4.0)	0	0.00
[4.0, 5.0)	0	0.00
[5.0, 7.0)	1	100.00
[7.0, 10.0)	0	0.00
[10.0, 15.0)	0	0.00

灌木，高 1.5-2.5 m，分枝水平开展，小枝四棱形或成四狭翅，幼枝疏被微柔毛，后变无毛，常带紫色，老枝紫褐色，具显著圆形突起的皮孔；芽鳞膜质，卵形或卵状三角形，长 1-2 mm，紫红色，无毛。叶对生，纸质至薄革质，椭圆形或阔椭圆形，长 2.5-8 cm，宽 1.5-4 cm，先端急尖，基部圆形，全缘，两面无毛或沿脉上疏被毛，基出 3 脉，弧形伸至顶端，在叶面微凹，叶背突起；叶短柄，长 2-3 mm，疏被毛，紫色，基部具垫状突起物。总状花序生于二年生的枝条上，雄花序先叶开放，长 1.5-2.5 cm，多花密集，序轴被腺状微柔毛；苞片和小苞片卵圆形，长约 2.5 mm，宽约 2 mm，膜质，半透明，内凹，上部边缘具流苏状细齿；花梗长约 1 mm，无毛；萼片卵形，长 1.5-2 mm，宽 1-1.5 mm，边缘半透明，上部具流苏状细齿；花瓣极小，卵形，长约 0.3 mm，里面龙骨状；雄蕊 10 枚，花丝线形，长约 1 mm，开花时伸长，长 3-3.5 mm，花药长圆形，长约 2 mm，具细小疣状体，药隔伸出，花药基部短尾状；不育雌蕊存在；雌花序与叶同出，长 4-6 cm，序轴被腺状微柔毛；苞片稍大，长约 4 mm，带紫色；花梗长 1.5-2.5 mm；雌花萼片与雄花的相同；花瓣肉质，较小，龙骨状；雄蕊较短，花丝长约 0.5 mm，花药长约 0.8 mm，心皮 5 个，耳形，长约 0.7 mm，宽约 0.5 mm，侧向压扁，花柱长约 1 mm，具小疣体，柱头上部外弯，紫红色，具多数小疣体。果球形，果期花瓣肉质增大包于果外，成熟时由红色变紫黑色，径 4-6 mm；种子卵状长圆形。花期 2-5 月，果期 5-8 月。

恩施州广布，生于山地灌丛中；分布于云南、贵州、四川、湖北、陕西、甘肃、西藏；印度、尼泊尔也有。

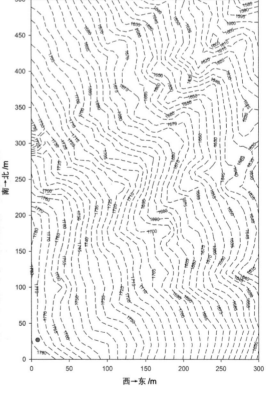

盐麸木 *Rhus chinensis* Mill.

盐麸木属 *Rhus*　　漆树科 Anacardiaceae

个体数量（Individual number）= 31
最小，平均，最大胸径（Min, Mean, Max DBH）= 1.5 cm，11.6 cm，20.5 cm
分布林层（Layer）= 亚乔木层（Subtree layer）
重要值排序（Importance value rank）= 20/35

胸径区间 /cm	个体 数量	比例 /%
[1.0, 2.5)	1	3.23
[2.5, 5.0)	1	3.23
[5.0, 8.0)	2	6.45
[8.0, 11.0)	9	29.03
[11.0, 15.0)	11	35.48
[15.0, 20.0)	6	19.35
[20.0, 30.0)	1	3.23

　　落叶小乔木或灌木，高 2-10 m；小枝棕褐色，被锈色柔毛，具圆形小皮孔。奇数羽状复叶有小叶 3-6 对，叶轴具宽的叶状翅，小叶自下而上逐渐增大，叶轴和叶柄密被锈色柔毛；小叶多形，卵形或椭圆状卵形或长圆形，长 6-12 cm，宽 3-7 cm，先端急尖，基部圆形，顶生小叶基部楔形，边缘具粗锯齿或圆齿，叶面暗绿色，叶背粉绿色，被白粉，叶面沿中脉疏被柔毛或近无毛，叶背被锈色柔毛，脉上较密，侧脉和细脉在叶面凹陷，在叶背突起；小叶无柄。圆锥花序宽大，多分枝，雄花序长 30-40 cm，雌花序较短，密被锈色柔毛；苞片披针形，长约 1 mm，被微柔毛，小苞片极小，花白色，花梗长约 1 mm，被微柔毛；雄花花萼外面被微柔毛，裂片长卵形，长约 1 mm，边缘具细睫毛；花瓣倒卵状长圆形，长约 2 mm，开花时外卷；雄蕊伸出，花丝线形，长约 2 mm，无毛，花药卵形，长约 0.7 mm；子房不育；雌花花萼裂片较短，长约 0.6 mm，外面被微柔毛，边缘具细睫毛；花瓣椭圆状卵形，长约 1.6 mm，边缘具细睫毛，里面下部被柔毛；雄蕊极短；花盘无毛；子房卵形，长约 1 mm，密被白色微柔毛，花柱 3 根，柱头头状。核果球形，略压扁，径 4-5 mm，被具节柔毛和腺毛，成熟时红色，果核径 3-4 mm。花期 8-9 月，果期 10 月。

　　恩施州广布，生于山地林中；我国除东北、内蒙古和新疆外，其余省区均有；也分布于印度、马来西亚、印度尼西亚、日本和朝鲜。

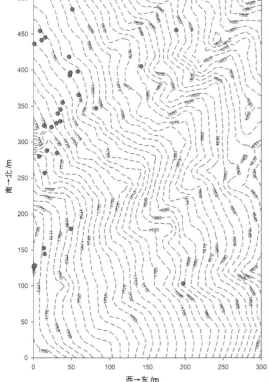

红麸杨（变种）*Rhus punjabensis* var. *sinica* (Diels) Rehd.et Wils.
盐肤木属 *Rhus*　　漆树科 Anacardiaceae

个体数量（Individual number）= 3
最小，平均，最大胸径（Min, Mean, Max DBH）= 1.6 cm, 4.9 cm, 9.6 cm
分布林层（Layer）= 灌木层（Shrub layer）
重要值排序（Importance value rank）= 91/122

胸径区间 /cm	个体数量	比例 /%
[1.0, 2.0)	1	33.33
[2.0, 3.0)	0	0.00
[3.0, 4.0)	1	33.33
[4.0, 5.0)	0	0.00
[5.0, 7.0)	0	0.00
[7.0, 10.0)	1	33.34
[10.0, 15.0)	0	0.00

　　落叶乔木或小乔木，高 4-15 m，树皮灰褐色，小枝被微柔毛。奇数羽状复叶有小叶 3-6 对，叶轴上部具狭翅，极稀不明显；叶卵状长圆形或长圆形，长 5-12 cm，宽 2-4.5 cm，先端渐尖或长渐尖，基部圆形或近心形，全缘，叶背疏被微柔毛或仅脉上被毛，侧脉较密，约 20 对，不达边缘，在叶背明显突起；叶无柄或近无柄。圆锥花序长 15-20 cm，密被微绒毛；苞片钻形，长 1-2 cm，被微绒毛；花小，径约 3 mm，白色；花梗短，长约 1 mm；花萼外面疏被微柔毛，裂片狭三角形，长约 1 mm，宽约 0.5 mm，边缘具细睫毛，花瓣长圆形，长约 2 mm，宽约 1 mm，两面被微柔毛，边缘具细睫毛，开花时先端外卷；花丝线形，长约 2 mm，中下部被微柔毛，在雌花中较短，长约 1 mm，花药卵形；花盘厚，紫红色，无毛；子房球形，密被白色柔毛，径约 1 mm，雄花中有不育子房。核果近球形，略压扁，径约 4 mm，成熟时暗紫红色，被具节柔毛和腺毛；种子小。花期 5-7 月，果期 7-10 月。

　　恩施州广布，生于山地林中；分布于云南、贵州、湖南、湖北、陕西、甘肃、四川、西藏。

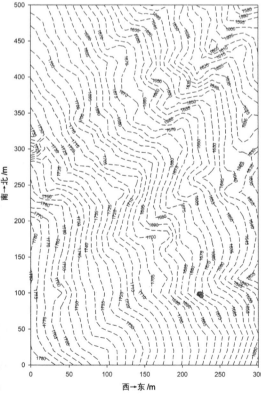

野漆 *Toxicodendron succedaneum* (L.) O. Kuntze

漆属 *Toxicodendron*　　漆树科 Anacardiaceae

个体数量（Individual number）= 3
最小，平均，最大胸径（Min, Mean, Max DBH）= 3.8 cm, 10.1 cm, 15.2 cm
分布林层（Layer）= 亚乔木层（Subtree layer）
重要值排序（Importance value rank）= 28/35

胸径区间 /cm	个体数量	比例 /%
[1.0, 2.5)	0	0.00
[2.5, 5.0)	1	33.33
[5.0, 8.0)	0	0.00
[8.0, 11.0)	0	0.00
[11.0, 15.0)	1	33.33
[15.0, 20.0)	1	33.34
[20.0, 30.0)	0	0.00

　　落叶乔木或小乔木，高达 10 m；小枝粗壮，无毛，顶芽大，紫褐色，外面近无毛。奇数羽状复叶互生，常集生小枝顶端，无毛，长 25-35 cm，有小叶 4-7 对，叶轴和叶柄圆柱形；叶柄长 6-9 cm；小叶对生或近对生，坚纸质至薄革质，长圆状椭圆形、阔披针形或卵状披针形，长 5-16 cm，宽 2-5.5 cm，先端渐尖或长渐尖，基部多少偏斜，圆形或阔楔形，全缘，两面无毛，叶背常具白粉，侧脉 15-22 对，弧形上升，两面略突；小叶柄长 2-5 mm。圆锥花序长 7-15 cm，为叶长之半，多分枝，无毛；花黄绿色，径约 2 mm；花梗长约 2 mm；花萼无毛，裂片阔卵形，先端钝，长约 1 mm；花瓣长圆形，先端钝，长约 2 mm，中部具不明显的羽状脉或近无脉，开花时外卷；雄蕊伸出，花丝线形，长约 2 mm，花药卵形，长约 1 mm；花盘 5 裂；子房球形，径约 0.8 mm，无毛，花柱 1 根，短，柱头 3 裂，褐色。核果大，偏斜，径 7-10 mm，压扁，先端偏离中心，外果皮薄，淡黄色，无毛，中果皮厚，蜡质，白色，果核坚硬，压扁。花期 5 月，果期 7-10 月。

　　恩施州广布，生于山地林中；广泛分布于长江以南各省区；也分布于印度、朝鲜和日本。

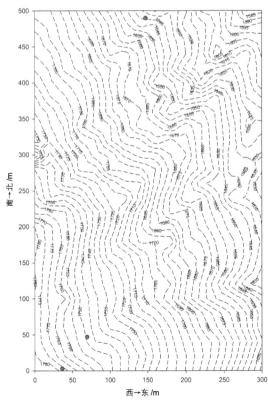

漆 *Toxicodendron vernicifluum* (Stokes) F. A. Barkl.

漆属 *Toxicodendron*　　漆树科 Anacardiaceae

个体数量（Individual number）= 12
最小，平均，最大胸径（Min, Mean, Max DBH）= 1.2 cm，7.7 cm，21.9 cm
分布林层（Layer）= 亚乔木层（Subtree layer）
重要值排序（Importance value rank）= 23/35

胸径区间/cm	个体数量	比例/%
[1.0, 2.5)	3	25.00
[2.5, 5.0)	2	16.66
[5.0, 8.0)	2	16.67
[8.0, 11.0)	2	16.67
[11.0, 15.0)	2	16.67
[15.0, 20.0)	0	0.00
[20.0, 30.0)	1	8.33

落叶乔木，高达 20 m。树皮灰白色，粗糙，呈不规则纵裂，小枝粗壮，被棕黄色柔毛，后变无毛，具圆形或心形的大叶痕和突起的皮孔；顶芽大而显著，被棕黄色绒毛。奇数羽状复叶互生，常螺旋状排列，有小叶 4-6 对，叶轴圆柱形，被微柔毛；叶柄长 7-14 cm，被微柔毛，近基部膨大，半圆形，上面平；小叶膜质至薄纸质，卵形或卵状椭圆形或长圆形，长 6-13 cm，宽 3-6 cm，先端急尖或渐尖，基部偏斜，圆形或阔楔形，全缘，叶面通常无毛或仅沿中脉疏被微柔毛，叶背沿脉上被平展黄色柔毛，稀近无毛，侧脉 10-15 对，两面略突；小叶柄长 4-7 mm，上面具槽，被柔毛。圆锥花序长 15-30 cm，与叶近等长，被灰黄色微柔毛，序轴及分枝纤细，疏花；花黄绿色，雄花花梗纤细，长 1-3 mm，雌花花梗短粗；花萼无毛，裂片卵形，长约 0.8 mm，先端钝；花瓣长圆形，长约 2.5 mm，宽约 1.2 mm，具细密的褐色羽状脉纹，先端钝，开花时外卷；雄蕊长约 2.5 mm，花丝线形，与花药等长或近等长，在雌花中较短，花药长圆形，花盘 5 浅裂，无毛；子房球形，径约 1.5 mm，花柱 3 根。果序多少下垂，核果肾形或椭圆形，不偏斜，略压扁，长 5-6 mm，宽 7-8 mm，先端锐尖，基部截形，外果皮黄色，无毛，具光泽，成熟后不裂，中果皮蜡质，具树脂道条纹，果核棕色，与果同形，长约 3 mm，宽约 5 mm，坚硬。花期 5-6 月，果期 7-10 月。

恩施州广布，生于山坡林内；除黑龙江、吉林、内蒙古和新疆外，其余省区均产；也分布于印度、朝鲜和日本。

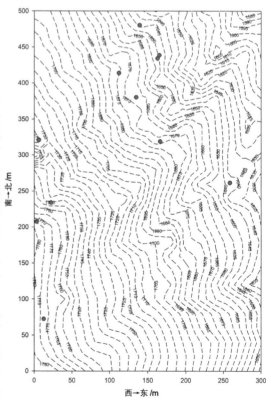

冬青 *Ilex chinensis* Sims

冬青属 *Ilex* 冬青科 Aquifoliaceae

个体数量（Individual number）= 33
最小，平均，最大胸径（Min, Mean, Max DBH）= 1.0 cm，2.8 cm，8.3 cm
分布林层（Layer）= 灌木层（Shrub layer）
重要值排序（Importance value rank）= 26/122

胸径区间 /cm	个体 数量	比例 /%
[1.0, 2.0)	12	36.36
[2.0, 3.0)	13	39.40
[3.0, 4.0)	1	3.03
[4.0, 5.0)	3	9.09
[5.0, 7.0)	2	6.06
[7.0, 10.0)	2	6.06
[10.0, 15.0)	0	0.00

常绿乔木，高达 13 m；树皮灰黑色，当年生小枝浅灰色，圆柱形，具细棱；二至多年生枝具不明显的小皮孔，叶痕新月形，凸起。叶片薄革质至革质，椭圆形或披针形，稀卵形，长 5-11 cm，宽 2-4 cm，先端渐尖，基部楔形或钝，边缘具圆齿，或有时在幼叶为锯齿，叶面绿色，有光泽，干时深褐色，背面淡绿色，主脉在叶面平，背面隆起，侧脉 6-9 对，在叶面不明显，叶背明显，无毛，或有时在雄株幼枝顶芽、幼叶叶柄及主脉上有长柔毛；叶柄长 8-10 mm，上面平或有时具窄沟。雄花花序具 3-4 回分枝，总花梗长 7-14 mm，二级轴长 2-5 mm，花梗长 2 mm，无毛，每分枝具花 7-24 朵；花淡紫色或紫红色，4-5 基数；花萼浅杯状，裂片阔卵状三角形，具缘毛；花冠辐状，径约 5 mm，花瓣卵形，长 2.5 mm，宽约 2 mm，开放时反折，基部稍合生；雄蕊短于花瓣，长 1.5 mm，花药椭圆形；退化子房圆锥状，长不足 1 mm；雌花花序具 1-2 回分枝，具花 3-7 朵，总花梗长 3-10 mm，扁，二级轴发育不好；花梗长 6-10 mm；花萼和花瓣同雄花，退化雄蕊长约为花瓣的 1/2，败育花药心形；子房卵球形，柱头具不明显的 4-5 裂，厚盘形。果长球形，成熟时红色，长 10-12 mm，径 6-8 mm；分核 4-5 粒，狭披针形，长 9-11 mm，宽约 2.5 mm，背面平滑，凹形，断面呈三棱形，内果皮厚革质。花期 4-6 月，果期 7-12 月。

恩施州广布，生于山地林中；分布于江苏、安徽、浙江、江西、福建、台湾、河南、湖北、湖南、广东、广西、云南。

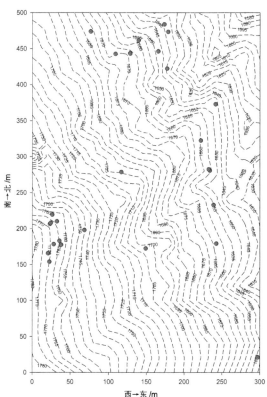

枸骨 *Ilex cornuta* Lindl. et Paxt.

冬青属 *Ilex*　　冬青科 Aquifoliaceae

个体数量（Individual number）= 9
最小，平均，最大胸径（Min, Mean, Max DBH）= 1.0 cm, 1.5 cm, 2.5 cm
分布林层（Layer）= 灌木层（Shrub layer）
重要值排序（Importance value rank）= 87/122

胸径区间 /cm	个体数量	比例 /%
[1.0, 2.0)	8	88.89
[2.0, 3.0)	1	11.11
[3.0, 4.0)	0	0.00
[4.0, 5.0)	0	0.00
[5.0, 7.0)	0	0.00
[7.0, 10.0)	0	0.00
[10.0, 15.0)	0	0.00

常绿灌木或小乔木，高 1-3 m；幼枝具纵脊及沟，沟内被微柔毛或变无毛，二年枝褐色，三年生枝灰白色，具纵裂缝及隆起的叶痕，无皮孔。叶片厚革质，二型，四角状长圆形或卵形，长 4-9 cm，宽 2-4 cm，先端具 3 枚尖硬刺齿，中央刺齿常反曲，基部圆形或近截形，两侧各具 1-2 刺齿，有时全缘，叶面深绿色，具光泽，背淡绿色，无光泽，两面无毛，主脉在上面凹下，背面隆起，侧脉 5 对或 6 对，于叶缘附近网结，在叶面不明显，在背面凸起，网状脉两面不明显；叶柄长 4-8 mm，上面具狭沟，被微柔毛；托叶胼胝质，宽三角形。花序簇生于二年生枝的叶腋内，基部宿存鳞片近圆形，被柔毛，具缘毛；苞片卵形，先端钝或具短尖头，被短柔毛和缘毛；花淡黄色，4 基数。雄花花梗长 5-6 mm，无毛，基部具 1-2 枚阔三角形的小苞片；花萼盘状；径约 2.5 mm，裂片膜质，阔三角形，长约 0.7 mm，宽约 1.5 mm，疏被微柔毛，具缘毛；花冠辐状，径约 7 mm，花瓣长圆状卵形，长 3-4 mm，反折，基部合生；雄蕊与花瓣近等长或稍长，花药长圆状卵形，长约 1 mm；退化子房近球形，先端钝或圆形，不明显的 4 裂。雌花花梗长 8-9 mm，果期长达 13-14 mm，无毛，基部具 2 枚小的阔三角形苞片；花萼与花瓣像雄花；退化雄蕊长为花瓣的 4/5，略长于子房，败育花药卵状箭头形；子房长圆状卵球形，长 3-4 mm，径 2 mm，柱头盘状，4 浅裂。果球形，径 8-10 mm，成熟时鲜红色，基部具四角形宿存花萼，顶端宿存柱头盘状，明显 4 裂；果梗长 8-14 mm。分核 4 粒，轮廓倒卵形或椭圆形，长 7-8 mm，背部宽约 5 mm，遍布皱纹和皱纹状纹孔，背部中央具 1 纵沟，内果皮骨质。花期 4-5 月，果期 10-12 月。

产于利川，生于山坡灌丛中；分布于江苏、安徽、浙江、江西、湖北、湖南等省区；也分布于朝鲜。

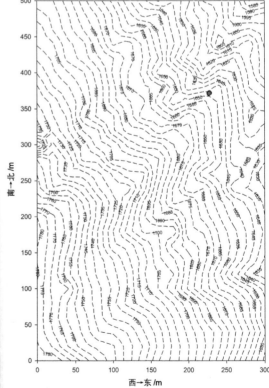

猫儿刺 *Ilex pernyi* Franch.

冬青属 *Ilex*   冬青科 Aquifoliaceae

个体数量（Individual number）= 168
最小，平均，最大胸径（Min，Mean，Max DBH）= 1.0 cm，2.6 cm，10.5 cm
分布林层（Layer）= 灌木层（Shrub layer）
重要值排序（Importance value rank）= 12/122

胸径区间 /cm	个体数量	比例 /%
[1.0, 2.0)	81	48.21
[2.0, 3.0)	40	23.81
[3.0, 4.0)	22	13.10
[4.0, 5.0)	9	5.36
[5.0, 7.0)	8	4.76
[7.0, 10.0)	7	4.17
[10.0, 15.0)	1	0.59

　　常绿灌木或乔木，高 1-5 m；树皮银灰色，纵裂；幼枝黄褐色，具纵棱槽，被短柔毛，二至三年小枝圆形或近圆形，密被污灰色短柔毛；顶芽卵状圆锥形，急尖，被短柔毛。叶片革质，卵形或卵状披针形，长 1.5-3 cm，宽 5-14 mm，先端三角形渐尖，渐尖头长达 12-14 mm，止于一长 3 mm 的粗刺，基部截形或近圆形，边缘具深波状刺齿 1-3 对，叶面深绿色，具光泽，背面淡绿色，两面均无毛，中脉在叶面凹陷，在近基部被微柔毛，背面隆起，侧脉 1-3 对，不明显；叶柄长 2 mm，被短柔毛；托叶三角形，急尖。花序簇生于二年生枝的叶腋内，多为 2-3 花聚生成簇，每分枝仅具 1 花；花淡黄色，全部 4 基数。雄花花梗长约 1 mm，无毛，中上部具 2 枚近圆形，具缘毛的小苞片；花萼径约 2 mm，4 裂，裂片阔三角形或半圆形，具缘毛；花冠辐状，径约 7 mm，花瓣椭圆形，长约 3 mm，近先端具缘毛；雄蕊稍长于花瓣；退化子房圆锥状卵形，先端钝，长约 1.5 mm。雌花花梗长约 2 mm；花萼像雄花；花瓣卵形，长约 2.5 mm；退化雄蕊短于花瓣，败育花药卵形；子房卵球形，柱头盘状。果球形或扁球形，径 7-8 mm，成熟时红色，宿存花萼四角形，径约 2.5 mm，具缘毛，宿存柱头厚盘状，4 裂。分核 4 粒，轮廓倒卵形或长圆形，长 4.5-5.5 mm，背部宽约 3.5 mm，在较宽端背部微凹陷，且具掌状条纹和沟槽，侧面具网状条纹和沟，内果皮木质。花期 4-5 月，果期 10-11 月。

　　恩施州广布，生于山坡林中；分布于陕西、甘肃、安徽、浙江、江西、河南、湖北、四川和贵州。

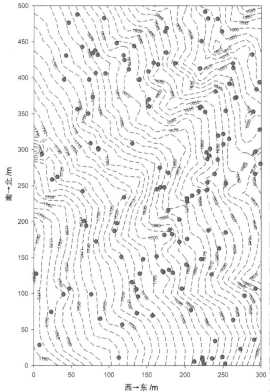

康定冬青 *Ilex franchetiana* Loes.

冬青属 *Ilex*   冬青科 Aquifoliaceae

个体数量（Individual number）= 24
最小，平均，最大胸径（Min, Mean, Max DBH）= 1.1 cm, 2.3 cm, 4.1 cm
分布林层（Layer）= 灌木层（Shrub layer）
重要值排序（Importance value rank）= 31/122

胸径区间 /cm	个体 数量	比例 /%
[1.0, 2.0)	10	41.67
[2.0, 3.0)	8	33.33
[3.0, 4.0)	4	16.67
[4.0, 5.0)	2	8.33
[5.0, 7.0)	0	0.00
[7.0, 10.0)	0	0.00
[10.0, 15.0)	0	0.00

常绿灌木或小乔木，高 2-8 m，全株无毛；小枝近圆柱形，褐色，具纵棱槽，叶痕宽三角形，平坦或稍凸起，无皮孔；顶芽圆锥形，急尖，芽鳞具缘毛。叶生于 1-2 年生枝上，叶片近革质，倒披针形或长圆状披针形，稀椭圆形，长 6-12.5 cm，宽 2-4.2 cm，先端渐尖或急尖，基部楔形或钝，边缘窄反卷，具细锯齿，齿具硬尖头，变黑色，叶面深绿色，稍具光泽，背面淡绿色，主脉在叶面狭凹陷，狭，背面隆起，侧脉每边 8-15 条，两面明显，网状脉在背面明显；叶柄长 1-2 cm，上面具槽，背面具皱纹；托叶三角形，小而急尖，宿存。聚伞花序或单花，簇生于二年生枝叶腋内，苞片广卵形，长约 4 mm，边缘啮蚀状或具缘毛，早落；花淡绿色，4 基数。雄花每个聚伞花序具 3 朵花，总花梗长 1-1.5 mm，花梗长 2-5 mm，基部具 2 片小苞片；花萼盘状，径约 2 mm，4 深裂，裂片三角形，钝或圆形，具小缘毛；花瓣 4 片，长圆形，长约 2 mm，宽约 1.5 mm，基部合生；雄蕊略短于花瓣，花药长圆形，退化子房圆锥形，先端钝，4 裂。雌花单花簇生于二年枝叶腋内，花梗长 3-4 mm，近中部具 2 片小苞片；花萼同雄花；花瓣卵形，长约 2 mm，分离；退化雄蕊长为花瓣的 3/4，败育花药心形；子房卵形，长约 2 mm，径约 1.5 mm，无毛，顶端截形，柱头盘状。果柄长 4-5 mm；果球形，径 6-7 mm，成熟时红色，宿存柱头薄盘状，宿存花萼伸展，四角形，径 2-3 mm；分核 4 个，长圆体形，长 5-6 mm，宽 2.5-3 mm，背面微隆起，具掌状纵棱和沟，两侧面具条纹及皱纹，内果皮木质。花期 5-6 月，果期 9-11 月。

恩施州广布，生于山坡林中；分布于湖北、四川、贵州、云南、西藏；也分布于缅甸。

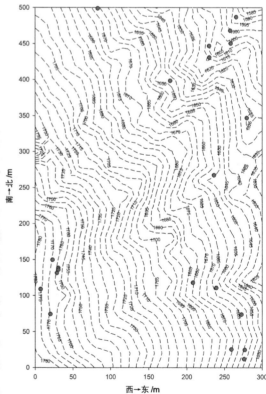

珊瑚冬青 *Ilex corallina* Franch.

冬青属 *Ilex*　　冬青科 Aquifoliaceae

个体数量（Individual number）= 15
最小，平均，最大胸径（Min, Mean, Max DBH）= 1.0 cm, 1.4 cm, 2.3 cm
分布林层（Layer）= 灌木层（Shrub layer）
重要值排序（Importance value rank）= 39/122

胸径区间 /cm	个体 数量	比例 /%
[1.0, 2.0)	14	93.33
[2.0, 3.0)	1	6.67
[3.0, 4.0)	0	0.00
[4.0, 5.0)	0	0.00
[5.0, 7.0)	0	0.00
[7.0, 10.0)	0	0.00
[10.0, 15.0)	0	0.00

常绿灌木或乔木，高 3-10 m；小枝圆柱形，细瘦，具纵棱，淡褐色，无毛或被微柔毛，三年生枝具小的皮孔及稍突起的狭三角形叶痕；顶芽小，卵形，无毛或被微柔毛。叶生于 1-3 年生枝上，叶片革质，卵形，卵状椭圆形或卵状披针形，长 4-13 cm，宽 1.55-5 cm，先端渐尖或急尖，基部圆形或钝，边缘波状，具圆齿状锯齿，稀齿尖刺状，叶面深绿色，背面淡绿色，两面无毛，或叶面沿主脉疏被微柔毛，主脉在叶面凹陷，背面隆起，侧脉每边 7-10 条，在两面均凸起，网状脉在两面明显；叶柄长 4-10 mm，紫红色，上面具浅槽，无毛或被微柔毛，下面具横皱纹。花序簇生于二年生枝的叶腋内，总花梗几无，苞片卵状三角形，具缘毛；花黄绿色，4 基数。雄花单个聚伞花序具 1-3 朵花，总花梗长约 1 mm，花梗长约 2 mm，其基部具 2 枚卵形，具缘毛的小苞片；花萼盘状，径约 2 mm，4 深裂，裂片卵状三角形，具缘毛；花冠径 6-7 mm，花瓣长圆形，长约 3 mm，宽约 1.5 mm，基部合生；雄蕊与花瓣等长，花药长圆形，长约 1 mm；退化子房近球形，顶端圆，微 4 裂。雌花单花簇生于二年生枝叶腋内，几无总梗，花梗长 1-2 mm，基部具 2 枚卵状三角形小苞片；花萼裂片圆形，具缘毛；花瓣分离，卵形，长约 2 mm，宽约 1.2 mm；不育雄蕊长约为花瓣的 2/3，败育花药箭头形；子房卵球形，长约 1.5 mm，径约 1 mm，顶端近截

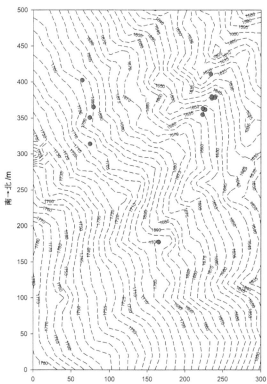

形，柱头薄盘状。果近球形，径 3-4 mm，成熟时紫红色，宿存柱头薄盘状，4 裂；宿存花萼平展。分核 4 粒，椭圆状三棱形，长 2-2.5 mm，背部宽约 1.5 mm，背面具不明显的掌状纵棱及浅沟，侧面具皱纹。花期 4-5 月，果期 9-10 月。

恩施州广布，生于山坡林中；分布于甘肃、湖北、湖南、四川、重庆、贵州、云南。

榕叶冬青 *Ilex ficoidea* Hemsl.

冬青属 *Ilex*　　冬青科 Aquifoliaceae

个体数量（Individual number）= 27
最小，平均，最大胸径（Min, Mean, Max DBH）= 1.0 cm, 2.5 cm, 8.3 cm
分布林层（Layer）= 灌木层（Shrub layer）
重要值排序（Importance value rank）= 37/122

胸径区间 /cm	个体数量	比例 /%
[1.0, 2.0)	17	62.96
[2.0, 3.0)	3	11.11
[3.0, 4.0)	2	7.42
[4.0, 5.0)	3	11.11
[5.0, 7.0)	1	3.70
[7.0, 10.0)	1	3.70
[10.0, 15.0)	0	0.00

常绿乔木，高 8-12 m；幼枝具纵棱沟，无毛，二年生以上小枝黄褐色或褐色，平滑，无皮孔，具半圆形较平坦的叶痕。叶生于 1-2 年生枝上，叶片革质，长圆状椭圆形，卵状或稀倒卵状椭圆形，长 4.5-10 cm，宽 1.5-3.5 cm，先端骤然尾状渐尖，基部钝、楔形或近圆形，边缘具不规则的细圆齿状锯齿，齿尖变黑色，干后稍反卷，叶面深绿色，具光泽，背面淡绿色，两面均无毛，主脉在叶面狭凹陷，背面隆起，侧脉 8-10 对，在叶面不明显，背面稍凸起，于边缘网结，细脉不明显；叶柄长 6-10 mm，上面具槽，背面圆形，具横皱纹。聚伞花序或单花簇生于当年生枝的叶腋内，花 4 基数，白色或淡黄绿色，芳香；雄花序的聚伞花序具 1-3 朵花，总花梗长约 2 mm，苞片卵形，长约 1 mm，背面中央具龙骨突起，急尖，具缘毛，基部具附属物；花梗长 1-3 mm，基部或近基部具 2 枚小苞片；花萼盘状，径 2-2.5 mm，裂片三角形，急尖，具缘毛；花冠径约 6 mm，花瓣卵状长圆形，长约 3 mm，宽约 1.5 mm，上部具缘毛，基部稍合生；雄蕊长于花瓣，伸出花冠外，花药长圆状卵球形；退化子房圆锥状卵球形，径约 1 mm，顶端微 4 裂。雌花单花簇生于当年生枝的叶腋内，花梗长 2-3 mm，基生小苞片 2 枚，具缘毛；花萼被微柔毛或变无毛，裂片常龙骨状；花冠直立，径 3-4 mm，花瓣卵形，分离，长约 2.5 mm，具缘毛；退化雄蕊与花瓣等长，不育花药卵形，小；子房卵球形，长约 2 mm，径约 1.5 mm，柱头盘状。果球形或近球形，径 5-7 mm，成熟后红色，在扩大镜下可见小瘤，宿存花萼平展，四边形，径约 2 mm，宿存柱头薄盘状或脐状；分核 4 个，卵形或近圆形，长 3-4 mm，宽 1.5-2.5 mm，两端钝，背部具掌状条纹，沿中央具 1 稍凹的纵槽，两侧面具皱条纹及洼点，内果皮石质。花期 3-4 月，果期 8-11 月。

恩施州广布，生于山坡林中；分布于安徽、浙江、江西、福建、台湾、湖北、湖南、广东、广西、海南、香港、四川、重庆、贵州、云南。

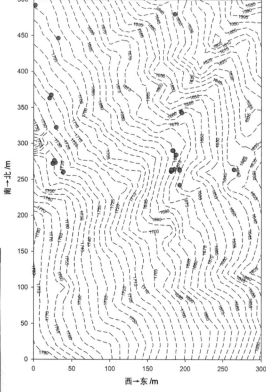

尾叶冬青 *Ilex wilsonii* Loes.

冬青属 *Ilex* 冬青科 Aquifoliaceae

个体数量（Individual number）= 58
最小，平均，最大胸径（Min, Mean, Max DBH）= 1.0 cm, 2.5 cm, 10.1 cm
分布林层（Layer）= 灌木层（Shrub layer）
重要值排序（Importance value rank）= 28/122

胸径区间 /cm	个体数量	比例 /%
[1.0, 2.0)	34	58.62
[2.0, 3.0)	11	18.97
[3.0, 4.0)	5	8.62
[4.0, 5.0)	3	5.17
[5.0, 7.0)	2	3.45
[7.0, 10.0)	2	3.45
[10.0, 15.0)	1	1.72

　　常绿灌木或乔木，高 2-10 m；树皮灰白色，光滑。小枝圆柱形，灰褐色，平滑，无皮孔，叶痕半圆形，稍凸起，当年生幼枝具纵棱沟，无毛；顶芽圆锥形，芽鳞无毛，具缘毛。叶生于 1-3 年生枝上，叶片厚革质，卵形或倒卵状长圆形，长 4-7 cm，宽 1.5-3.5 cm，先端骤然尾状渐尖，渐尖头长 6-13 mm，常偏向一侧，基部钝，稀圆形，全缘，叶面深绿色，具光泽，背面淡绿色，两面无毛，主脉在叶面平坦，背面稍隆起，侧脉 7-8 对，于近叶缘处网结，两面微凸起，明显或不明显，网状脉不显；叶柄长 5-9 mm，无毛，上面具纵槽，背面具皱纹；托叶三角形，微小，急尖。花序簇生于二年生枝的叶腋内，苞片三角形，常具三尖头；花 4 基数，白色；雄花序簇由具 3-5 朵花的聚伞花序或伞形花序的分枝组成，无毛，总花梗长 3-8 mm，第一次分枝长 1-2 mm，或极短，花梗长 2-4 mm，无毛，具基生小苞片 2 枚或无；花萼盘状，径约 1.5 mm，4 深裂，裂片三角形，具缘毛；花冠辐状，径 4-5 mm，花瓣长圆形，长约 2 mm，宽约 1.5 mm，基部稍合生；雄蕊略短于花瓣，花药长圆形；退化子房近球形，径约 1 mm，顶端具不明显的分裂。雌花序簇由具单花的分枝组成，花梗长 4-7 mm，无毛，具近中部着生的小苞片 2 枚；花萼及花冠同雄花；退化雄蕊长为花瓣的 1/2，败育花药箭头形；子房卵球形，径约 1.5 mm，柱头厚盘形，疏被微柔毛。

果球形，径约 4 mm，成熟后红色，平滑，果梗长 3-4 mm；宿存花萼平展，径约 2.5 mm，4 裂，裂片具缘毛，宿存柱头厚盘状；分核 4 粒，卵状三棱形，长约 2.5 mm，背部宽约 1.5 mm，背面具稍凸起的纵棱 3 条，无沟，侧面平滑，内果皮革质。花期 5-6 月，果期 8-10 月。

恩施州广布，生于山坡林中；分布于安徽、浙江、江西、福建、台湾、湖北、湖南、广东、广西、四川、贵州、云南。

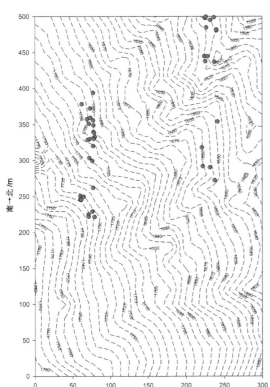

大果卫矛 *Euonymus myrianthus* Hemsl.

卫矛属 *Euonymus*   卫矛科 Celastraceae

个体数量（Individual number）= 2
最小，平均，最大胸径（Min，Mean，Max DBH）= 1.6 cm，1.8 cm，1.9 cm
分布林层（Layer）= 灌木层（Shrub layer）
重要值排序（Importance value rank）= 83/122

胸径区间 /cm	个体数量	比例 /%
[1.0, 2.0)	2	100.00
[2.0, 3.0)	0	0.00
[3.0, 4.0)	0	0.00
[4.0, 5.0)	0	0.00
[5.0, 7.0)	0	0.00
[7.0, 10.0)	0	0.00
[10.0, 15.0)	0	0.00

常绿灌木，高 1-6 m。叶革质，倒卵形、窄倒卵形或窄椭圆形，有时窄至阔披针形，长 5-13 cm，宽 3-4.5 cm，先端渐尖，基部楔形，边缘常呈波状或具明显钝锯齿，侧脉 5-7 对，与三生脉成明显网状；叶柄长 5-10 mm。聚伞花序多聚生小枝上部，常数序着生新枝顶端，2-4 次分枝；花序梗长 2-4 cm，分枝渐短，小花梗长约 7 mm，均具 4 棱；苞片及小苞片卵状披针形，早落；花黄色，径达 10 mm；萼片近圆形；花瓣近倒卵形；花盘四角有圆形裂片；雄蕊着生裂片中央小突起上，花丝极短或无；子房锥状，有短壮花柱。蒴果黄色，多呈倒卵状，长 1.5 cm，径约 1 cm；果序梗及小果梗等较花时稍增长；成熟种子 2-4 粒，假种皮橘黄色。花期 4-7 月，果期 8-11 月。

恩施州广布，生于山谷林中；分布于长江流域以南各省区。

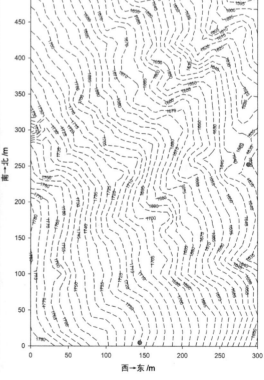

卫矛 *Euonymus alatus* (Thunb.) Sieb.

卫矛属 *Euonymus*　　卫矛科 Celastraceae

个体数量（Individual number）= 7
最小，平均，最大胸径（Min, Mean, Max DBH）= 1.2 cm, 3.0 cm, 5.1 cm
分布林层（Layer）= 灌木层（Shrub layer）
重要值排序（Importance value rank）= 51/122

胸径区间 /cm	个体 数量	比例 /%
[1.0, 2.0)	1	14.28
[2.0, 3.0)	3	42.86
[3.0, 4.0)	2	28.57
[4.0, 5.0)	0	0.00
[5.0, 7.0)	1	14.29
[7.0, 10.0)	0	0.00
[10.0, 15.0)	0	0.00

　　灌木，高 1-3 m；小枝常具 2-4 列宽阔木栓翅；冬芽圆形，长 2 mm 左右，芽鳞边缘具不整齐细坚齿。叶卵状椭圆形、窄长椭圆形，偶为倒卵形，长 2-8 cm，宽 1-3 cm，边缘具细锯齿，两面光滑无毛；叶柄长 1-3 mm。聚伞花序 1-3 朵花；花序梗长约 1 cm，小花梗长 5 mm；花白绿色，径约 8 mm，4 数；萼片半圆形；花瓣近圆形；雄蕊着生花盘边缘处，花丝极短，开花后稍增长，花药宽阔长方形，2 室顶裂。蒴果 1-4 深裂，裂瓣椭圆状，长 7-8 mm；种子椭圆状或阔椭圆状，长 5-6 mm，种皮褐色或浅棕色，假种皮橙红色，全包种子。花期 5-6 月，果期 7-10 月。

　　恩施州广布，生于山谷林中；除东北、新疆、青海、西藏、广东及海南以外，全国名省区均产；也分布于日本、朝鲜。

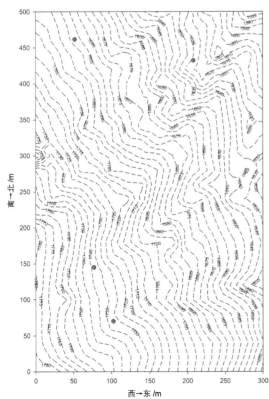

角翅卫矛 *Euonymus cornutus* Hemsl.

卫矛属 *Euonymus*　　卫矛科 Celastraceae

个体数量（Individual number）= 26
最小，平均，最大胸径（Min, Mean, Max DBH）= 1.0 cm, 1.5 cm, 3.4 cm
分布林层（Layer）= 灌木层（Shrub layer）
重要值排序（Importance value rank）= 30/122

胸径区间 /cm	个体 数量	比例 /%
[1.0, 2.0)	24	92.31
[2.0, 3.0)	1	3.84
[3.0, 4.0)	1	3.85
[4.0, 5.0)	0	0.00
[5.0, 7.0)	0	0.00
[7.0, 10.0)	0	0.00
[10.0, 15.0)	0	0.00

灌木，高 1-2.5 m。叶厚纸质或薄革质，披针形、窄披针形，偶近线形，长 6-11 cm，宽 8-15 mm，先端窄长渐尖，基部楔形或阔楔形，边缘有细密浅锯齿，侧脉 7-11 对，在叶缘处常稍作波状折曲，与小脉形成明显特殊脉网；叶柄长 3-6 mm。聚伞花序常只一次分枝，3 朵花，少为 2 次分枝，具 5-7 朵花；花序梗细长，长 3-5 cm；小花梗长 1-1.2 cm，中央花小花梗稍细长；花紫红色或暗紫带绿，径约 1 cm，花 4 数及 5 数并存；萼片肾圆形；花瓣倒卵形或近圆形；花盘近圆形；雄蕊着生花盘边缘，无花丝；子房无花柱，柱头小，盘状。蒴果具 4 翅或 5 翅，近球状，径连翅 2.5-3.5 cm，翅长 5-10 mm，向尖端渐窄，常微呈钩状；果序梗长 3.5-8 cm；小果梗长 1-1.5 cm；种子阔椭圆状，长约 6 mm，包于橙色假种皮中。花期 4-7 月，果期 8-11 月。

恩施州广布，生于山地林中；分布于湖北、四川、陕西、甘肃。

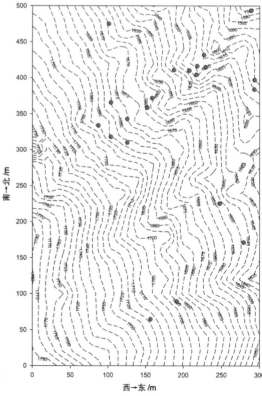

苦皮藤 *Celastrus angulatus* Maxim.

南蛇藤属 *Celastrus*　　卫矛科 Celastraceae

个体数量（Individual number）＝ 5
最小，平均，最大胸径（Min, Mean, Max DBH）＝ 1.0 cm, 2.0 cm, 2.6 cm
分布林层（Layer）＝灌木层（Shrub layer）
重要值排序（Importance value rank）＝ 52/122

胸径区间 /cm	个体数量	比例 /%
[1.0, 2.0)	2	40.00
[2.0, 3.0)	3	60.00
[3.0, 4.0)	0	0.00
[4.0, 5.0)	0	0.00
[5.0, 7.0)	0	0.00
[7.0, 10.0)	0	0.00
[10.0, 15.0)	0	0.00

　　藤状灌木；小枝常具 4-6 纵棱，皮孔密生，圆形到椭圆形，白色，腋芽卵圆状，长 2-4 mm。叶近革质，长方阔椭圆形、阔卵形、圆形，长 7-17 cm，宽 5-13 cm，先端圆阔，中央具尖头，侧脉 5-7 对，在叶面明显突起，两面光滑或稀于叶背的主侧脉上具短柔毛；叶柄长 1.5-3 cm；托叶丝状，早落。聚伞圆锥花序顶生，下部分枝长于上部分枝，略呈塔锥形，长 10-20 cm，花序轴及小花轴光滑或被锈色短毛；小花梗较短，关节在顶部；花萼镊合状排列，三角形至卵形，长约 1.2 mm，近全缘；花瓣长方形，长约 2 mm，宽约 1.2 mm，边缘不整齐；花盘肉质，浅盘状或盘状，5 浅裂；雄蕊着生花盘之下，长约 3 mm，在雌花中退化雄蕊长约 1 mm；雌蕊长 3-4 mm，子房球状，柱头反曲，在雄花中退化雌蕊长约 1.2 mm。蒴果近球状，径 8-10 mm；种子椭圆状，长 3.5-5.5 mm，径 1.5-3 mm。花期 5-6 月，果期 9-10 月。

　　恩施州广布，生于山坡灌丛中；分布于河北、山东、河南、陕西、甘肃、江苏、安徽、江西、湖北、湖南、四川、贵州、云南、广东、广西。

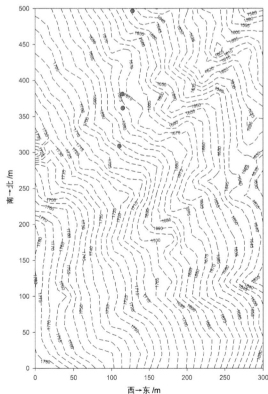

南蛇藤 *Celastrus orbiculatus* Thunb.

南蛇藤属 *Celastrus*　　卫矛科 Celastraceae

个体数量（Individual number）= 391
最小，平均，最大胸径（Min，Mean，Max DBH）= 1.0 cm, 3.9 cm, 10.2 cm
分布林层（Layer）= 灌木层（Shrub layer）
重要值排序（Importance value rank）= 10/122

胸径区间 /cm	个体数量	比例 /%
[1.0, 2.0)	117	29.92
[2.0, 3.0)	63	16.11
[3.0, 4.0)	56	14.32
[4.0, 5.0)	41	10.49
[5.0, 7.0)	55	14.07
[7.0, 10.0)	48	12.28
[10.0, 15.0)	11	2.81

　　藤状灌木；小枝光滑无毛，灰棕色或棕褐色，具稀而不明显的皮孔；腋芽小，卵状到卵圆状，长 1-3 mm。叶通常阔倒卵形，近圆形或长方椭圆形，长 5-13 cm，宽 3-9 cm，先端圆阔，具有小尖头或短渐尖，基部阔楔形至近钝圆形，边缘具锯齿，两面光滑无毛或叶背脉上具稀疏短柔毛，侧脉 3-5 对；叶柄细长 1-2 cm。聚伞花序腋生，间有顶生，花序长 1-3 cm，小花 1-3 朵，偶仅 1-2 朵，小花梗关节在中部以下或近基部；雄花萼片钝三角形；花瓣倒卵椭圆形或长方形，长 3-4 cm，宽 2-2.5 mm；花盘浅杯状，裂片浅，顶端圆钝；雄蕊长 2-3 mm，退化雌蕊不发达；雌花花冠较雄花窄小，花盘稍深厚，肉质，退化雄蕊极短小；子房近球状，花柱长约 1.5 mm，柱头 3 深裂，裂端再 2 浅裂。蒴果近球状，径 8-10 mm；种子椭圆状稍扁，长 4-5 mm，径 2.5-3 mm，赤褐色。花期 5-6 月，果期 7-10 月。

恩施州广布，生于山坡灌丛中；分布于黑龙江、吉林、辽宁、内蒙古、河北、山东、山西、河南、陕西、甘肃、江苏、安徽、浙江、江西、湖北、四川；也分布于朝鲜、日本。

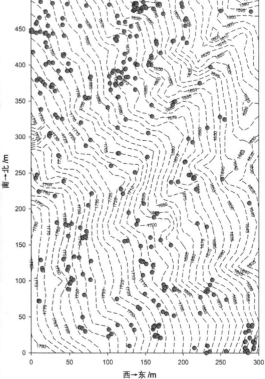

野鸦椿 *Euscaphis japonica* (Thunb.) Dippel

野鸦椿属 *Euscaphis*　　省沽油科 Staphyleaceae

个体数量（Individual number）= 61
最小，平均，最大胸径（Min, Mean, Max DBH）= 1.0 cm, 4.8 cm, 25.9 cm
分布林层（Layer）= 亚乔木层（Subtree layer）
重要值排序（Importance value rank）= 16/35

胸径区间 /cm	个体 数量	比例 /%
[1.0, 2.5)	35	57.38
[2.5, 5.0)	15	24.59
[5.0, 8.0)	1	1.64
[8.0, 11.0)	0	0.00
[11.0, 15.0)	5	8.19
[15.0, 20.0)	3	4.92
[20.0, 30.0)	2	3.28

　　落叶小乔木或灌木，高 2-8 m，树皮灰褐色，具纵条纹，小枝及芽红紫色，枝叶揉碎后发出恶臭气味。叶对生，奇数羽状复叶，长 12-32 cm，叶轴淡绿色，小叶 5-9 片，稀 3-11 片，厚纸质，长卵形或椭圆形，稀为圆形，长 4-6 cm，宽 2-3 cm，先端渐尖，基部钝圆，边缘具疏短锯齿，齿尖有腺休，两面除背面沿脉有白色小柔毛外余无毛，主脉在上面明显，在背面突出，侧脉 8-11 条，在两面可见，小叶柄长 1-2 mm，小托叶线形，基部较宽，先端尖，有微柔毛。圆锥花序顶生，花梗长达 21 cm，花多，较密集，黄白色，径 4-5 mm，萼片与花瓣均 5 片，椭圆形，萼片宿存，花盘盘状，心皮 3 个，分离。蓇葖果长 1-2 cm，每一花发育为 1-3 个蓇葖，果皮软革质，紫红色，有纵脉纹，种子近圆形，径约 5 mm，假种皮肉质，黑色，有光泽。花期 5-6 月，果期 8-9 月。

　　恩施州广布，生于山坡林中；除西北各省外，全国均产；日本、朝鲜也有。

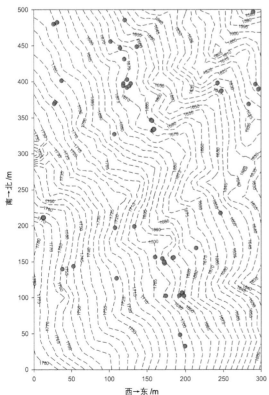

建始槭 *Acer henryi* Pax

槭属 *Acer*　　槭树科 Aceraceae

个体数量（Individual number）= 9
最小，平均，最大胸径（Min, Mean, Max DBH）= 1.6 cm, 2.4 cm, 5.2 cm
分布林层（Layer）= 灌木层（Shrub layer）
重要值排序（Importance value rank）= 55/122

胸径区间 /cm	个体数量	比例 /%
[1.0, 2.0)	4	44.45
[2.0, 3.0)	3	33.33
[3.0, 4.0)	1	11.11
[4.0, 5.0)	0	0.00
[5.0, 7.0)	1	11.11
[7.0, 10.0)	0	0.00
[10.0, 15.0)	0	0.00

　　落叶乔木，高约 10 m。树皮浅褐色。小枝圆柱形，当年生嫩枝紫绿色，有短柔毛，多年生老枝浅褐色，无毛。冬芽细小，鳞片 2，卵形，褐色，镊合状排列。叶纸质，由 3 小叶组成复叶；小叶椭圆形或长圆椭圆形，长 6-12 cm，宽 3-5 cm，先端渐尖，基部楔形，阔楔形或近于圆形，全缘或近先端部分有稀疏的 3-5 个钝锯齿，顶生小叶的小叶柄长约 1 cm，侧生小叶的小叶柄长 3-5 mm，有短柔毛；嫩时两面无毛或有短柔毛，在下面沿叶脉被毛更密，渐老时无毛，主脉和侧脉均在下面较在上面显著；叶柄长 4-8 cm，有短柔毛。穗状花序，下垂，长 7-9 cm，有短柔毛，常由 2-3 年无叶的小枝旁边生出，稀由小枝顶端生出，近于无花梗，花序下无叶稀有叶，花淡绿色，单性，雄花与雌花异株；萼片 5 片，卵形，长 1.5 mm，宽 1 mm；花瓣 5 片，短小或不发育；雄花有雄蕊 4-6 枚，通常 5 枚，长约 2 mm；花盘微发育；雌花的子房无毛，花柱短，柱头反卷。翅果嫩时淡紫色，成熟后黄褐色，小坚果凸起，长圆形，长 1 cm，宽 5 mm，脊纹显著，翅宽 5 mm，连同小坚果长 2-2.5 cm，张开成锐角或近于直立。果梗长约 2 mm。花期 4 月，果期 9 月。

　　恩施州广布，生于山地林中；分布于山西、河南、陕西、甘肃、江苏、浙江、安徽、湖北、湖南、四川、贵州。

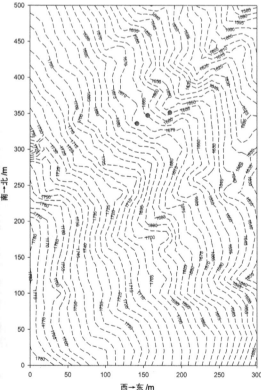

房县枫 *Acer sterculiaceum* subsp. *franchetii* (Pax) A. E. Murray

槭属 *Acer*　　槭树科 Aceraceae

个体数量（Individual number）= 10
最小，平均，最大胸径（Min, Mean, Max DBH）= 1.0 cm, 15.0 cm, 35.8 cm
分布林层（Layer）= 乔木层（Tree layer）
重要值排序（Importance value rank）= 51/67

胸径区间 /cm	个体数量	比例 /%
[1.0, 2.5)	3	30.00
[2.5, 5.0)	1	10.00
[5.0, 10.0)	2	20.00
[10.0, 25.0)	1	10.00
[25.0, 40.0)	3	30.00
[40.0, 60.0)	0	0.00
[60.0, 110.0)	0	0.00

　　落叶乔木，高 10-15 m。树皮深褐色。小枝粗壮，圆柱形，当年生枝紫褐色或紫绿色，嫩时有短柔毛，旋即脱落，多年生枝深褐色，无毛。冬芽卵圆形；外部的鳞片紫褐色，覆瓦状排列，边缘纤毛状。叶纸质，长 10-20 cm，宽 11-23 cm，基部心脏形或近于心脏形，稀圆形，通常 3 裂，稀 5 裂，边缘有很稀疏而不规则的锯齿；中裂片卵形，先端渐尖，侧生的裂片较小，先端钝尖，向前直伸；上面深绿色，下面淡绿色，嫩时两面都有很稀疏的短柔毛，下面的毛较多，叶脉上的短柔毛更密，渐老时毛逐渐脱落，除上面的脉腋有丛毛外，其余部分近于无毛；主脉 5 条，稀 3 条，与侧脉均在上面显著，在下面凸起；叶柄长 3-6 cm，稀达 10 cm，嫩时有短柔毛，渐老陆续脱落而成无毛状。总状花序或圆锥总状花序，自小枝旁边无叶处生出，常有长柔毛，先叶或与叶同时发育；花黄绿色，单性，雌雄异株；萼片 5，长圆卵形，长 4.5 mm，宽 2 mm，边缘有纤毛；花瓣 5 片，与萼片等长；花盘无毛；雄蕊 8 枚，稀 10 枚，长 6 mm，在雌花中不发育，花丝无毛，花药黄色；雌花的子房有疏柔毛；花梗长 1-2 cm，有短柔毛。果序长 6-8 cm。小坚果特别凸起，近于球形，径 8-10 mm，褐色，嫩时被淡黄色疏柔毛，旋即脱落；翅镰刀形，宽 1.5 cm，连同小坚果长 4-4.5 cm，稀达 5 cm，张开成锐角，稀近于直立；果梗长 1-2 cm，有短柔毛，渐老时脱落。花期 5 月，果期 9 月。

　　恩施州广布，生于山坡林中；分布于河南、陕西、湖北、四川、湖南、贵州、云南。

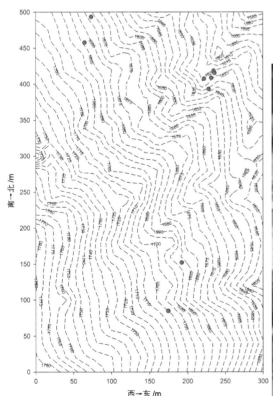

青榨槭 *Acer davidii* Franch.

槭属 *Acer*　　槭树科 Aceraceae

个体数量（Individual number）= 65
最小，平均，最大胸径（Min, Mean, Max DBH）= 1.0 cm, 5.2 cm, 28.0 cm
分布林层（Layer）= 亚乔木层（Subtree layer）
重要值排序（Importance value rank）= 13/35

胸径区间 /cm	个体数量	比例 /%
[1.0, 2.5)	28	43.08
[2.5, 5.0)	21	32.31
[5.0, 8.0)	4	6.15
[8.0, 11.0)	4	6.15
[11.0, 15.0)	1	1.54
[15.0, 20.0)	3	4.62
[20.0, 30.0)	4	6.15

　　落叶乔木，高 10-15 m。树皮黑褐色或灰褐色，常纵裂成蛇皮状。小枝细瘦，圆柱形，无毛；当年生的嫩枝紫绿色或绿褐色，具很稀疏的皮孔，多年生的老枝黄褐色或灰褐色。冬芽腋生，长卵圆形，绿褐色，长 4-8 mm；鳞片的外侧无毛。叶纸质，外貌长圆卵形或近于长圆形，长 6-14 cm，宽 4-9 cm，先端锐尖或渐尖，常有尖尾，基部近于心脏形或圆形，边缘具不整齐的钝圆齿；上面深绿色，无毛；下面淡绿色，嫩时沿叶脉被紫褐色的短柔毛，渐老成无毛状；主脉在上面显著，在下面凸起，侧脉 11-12 对，成羽状，在上面微现，在下面显著；叶柄细瘦，长 2-8 cm，嫩时被红褐色短柔毛，渐老则脱落。花黄绿色，杂性，雄花与两性花同株，成下垂的总状花序，顶生于着叶的嫩枝，开花与嫩叶的生长大约同时，雄花的花梗长 3-5 mm，通常 9-12 朵，常成长 4-7 cm 的总状花序；两性花的花梗长 1-1.5 cm，通常 15-30 朵，常成长 7-12 cm 的总状花序；萼片 5 片，椭圆形，先端微钝，长约 4 mm；花瓣 5 片，倒卵形，先端圆形，与萼片等长；雄蕊 8 枚，无毛，在雄花中略长于花瓣，在两性花中不发育，花药黄色，球形，花盘无毛，现裂纹，位于雄蕊内侧，子房被红褐色的短柔毛，在雄花中不发育。花柱无毛，细瘦，柱头反卷。翅果嫩时淡绿色，成熟后黄褐色；翅宽 1-1.5 cm，连同小坚果共长 2.5-3 cm，展开成钝角或几成水平。花期 4 月，果期 9 月。

　　恩施州广布，生于山地林中；广布于黄河流域长江流域和东南沿海各省区。

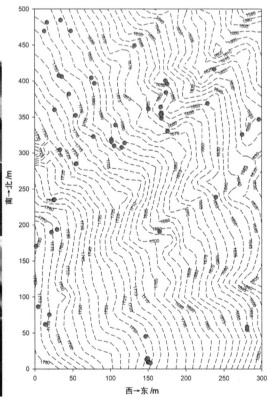

阔叶槭 *Acer amplum* Rehd.

槭属 *Acer* 槭树科 Aceraceae

个体数量（Individual number）= 7
最小，平均，最大胸径（Min, Mean, Max DBH）= 1.2 cm, 2.4 cm, 4.3 cm
分布林层（Layer）= 灌木层（Shrub layer）
重要值排序（Importance value rank）= 42/122

胸径区间 /cm	个体数量	比例 /%
[1.0, 2.0)	4	57.10
[2.0, 3.0)	1	14.30
[3.0, 4.0)	1	14.30
[4.0, 5.0)	1	14.30
[5.0, 7.0)	0	0.00
[7.0, 10.0)	0	0.00
[10.0, 15.0)	0	0.00

　　落叶高大乔木，高 10-20 m。树皮平滑，黄褐色或深褐色。小枝圆柱形，无毛，当年生枝绿色或紫绿色，多年生枝黄绿色或黄褐色；皮孔黄色，圆形或卵形。冬芽近于卵圆形或球形，紫褐色，鳞片覆叠，钝形，外侧无毛，边缘纤毛状。叶纸质，基部近于心脏形或截形，叶片的宽度常大于长度，常宽 10-18 cm，长 9-16 cm，常 3 裂，稀 3 裂或不分裂；裂片钝尖，裂片中间的凹缺钝形；上面深绿色或黄绿色，嫩时有稀疏的腺体，下面淡绿色，除脉腋有黄色丛毛外、其余部分无毛；主脉 5-7 条，在下面显著，侧脉和小叶脉均在下面显著；叶柄圆柱形，长 7-10 cm，无毛或嫩时近顶端部分稍有短柔毛。伞房花序长 7 cm，径 12-15 cm，生于着叶的小枝顶端，总花梗很短，仅长 2-4 mm，有时缺；花梗细瘦，无毛。花黄绿色，杂性，雄花与两性花同株；萼片 5 片，淡绿色，无毛，钝形，长 5 mm；花瓣 5 片，白色，倒卵形或长圆倒卵形，较萼片略长；雄蕊 8 枚，生于雄花者仅长 5 mm，生于两性花者更短，花丝无毛，花药黄色；子房有腺体，花柱无毛，柱头反卷。翅果嫩时紫色，成熟时黄褐色；小坚果压扁状，长 1-1.5 cm，宽 8-10 mm；翅上段较宽，下段较窄，宽 1-1.5 cm，连同小坚果长 3.5-4.5 cm，张开成钝角。花期 4 月，果期 9 月。

　　恩施州广布，生于山谷林中；分布于湖北、四川、云南、贵州、湖南、广东、江西、安徽、浙江等省。

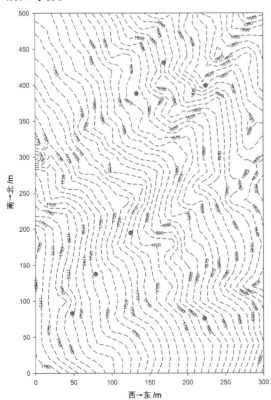

鸡爪槭 *Acer palmatum* Thunb.

槭属 *Acer*　　槭树科 Aceraceae

个体数量（Individual number）= 3
最小，平均，最大胸径（Min，Mean，Max DBH）= 1.5 cm, 1.8 cm, 2.0 cm
分布林层（Layer）= 灌木层（Shrub layer）
重要值排序（Importance value rank）= 63/122

胸径区间 /cm	个体 数量	比例 /%
[1.0, 2.0)	2	66.67
[2.0, 3.0)	1	33.33
[3.0, 4.0)	0	0.00
[4.0, 5.0)	0	0.00
[5.0, 7.0)	0	0.00
[7.0, 10.0)	0	0.00
[10.0, 15.0)	0	0.00

　　落叶小乔木。树皮深灰色。小枝细瘦；当年生枝紫色或淡紫绿色；多年生枝淡灰紫色或深紫色。叶纸质，外貌圆形，径 7-10 cm，基部心脏形或近于心脏形稀截形，5-9 掌状分裂，通常 7 裂，裂片长圆卵形或披针形，先端锐尖或长锐尖，边缘具紧贴的尖锐锯齿；裂片间的凹缺钝尖或锐尖，深达叶片的径的 1/3 或 1/2；上面深绿色，无毛；下面淡绿色，在叶脉的脉腋被有白色丛毛；主脉在上面微显著，在下面凸起；叶柄长 4-6 cm，细瘦，无毛。花紫色，杂性，雄花与两性花同株，生于无毛的伞房花序，总花梗长 2-3 cm，叶发出以后才开花；萼片 5 片，卵状披针形，先端锐尖，长 3 mm；花瓣 5 片，椭圆形或倒卵形，先端钝圆，长约 2 mm；雄蕊 8 枚，无毛，较花瓣略短而藏于其内；花盘位于雄蕊的外侧，微裂；子房无毛，花柱长，2 裂，柱头扁平，花梗长约 1 cm，细瘦，无毛。翅果嫩时紫红色，成熟时淡棕黄色；小坚果球形，径 7 mm，脉纹显著；翅与小坚果共长 2-2.5 cm，宽 1 cm，张开成钝角。花期 5 月，果期 9 月。

　　恩施州广布，生于海拔 200-1200 m 的林边或疏林中；分布于山东、河南、江苏、浙江、安徽、江西、湖北、湖南、贵州等省；朝鲜和日本也有分布。

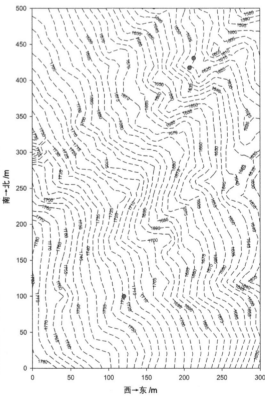

杈叶槭 *Acer ceriferum* Rehd.

槭属 *Acer*   槭树科 Aceraceae

个体数量（Individual number）= 3
最小，平均，最大胸径（Min，Mean，Max DBH）= 3.0 cm，10.4 cm，17.4 cm
分布林层（Layer）= 亚乔木层（Subtree layer）
重要值排序（Importance value rank）= 27/35

胸径区间 /cm	个体 数量	比例 /%
[1.0，2.5）	0	0.00
[2.5，5.0）	1	33.33
[5.0，8.0）	0	0.00
[8.0，11.0）	1	33.33
[11.0，15.0）	0	0.00
[15.0，20.0）	1	33.34
[20.0，30.0）	0	0.00

　　落叶乔木，高 5-10 m。小枝细瘦，无毛，当年生者紫褐色，多年生者橄榄褐色或绿褐色。叶纸质或膜质，基部截形或近于心脏形，长 6-8 cm，宽 7-12 cm，常 7-9 裂；裂片长圆形或近于卵形，长 4-5 cm，先端尾状锐尖，具稀疏而不规则的锐尖锯齿；裂片间的凹缺锐尖，深及叶片的中部；嫩时叶片的两面微被长柔毛，在下面的叶脉上更密，叶渐长大上面无毛，在下面仅脉腋被丛毛；叶柄长 4-5 cm，细瘦，无毛或靠近顶端微被长柔毛。花杂性，雄花与两性花同株，4-8 枚常成长 3-4 cm 的顶生的伞房花序，总花梗长 3-4 cm；萼片 5 片，紫色，卵形或长圆形，先端钝圆或钝尖，长 4-5 mm，宽 1.5-2 mm，被稀疏的长柔毛或近于无毛，边缘有纤毛；花瓣 5 片，淡绿色，长圆形或长圆倒卵形，长 3.5 mm，宽 2.5-3 mm；雄蕊 8 枚，无毛，长约 4 mm，在两性花中较短；花盘无毛，位于雄蕊的外侧；子房无毛或微被长柔毛，在雄花中不发育；花柱长 3 mm，2 裂柱头头状，宽 1 mm；花梗长 1-1.5 cm，细瘦，无毛。小坚果淡黄绿色，椭圆形，长 5-7 mm，宽 4-5 mm；翅与小坚果长 3.5-4 cm，宽 1 cm，张开几成水平。花期 5 月，果期 9 月。

　　产于鹤峰，生于山坡林中；分布于河南、陕西、甘肃、湖北、四川、云南。

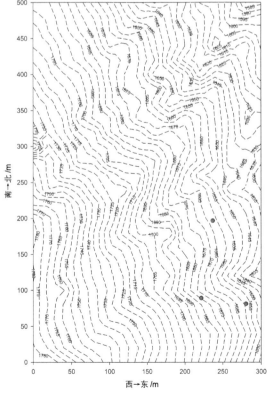

中华槭 *Acer sinense* Pax

槭属 *Acer*　　　槭树科 Aceraceae

个体数量（Individual number）= 23
最小，平均，最大胸径（Min, Mean, Max DBH）= 1.0 cm, 6.2 cm, 36.2 cm
分布林层（Layer）= 乔木层（Tree layer）
重要值排序（Importance value rank）= 44/67

胸径区间 /cm	个体 数量	比例 /%
[1.0, 2.5)	16	69.56
[2.5, 5.0)	1	4.35
[5.0, 10.0)	1	4.35
[10.0, 25.0)	4	17.39
[25.0, 40.0)	1	4.35
[40.0, 60.0)	0	0.00
[60.0, 110.0)	0	0.00

　　落叶乔木，高 3-5 m。树皮平滑，淡黄褐色或深黄褐色。小枝细瘦，无毛，当年生枝淡绿色或淡紫绿色，多年生枝绿褐色或深褐色，平滑。冬芽小，在叶脱落以前常为膨大的叶柄基部所覆盖，鳞片 6 片，边缘有长柔毛及纤毛。叶近于革质，基部心脏形或近于心脏形，稀截形，长 10-14 cm，宽 12-15 cm，常 5 裂；裂片长圆卵形或三角状卵形，先端锐尖，除靠近基部的部分外其余的边缘有紧贴的圆齿状细锯齿；裂片间的凹缺锐尖，深达叶片长度的 1/2，上面深绿色，无毛，下面淡绿色，有白粉，除脉腋有黄色丛毛外其余部分无毛；主脉在上面显著，在下面凸起，侧脉在上面微显著，在下面显著；叶柄粗壮，无毛，长 3-5 cm。花杂性，雄花与两性花同株，多花组成下垂的顶生圆锥花序，长 5-9 cm，总花梗长 3-5 cm；萼片 5 片，淡绿色，卵状长圆形或三角状长圆形，先端微钝尖，边缘微有纤毛，长约 3 mm；花瓣 5 片，白色，长圆形或阔椭圆形；雄蕊 5-8 枚，长于萼片，在两性花中很短，花药黄色；花盘肥厚，位于雄蕊的外侧，微被长柔毛；子房有白色疏柔毛，在雄花中不发育，花柱无毛，长 3-4 mm，2 裂，柱头平展或反卷；花梗细瘦，无毛，长约 5 mm。翅果淡黄色，无毛，常生成下垂的圆锥果序；小坚果椭圆形，特别凸起，长 5-7 mm，宽 3-4 mm；翅宽 1 cm，连同小坚果长 3-3.5 cm，张开近于锐角或钝角。花期 5 月，果期 9 月。

　　恩施州广布，生于山坡林中；分布于湖北、四川、湖南、贵州、广东、广西。

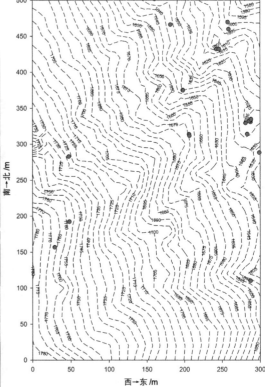

五裂槭 *Acer oliverianum* Pax

槭属 *Acer*   槭树科 Aceraceae

个体数量（Individual number）= 18
最小，平均，最大胸径（Min, Mean, Max DBH）= 1.6 cm, 11.9 cm, 28.8 cm
分布林层（Layer）= 亚乔木层（Subtree layer）
重要值排序（Importance value rank）= 22/35

胸径区间 /cm	个体数量	比例 /%
[1.0, 2.5)	2	11.11
[2.5, 5.0)	1	5.55
[5.0, 8.0)	4	22.22
[8.0, 11.0)	1	5.56
[11.0, 15.0)	6	33.33
[15.0, 20.0)	1	5.56
[20.0, 30.0)	3	16.67

　　落叶小乔木，高 4-7 m。树皮平滑，淡绿色或灰褐色，常被蜡粉。小枝细瘦，无毛或微被短柔毛，当年生嫩枝紫绿色，多年生老枝淡褐绿色。冬芽卵圆形，鳞片近于无毛。叶纸质，长 4-8 cm，宽 5-9 cm，基部近于心脏形或近于截形，5 裂；裂片三角状卵形或长圆卵形，先端锐尖，边缘有紧密的细锯齿；裂片间的凹缺锐尖，深达叶片的 1/3 或 1/2，上面深绿色或略带黄色，无毛，下面淡绿色，除脉腋有丛毛外其余部分无毛；主脉在上面显著，在下面凸起，侧脉在上面微显著，在下面显著；叶柄长 2.5-5 cm，细瘦，无毛或靠近顶端部分微有短柔毛。花杂性，雄花与两性花同株，常生成无毛的伞房花序，开花与叶的生长同时；萼片 5 片，紫绿色，卵形或椭圆卵形，先端钝圆，长 3-4 mm；花瓣 5 片，淡白色，卵形，先端钝圆，长 3-4 mm；雄蕊 8 枚，生于雄花者比花瓣稍长、花丝无毛，花药黄色，雌花的雄蕊很短；花盘微裂，位于雄蕊的外侧；子房微有长柔毛，花柱无毛，长 2 mm，2 裂，柱头反卷。翅果无毛；小坚果棕色，凸起，长 6 mm，宽 4 mm，脉纹显著；翅嫩时淡紫色，成熟时黄褐色，镰刀形，连同小坚果共长 3-3.5 cm，宽 1 cm，张开近水平。花期 5 月，果期 9 月。

　　恩施州广布，生于山坡林中；分布于河南、陕西、甘肃、湖北、湖南、四川、贵州、广西和云南。

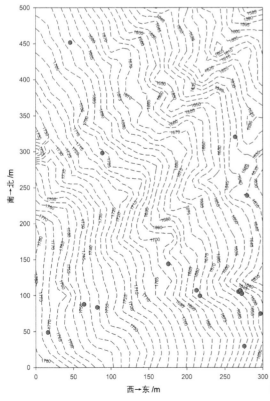

暖木 *Meliosma veitchiorum* Hemsl.

泡花树属 *Meliosma* 清风藤科 Sabiaceae

个体数量（Individual number）= 51
最小，平均，最大胸径（Min, Mean, Max DBH）= 1.0 cm, 7.9 cm, 51.2 cm
分布林层（Layer）= 乔木层（Tree layer）
重要值排序（Importance value rank）= 34/67

胸径区间 /cm	个体数量	比例 /%
[1.0, 2.5)	21	41.17
[2.5, 5.0)	11	21.57
[5.0, 10.0)	10	19.61
[10.0, 25.0)	3	5.89
[25.0, 40.0)	4	7.84
[40.0, 60.0)	2	3.92
[60.0, 110.0)	0	0.00

　　乔木，高可达 20 m，树皮灰色，不规则的薄片状脱落；幼嫩部分多少被褐色长柔毛；小枝粗壮，具粗大近圆形的叶痕。复叶连柄长 60-90 cm，叶轴圆柱形，基部膨大；小叶纸质，7-11 片，卵形或卵状椭圆形，长 7-15 cm，宽 4-8 cm，先端尖或渐尖，基部圆钝，偏斜，两面脉上常残留有柔毛，脉腋无髯毛，全缘或有粗锯齿；侧脉每边 6-12 条。圆锥花序顶生，直立，长 40-45 cm，具 4 次分枝，主轴及分枝密生粗大皮孔；花白色，花柄长 0.5-3 mm，被褐色细柔毛；萼片 4 片，椭圆形或卵形，长 1.5-2.5 mm，外面 1 片较狭，先端钝；外面 3 片花瓣倒心形，高 1.5-2.5 mm，宽 1.5-3.5 mm，内面 2 片花瓣长约 1 mm，2 裂约达 1/3，裂片先端圆，具缘毛；雄蕊长 1.5-2 mm。核果近球形，径约 1 cm；核近半球形，平滑或不明显稀疏纹，中肋显著隆起，常形成钝嘴，腹孔宽，具三角形的填塞物。花期 5 月，果期 8-9 月。

　　恩施州广布，生于山坡林中；分布于云南、贵州、四川、陕西、河南、湖北、湖南、安徽、浙江。

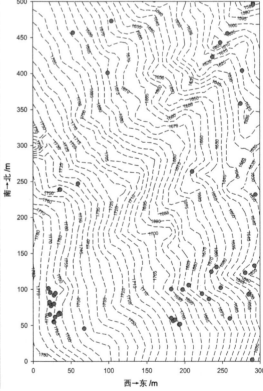

红柴枝 *Meliosma oldhamii* Maxim.

泡花树属 *Meliosma*　　清风藤科 Sabiaceae

个体数量（Individual number）＝ 134
最小，平均，最大胸径（Min, Mean, Max DBH）＝ 1.0 cm, 6.7 cm, 76.0 cm
分布林层（Layer）＝乔木层（Tree layer）
重要值排序（Importance value rank）＝ 26/67

胸径区间 /cm	个体 数量	比例 /%
[1.0, 2.5)	58	43.28
[2.5, 5.0)	29	21.64
[5.0, 10.0)	20	14.92
[10.0, 25.0)	22	16.42
[25.0, 40.0)	3	2.24
[40.0, 60.0)	1	0.75
[60.0, 110.0)	1	0.75

　　落叶乔木，高达 20 m；腋芽球形或扁球形，密被淡褐色柔毛。羽状复叶连柄长 15-30 cm；有小叶 7-15 片，叶总轴、小叶柄及叶两面均被褐色柔毛，小叶薄纸质，下部的卵形，长 3-5 cm，中部的长圆状卵形，狭卵形，顶端一片倒卵形或长圆状倒卵形，长 5.5-8 cm；宽 2-3.5 cm，先端急尖或锐渐尖，具中脉伸出尖头，基部圆、阔楔形或狭楔形，边缘具疏离的锐尖锯齿；侧脉每边 7-8 条，弯拱至近叶缘开叉网结，脉腋有髯毛。圆锥花序顶生，直立，具 3 次分枝，长和宽 15-30 cm，被褐色短柔毛；花白色，花梗长 1-1.5 mm；萼片 5 片，椭圆状卵形，长约 1 mm，外 1 片较狭小，具缘毛；外面 3 片花瓣近圆形，径约 2 mm，内面 2 片花瓣稍短于花丝，2 裂达中部，有时 3 裂而中间裂片微小，侧裂片狭倒卵形，先端有缘毛；发育雄蕊长约 1.5 mm，子房被黄色柔毛、花柱约与子房等长。核果球形，径 4-5 mm，核具明显凸起网纹，中肋明显隆起，从腹孔一边延至另一边，腹部稍突出。花期 5-6 月，果期 8-9 月。

　　恩施州广布，生于山谷林中；分布于贵州、广西、广东、江西、浙江、江苏、安徽、湖北、河南、陕西；也分布于朝鲜和日本。

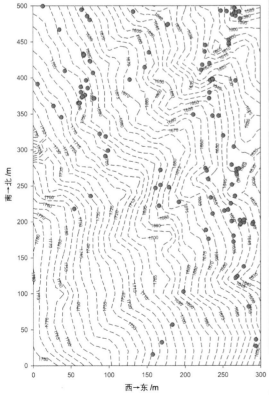

垂枝泡花树 *Meliosma flexuosa* Pamp.

泡花树属 *Meliosma*　　　清风藤科 Sabiaceae

个体数量（Individual number）= 1
最小，平均，最大胸径（Min, Mean, Max DBH）= 2.4 cm, 2.4 cm, 2.4 cm
分布林层（Layer）= 灌木层（Shrub layer）
重要值排序（Importance value rank）= 114/122

胸径区间 /cm	个体数量	比例 /%
[1.0, 2.0)	0	0.00
[2.0, 3.0)	1	100.00
[3.0, 4.0)	0	0.00
[4.0, 5.0)	0	0.00
[5.0, 7.0)	0	0.00
[7.0, 10.0)	0	0.00
[10.0, 15.0)	0	0.00

　　小乔木，高达 5 m；芽、嫩枝、嫩叶中脉、花序轴均被淡褐色长柔毛，腋芽通常两枚并生。单叶，膜质，倒卵形或倒卵状椭圆形，长 6-12 cm，宽 3-3.5 cm，先端渐尖或骤狭渐尖，中部以下渐狭而下延，边缘具疏离、侧脉伸出成凸尖的粗锯齿，叶两面疏被短柔毛，中脉伸出成凸尖；侧脉每边 12-18 条，脉腋髯毛不明显；叶柄长 0.5-2 cm，上面具宽沟，基部稍膨大包裹腋芽。圆锥花序顶生，向下弯垂，连柄长 12-18 cm，宽 7-22 cm，主轴及侧枝在果序时呈之形曲折；花梗长 1-3 mm；花白色，径 3-4 mm；萼片 5 片，卵形或广卵形，长 1-1.5 mm，外 1 片特别小，具缘毛；外面 3 片花瓣近圆形，宽 2.5-3 cm，内面 2 片花瓣长 0.5 mm，2 裂，裂片广叉开，裂片顶端有缘毛，有时 3 裂则中裂齿微小；发育雄蕊长 1.5-2 mm；雌蕊长约 1 mm，子房无毛。果近卵形，长约 5 mm，核极扁斜，具明显凸起细网纹，中肋锐凸起，从腹孔一边至另一边。花期 5-6 月，果期 7-9 月。

　　产于利川、宣恩，生于山地林间；分布于陕西、四川、湖北、安徽、江苏、浙江、江西、湖南、广东。

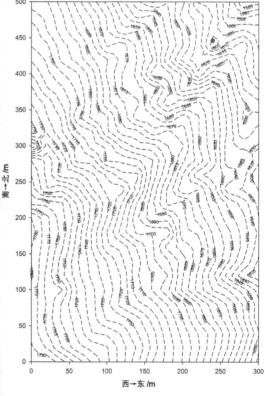

泡花树 *Meliosma cuneifolia* Franch.

泡花树属 *Meliosma* 清风藤科 Sabiaceae

个体数量（Individual number）= 20
最小，平均，最大胸径（Min, Mean, Max DBH）= 1.0 cm, 13.7 cm, 50.4 cm
分布林层（Layer）= 乔木层（Tree layer）
重要值排序（Importance value rank）= 41/67

胸径区间 /cm	个体 数量	比例 /%
[1.0, 2.5)	8	40.00
[2.5, 5.0)	3	15.00
[5.0, 10.0)	1	5.00
[10.0, 25.0)	2	10.00
[25.0, 40.0)	4	20.00
[40.0, 60.0)	2	10.00
[60.0, 110.0)	0	0.00

　　落叶灌木或乔木，高达 9 m，树皮黑褐色；小枝暗黑色，无毛。叶为单叶，纸质，倒卵状楔形或狭倒卵状楔形，长 8-12 cm，宽 2.5-4 cm，先端短渐尖，中部以下渐狭，约 3/4 以上具侧脉伸出的锐尖齿，叶面初被短粗毛，叶背被白色平伏毛；侧脉每边 16-20 条，劲直达齿尖，脉腋具明显髯毛；叶柄长 1-2 cm。圆锥花序顶生，直立，长和宽 15-20 cm，被短柔毛，具 3 次分枝；花梗长 1-2 mm；萼片 5 片，宽卵形，长约 1 mm，外面 2 片较狭小，具缘毛；外面 3 片花瓣近圆形，宽 2.2-2.5 mm，有缘毛，内面 2 片花瓣长 1-1.2 mm，2 裂达中部，裂片狭卵形，锐尖，外边缘具缘毛；雄蕊长 1.5-1.8 mm；花盘具 5 细尖齿；雌蕊长约 1.2 mm，子房高约 0.8 mm。核果扁球形，径 6-7 mm，核三角状卵形，顶基扁，腹部近三角形，具不规则的纵条凸起或近平滑，中肋在腹孔一边显著隆起延至另一边，腹孔稍下陷。花期 6-7 月，果期 9-11 月。

　　产于利川、建始，生于山坡林中；分布于甘肃、陕西、河南、湖北、四川、贵州、云南、西藏。

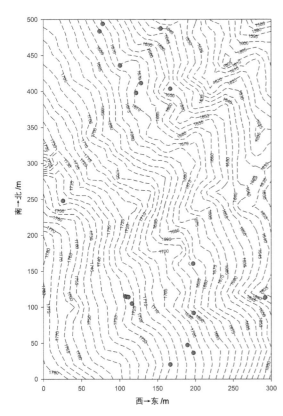

枳椇 *Hovenia acerba* Lindl.

枳椇属 *Hovenia*　　鼠李科 Rhamnaceae

个体数量（Individual number）= 3
最小，平均，最大胸径（Min，Mean，Max DBH）= 3.4 cm，4.7 cm，6.8 cm
分布林层（Layer）= 灌木层（Shrub layer）
重要值排序（Importance value rank）= 78/122

胸径区间 /cm	个体 数量	比例 /%
[1.0, 2.0)	0	0.00
[2.0, 3.0)	0	0.00
[3.0, 4.0)	1	33.33
[4.0, 5.0)	1	33.33
[5.0, 7.0)	1	33.34
[7.0, 10.0)	0	0.00
[10.0, 15.0)	0	0.00

高大乔木，高 10-25 m；小枝褐色或黑紫色，被棕褐色短柔毛或无毛，有明显白色的皮孔。叶互生，厚纸质至纸质，宽卵形、椭圆状卵形或心形，长 8-17 cm，宽 6-12 cm，顶端长渐尖或短渐尖，基部截形或心形，稀近圆形或宽楔形，边缘常具整齐浅而钝的细锯齿，上部或近顶端的叶有不明显的齿，稀近全缘，上面无毛，下面沿脉或脉腋常被短柔毛或无毛；叶柄长 2-5 cm，无毛。二歧式聚伞圆锥花序，顶生和腋生，被棕色短柔毛；花两性，径 5-6.5 mm；萼片具网状脉或纵条纹，无毛，长 1.9-2.2 mm，宽 1.3-2 mm；花瓣椭圆状匙形，长 2-2.2 mm，宽 1.6-2 mm，具短爪；花盘被柔毛；花柱半裂，稀浅裂或深裂，长 1.7-2.1 mm，无毛。浆果状核果近球形，径 5-6.5 mm，无毛，成熟时黄褐色或棕褐色；果序轴明显膨大；种子暗褐色或黑紫色，径 3.2-4.5 mm。花期 5-7 月，果期 8-10 月。

恩施州广布，生于山坡林中；分布于甘肃、陕西、河南、安徽、江苏、浙江、江西、福建、广东、广西、湖南、湖北、四川、云南、贵州；印度、尼泊尔、不丹和缅甸也有。

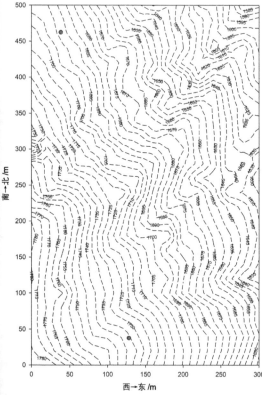

多脉鼠李 *Rhamnus sargentiana* Schneid.

鼠李属 *Rhamnus*　　鼠李科 Rhamnaceae

个体数量（Individual number）= 1
最小，平均，最大胸径（Min, Mean, Max DBH）= 43.8 cm, 43.8 cm, 43.8 cm
分布林层（Layer）= 乔木层（Tree layer）
重要值排序（Importance value rank）= 65/67

胸径区间 /cm	个体数量	比例 /%
[1.0, 2.5)	0	0.00
[2.5, 5.0)	0	0.00
[5.0, 10.0)	0	0.00
[10.0, 25.0)	0	0.00
[25.0, 40.0)	0	0.00
[40.0, 60.0)	1	100.00
[60.0, 110.0)	0	0.00

　　落叶乔木或灌木，高达 10 余米，幼枝紫色，初时被微柔毛，后脱落，老枝紫褐色；芽卵形，长 2-4 mm，鳞片少数，边缘具缘毛。叶纸质，椭圆形或矩圆状椭圆形，长 5-17 cm，宽 2.5-7 cm，顶端渐尖至长渐尖，稀短尖至圆形，基部楔形或近圆形，边缘具密圆齿状齿或钝锯齿，两面或沿脉被短柔毛，后多少脱落，或下面仅沿脉被疏柔毛，侧脉每边 10-17 条，上面下陷，下面凸起；叶柄长 3-5 mm，被微柔毛，后脱落；托叶线形，长 9-14 mm，早落。花通常 2-6 个簇生于叶腋，杂性，雌雄异株，无毛，4 基数，稀有时 5 基数；无花瓣；萼片三角形，内面具不明显的中肋和小喙；雄蕊短于萼片；两性花的子房球形，4 或 3 室，每室有 1 胚珠，花柱 4 或 3 半裂；雄花具退化的雌蕊，子房不发育；花盘稍厚，盘状；花梗长 2-4 mm，被微柔毛。核果倒卵状球形，径约 5 mm，红色，成熟后变黑色，具 4 或 3 分核，果梗长 4-10 mm；种子 3 或 4 粒，腹面具棱，背面有与种子等长的纵沟。花期 5-6 月，果期 6-8 月。

　　产于巴东，生于山谷林中；分布于四川、湖北、云南、甘肃、西藏。

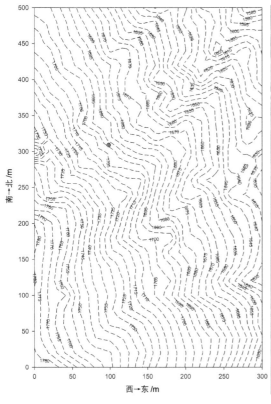

贵州鼠李 *Rhamnus esquirolii* Lévl.

鼠李属 *Rhamnus*　　鼠李科 Rhamnaceae

个体数量（Individual number）= 317
最小，平均，最大胸径（Min, Mean, Max DBH）= 1.0 cm，11.1 cm，52.0 cm
分布林层（Layer）= 乔木层（Tree layer）
重要值排序（Importance value rank）= 23/67

胸径区间 /cm	个体数量	比例 /%
[1.0, 2.5)	68	21.45
[2.5, 5.0)	66	20.82
[5.0, 10.0)	46	14.51
[10.0, 25.0)	95	29.97
[25.0, 40.0)	36	11.36
[40.0, 60.0)	6	1.89
[60.0, 110.0)	0	0.00

　　灌木，稀小乔木，高 3-5 m；小枝无刺，褐色，具不明显瘤状皮孔，被短柔毛。叶纸质，大小异形，在同侧交替互生，小叶矩圆形或披针状椭圆形，长 1.5-4 cm，宽 0.5-2.5 cm；大叶长椭圆形，倒披针状椭圆形或狭矩圆形，长 5-19 cm，宽 1.7-6 cm，顶端渐尖至长渐尖，或尾状渐尖，稀短急尖，基部圆形或楔形，边缘平或多少背卷，具细锯齿或不明显的细齿，上面深绿色，无毛，下面浅绿色，被灰色短软柔毛，或至少沿脉被短柔毛；侧脉每边 6-8 条，在近边缘联结成环状，上面下陷，下面凸起，干时呈灰绿色，叶柄长 3-11 mm，稀达 15 mm，被密或疏短柔毛，托叶钻状，宿存。花单性，雌雄异株，通常数个排成长约 1-3 cm 腋生聚伞总状花序，常有钻状小苞片，花序轴、花梗和花均被短柔毛；花 5 基数，萼片三角形，顶端尖；花瓣小，早落；花梗长 1-2 mm；雄花有退化雌蕊；雌花有极小的退化雄蕊，子房球形，3 室，每室有 1 胚珠，花柱 3 浅裂或半裂。核果倒卵状球形，径 4-5 mm，基部有宿存的萼筒，具 3 分核，紫红色，成熟时变黑色；种子 2-3 个，倒卵状矩圆形。背面有约与种子等长上窄下宽的纵沟。花期 5-7 月，果期 8-11 月。

　　产于咸丰、利川，生于山谷林中；分布于湖北、四川、贵州、广西、云南。

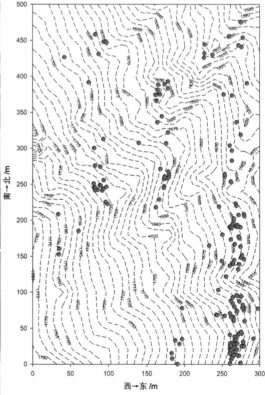

冻绿 *Rhamnus utilis* Decne.

鼠李属 *Rhamnus*　　鼠李科 Rhamnaceae

个体数量（Individual number）= 33
最小，平均，最大胸径（Min, Mean, Max DBH）= 1.0 cm, 3.1 cm, 7.1 cm
分布林层（Layer）= 灌木层（Shrub layer）
重要值排序（Importance value rank）= 25/122

胸径区间 /cm	个体 数量	比例 /%
[1.0, 2.0)	9	27.28
[2.0, 3.0)	8	24.24
[3.0, 4.0)	6	18.18
[4.0, 5.0)	5	15.15
[5.0, 7.0)	4	12.12
[7.0, 10.0)	1	3.03
[10.0, 15.0)	0	0.00

　　灌木或小乔木，高达 4 m；幼枝无毛，小枝褐色或紫红色，稍平滑，对生或近对生，枝端常具针刺；腋芽小，长 2-3 mm，有数个鳞片，鳞片边缘有白色缘毛。叶纸质，对生或近对生，或在短枝上簇生，椭圆形、矩圆形或倒卵状椭圆形，长 4-15 cm，宽 2-6.5 cm，顶端突尖或锐尖，基部楔形或稀圆形，边缘具细锯齿或圆齿状锯齿，上面无毛或仅中脉具疏柔毛，下面干后常变黄色，沿脉或脉腋有金黄色柔毛，侧脉每边通常 5-6 条，两面均凸起，具明显的网脉，叶柄长 0.5-1.5 cm，上面具小沟，有疏微毛或无毛；托叶披针形，常具疏毛，宿存。花单性，雌雄异株，4 基数，具花瓣；花梗长 5-7 mm，无毛；雄花数个簇生于叶腋，或 10-30 余个聚生于小枝下部，有退化的雌蕊；雌花 2-6 个簇生于叶腋或小枝下部；退化雄蕊小，花柱较长，2 浅裂或半裂。核果圆球形或近球形，成熟时黑色，具 2 分核，基部有宿存的萼筒；梗长 5-12 mm，无毛；种子背侧基部有短沟。花期 4-6 月，果期 5-8 月。

　　恩施州广布，生于山坡林中；分布于甘肃、陕西、河南、河北、山西、安徽、江苏、浙江、江西、福建、广东、广西、湖北、湖南、四川、贵州；朝鲜、日本也有分布。

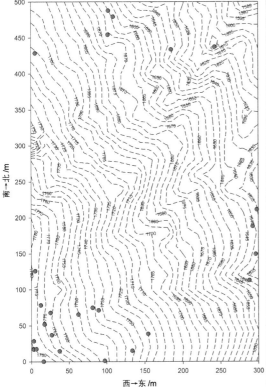

薄叶鼠李 *Rhamnus leptophylla* Schneid.

鼠李属 *Rhamnus*　　鼠李科 Rhamnaceae

个体数量（Individual number）= 2
最小，平均，最大胸径（Min, Mean, Max DBH）= 1.5 cm, 2.3 cm, 3.1 cm
分布林层（Layer）= 灌木层（Shrub layer）
重要值排序（Importance value rank）= 82/122

胸径区间 /cm	个体数量	比例 /%
[1.0, 2.0)	1	50.00
[2.0, 3.0)	0	0.00
[3.0, 4.0)	1	50.00
[4.0, 5.0)	0	0.00
[5.0, 7.0)	0	0.00
[7.0, 10.0)	0	0.00
[10.0, 15.0)	0	0.00

　　灌木或稀小乔木，高达 5 m；小枝对生或近对生，褐色或黄褐色，稀紫红色，平滑无毛，有光泽，芽小，鳞片数个，无毛。叶纸质，对生或近对生，或在短枝上簇生，倒卵形至倒卵状椭圆形，稀椭圆形或矩圆形，长 3-8 cm，宽 2-5 cm，顶端短突尖或锐尖，稀近圆形，基部楔形，边缘具圆齿或钝锯齿，上面深绿色，无毛或沿中脉被疏毛，下面浅绿色，仅脉腋有簇毛，侧脉每边 3-5 条，具不明显的网脉，上面下陷，下面凸起；叶柄长 0.8-2 cm，上面有小沟，无毛或被疏短毛；托叶线形，早落。花单性，雌雄异株，4 基数，有花瓣，花梗长 4-5 mm，无毛；雄花 10-20 个簇生于短枝端；雌花数个至 10 余个簇生于短枝端或长枝下部叶腋，退化雄蕊极小，花柱 2 半裂。核果球形，径 4-6 mm，长 5-6 mm，基部有宿存的萼筒，有 2-3 个分核，成熟时黑色；果梗长 6-7 mm；种子宽倒卵圆形，背面具长为种子 2/3-3/4 的纵沟。花期 3-5 月，果期 5-10 月。

　　恩施州广布，生于山坡林中；广布于陕西、河南、山东、安徽、浙江、江西、福建、广东、广西、湖南、湖北、四川、云南、贵州等省区。

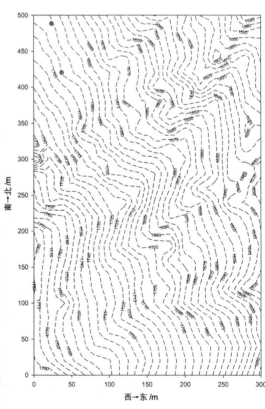

西→东 /m

多花勾儿茶 *Berchemia floribunda* (Wall.) Brongn.

勾儿茶属 *Berchemia*   鼠李科 Rhamnaceae

个体数量（Individual number）= 4
最小，平均，最大胸径（Min, Mean, Max DBH）= 1.5 cm, 1.6 cm, 1.8 cm
分布林层（Layer）= 灌木层（Shrub layer）
重要值排序（Importance value rank）= 53/122

胸径区间/cm	个体数量	比例/%
[1.0, 2.0)	4	100.00
[2.0, 3.0)	0	0.00
[3.0, 4.0)	0	0.00
[4.0, 5.0)	0	0.00
[5.0, 7.0)	0	0.00
[7.0, 10.0)	0	0.00
[10.0, 15.0)	0	0.00

　　藤状或直立灌木；幼枝黄绿色，光滑无毛。叶纸质，上部叶较小，卵形或卵状椭圆形或卵状披针形，长 4-9 cm，宽 2-5 cm，顶端锐尖，下部叶较大，椭圆形至矩圆形，长达 11 cm，宽达 6.5 cm，顶端钝或圆形，稀短渐尖，基部圆形，稀心形，上面绿色，无毛，下面干时栗色，无毛，或仅沿脉基部被疏短柔毛，侧脉每边 9-12 条，两面稍凸起；叶柄长 1-2 cm，稀至 5.2 cm，无毛；托叶狭披针形，宿存。花多数，通常数个簇生排成顶生宽聚伞圆锥花序，或下部兼腋生聚伞总状花序，花序长可达 15 cm，侧枝长在 5 cm 以下，花序轴无毛或被疏微毛；花芽卵球形，顶端急狭成锐尖或渐尖；花梗长 1-2 mm；萼三角形，顶端尖；花瓣倒卵形，雄蕊与花瓣等长。核果圆柱状椭圆形，长 7-10 mm，径 4-5 mm，有时顶端稍宽，基部有盘状的宿存花盘；果梗长 2-3 mm，无毛。花期 7-10 月，果期次年 4-7 月。

　　恩施州广布，生于山地林中；分布于山西、陕西、甘肃、河南、安徽、江苏、浙江、江西、福建、广东、广西、湖南、湖北、四川、贵州、云南、西藏；印度、尼泊尔、不丹、越南、日本也有分布。

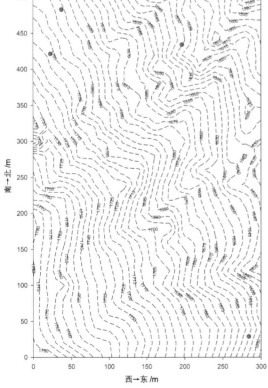

刺葡萄 *Vitis davidii* (Roman. Du Caill.) Foex.

葡萄属 *Vitis*　　葡萄科 Vitaceae

个体数量（Individual number）＝ 1
最小，平均，最大胸径（Min, Mean, Max DBH）＝ 3.8 cm, 3.8 cm, 3.8 cm
分布林层（Layer）＝灌木层（Shrub layer）
重要值排序（Importance value rank）＝ 105/122

胸径区间 /cm	个体数量	比例 /%
[1.0, 2.0)	0	0.00
[2.0, 3.0)	0	0.00
[3.0, 4.0)	1	100.00
[4.0, 5.0)	0	0.00
[5.0, 7.0)	0	0.00
[7.0, 10.0)	0	0.00
[10.0, 15.0)	0	0.00

木质藤本。小枝圆柱形，纵棱纹幼时不明显，被皮刺，无毛。卷须 2 叉分枝，每隔 2 节间断与叶对生。叶卵圆形或卵椭圆形，长 5-12 cm，宽 4-16 cm，顶端急尖或短尾尖，基部心形，基缺凹成钝角，边缘每侧有锯齿 12-33 个，齿端尖锐，不分裂或微三浅裂，上面绿色，无毛，下面浅绿色，无毛，基生脉 5 出，中脉有侧脉 4-5 对，网脉明显，下面比上面突出，无毛常疏生小皮刺；托叶近草质，绿褐色，卵披针形，长 2-3 mm，宽 1-2 mm，无毛，早落。花杂性异株；圆锥花序基部分枝发达，长 7-24 cm，与叶对生，花序梗长 1-2.5 cm，无毛；花梗长 1-2 mm，无毛；花蕾倒卵圆形，高 1.2-1.5 mm，顶端圆形；萼碟形，边缘萼片不明显；花瓣 5 片，呈帽状黏合脱落；雄蕊 5 枚，花丝丝状，长 1-1.4 mm，花药黄色，椭圆形，长 0.6-0.7 mm，在雌花内雄蕊短，败育；花盘发达，5 裂；雌蕊 1 枚，子房圆锥形，花柱短，柱头扩大。果实球形，成熟时紫红色，径 1.2-2.5 cm；种子倒卵椭圆形，顶端圆钝，基部有短喙，种脐在种子背面中部呈圆形，腹面中棱脊突起，两侧洼穴狭窄，向上达种子 3/4 处。花期 4-6 月，果期 7-10 月。

恩施州广布，生于山谷林中；分布于陕西、甘肃、江苏、安徽、浙江、江西、湖北、湖南、广东、广西、四川、贵州、云南。

毛葡萄 *Vitis heyneana* Roem. et Schult

葡萄属 *Vitis* 葡萄科 Vitaceae

个体数量（Individual number）＝ 7
最小，平均，最大胸径（Min, Mean, Max DBH）＝ 1.9 cm，5.0 cm，9.5 cm
分布林层（Layer）＝ 灌木层（Shrub layer）
重要值排序（Importance value rank）＝ 56/122

胸径区间 /cm	个体 数量	比例 /%
[1.0, 2.0)	1	14.28
[2.0, 3.0)	1	14.28
[3.0, 4.0)	1	14.28
[4.0, 5.0)	1	14.28
[5.0, 7.0)	1	14.28
[7.0, 10.0)	2	28.59
[10.0, 15.0)	0	0.00

　　木质藤本。小枝圆柱形，有纵棱纹，被灰色或褐色蛛丝状绒毛。卷须 2 叉分枝，密被绒毛，每隔 2 节间断与叶对生。叶卵圆形、长卵椭圆形或卵状五角形，长 4-12 cm，宽 3-8 cm，顶端急尖或渐尖，基部心形或微心形，基缺顶端凹成钝角，稀成锐角，边缘每侧有 9-19 个尖锐锯齿，上面绿色，初时疏被蛛丝状绒毛，以后脱落无毛，下面密被灰色或褐色绒毛，稀脱落变稀疏，基生脉 3-5 出，中脉有侧脉 4-6 对，上面脉上无毛或有时疏被短柔毛，下面脉上密被绒毛，有时短柔毛或稀绒毛状柔毛；叶柄长 2.5-6 cm，密被蛛丝状绒毛；托叶膜质，褐色，卵披针形，长 3-5 mm，宽 2-3 mm，顶端渐尖，稀钝，边缘全缘，无毛。花杂性异株；圆锥花序疏散，与叶对生，分枝发达，长 4-14 cm；花序梗长 1-2 cm，被灰色或褐色蛛丝状绒毛；花梗长 1-3 mm，无毛；花蕾倒卵圆形或椭圆形，高 1.5-2 mm，顶端圆形；萼碟形，边缘近全缘，高约 1 mm；花瓣 5 片，呈帽状黏合脱落；雄蕊 5 枚，花丝丝状，长 1-1.2 mm，花药黄色，椭圆形或阔椭圆形，长约 0.5 mm，在雌花内雄蕊显著短，败育；花盘发达，5 裂；雌蕊 1 枚，子房卵圆形，花柱短，柱头微扩大。果实圆球形，成熟时紫黑色，径 1-1.3 cm；种子倒卵形，顶端圆形，基部有短喙，种脐在背面中部呈圆形，腹面中棱脊突起，两侧洼穴狭窄呈条形，向上达种子 1/4 处。花期 4-6 月，果期 6-10 月。

产于来凤、利川，生于山坡林中；分布于山西、陕西、甘肃、山东、河南、安徽、江西、浙江、福建、广东、广西、湖北、湖南、四川、贵州、云南、西藏；尼泊尔、不丹和印度也有分布。

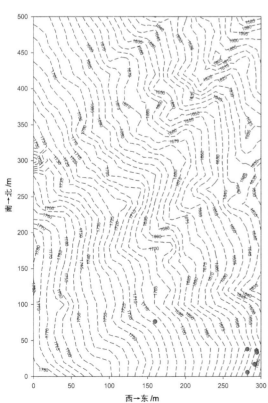

异叶地锦 *Parthenocissus dalzielii* Gagnep.

地锦属 *Parthenocissus*　　葡萄科 Vitaceae

个体数量（Individual number）= 2
最小，平均，最大胸径（Min, Mean, Max DBH）= 1.0 cm, 1.3 cm, 1.6 cm
分布林层（Layer）= 灌木层（Shrub layer）
重要值排序（Importance value rank）= 85/122

胸径区间 /cm	个体 数量	比例 /%
[1.0, 2.0)	2	100.00
[2.0, 3.0)	0	0.00
[3.0, 4.0)	0	0.00
[4.0, 5.0)	0	0.00
[5.0, 7.0)	0	0.00
[7.0, 10.0)	0	0.00
[10.0, 15.0)	0	0.00

　　木质藤本。小枝圆柱形，无毛。卷须总状 5-8 分枝，相隔 2 节间断与叶对生，卷须顶端嫩时膨大呈圆珠形，后遇附着物扩大呈吸盘状。两型叶，着生在短枝上常为 3 小叶，较小的单叶常着生在长枝上，叶为单叶者叶片卵圆形，长 3-7 cm，宽 2-5 cm，顶端急尖或渐尖，基部心形或微心形，边缘有 4-5 个细牙齿，3 小叶者，中央小叶长椭圆形，长 6-21 cm，宽 3-8 cm，最宽处在近中部，顶端渐尖，基部楔形，边缘在中部以上有 3-8 个细牙齿，侧生小叶卵椭圆形，长 5.5-19 cm，宽 3-7.5 cm，最宽处在下部，顶端渐尖，基部极不对称，近圆形，外侧边缘有 5-8 个细牙齿，内侧边缘锯齿状；单叶有基出脉 3-5，中央脉有侧脉 2-3 对，3 小叶者小叶有侧脉 5-6 对，网脉两面微突出，无毛；叶柄长 5-20 cm，中央小叶有短柄，长 0.3-1 cm，侧小叶无柄，完全无毛。花序假顶生于短枝顶端，基部有分枝，主轴不明显，形成多歧聚伞花序，长 3-12 cm；花序梗长 0-3 cm，无毛；小苞片卵形，长 1.5-2 mm，宽 1-2 mm，顶端急尖，无毛；花梗长 1-2 mm，无毛；花蕾高 2-3 mm，顶端圆形；萼碟形，边缘呈波状或近全缘，外面无毛；花瓣 4 片，倒卵椭圆形，高 1.5-2.7 mm，无毛；雄蕊 5 枚，花丝长 0.4-0.9 mm，下部略宽，花药黄色，椭圆形或卵椭圆形，长 0.7-1.5 mm；花盘不明显；子房近球形，花柱短，柱头不明显扩大。果实近球形，径 0.8-1 cm，成熟时紫黑色，有种子 1-4 颗；种子倒卵形，顶端近圆形，基部急尖，种脐在背面近中部呈圆形，腹部中棱脊突出，两侧洼穴呈沟状，从种子基部向上斜展达种子顶端。花期 5-7 月，果期 7-11 月。

　　恩施州广布，生于山谷林中或路边；分布于河南、湖北、湖南、江西、浙江、福建、台湾、广东、广西、四川、贵州。

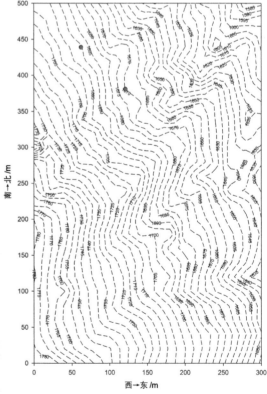

粉椴 *Tilia oliveri* Szyszyl.

椴树属 *Tilia* 椴树科 Tiliaceae

个体数量（Individual number）= 64
最小，平均，最大胸径（Min, Mean, Max DBH）= 1.0 cm, 21.5 cm, 52.3 cm
分布林层（Layer）= 乔木层（Tree layer）
重要值排序（Importance value rank）= 30/67

胸径区间 /cm	个体数量	比例 /%
[1.0, 2.5)	5	7.81
[2.5, 5.0)	4	6.25
[5.0, 10.0)	10	15.63
[10.0, 25.0)	16	25.00
[25.0, 40.0)	22	34.38
[40.0, 60.0)	7	10.93
[60.0, 110.0)	0	0.00

　　乔木，高 8 m，树皮灰白色；嫩枝通常无毛，或偶有不明显微毛，顶芽秃净。叶卵形或阔卵形，长 9-12 cm，宽 6-10 cm，有时较细小，先端急锐尖，基部斜心形或截形，上面无毛，下面被白色星状茸毛，侧脉 7-8 对，边缘密生细锯齿；叶柄长 3-5 cm，近秃净。聚伞花序长 6-9 cm，有花 6-15 朵，花序柄长 5-7 cm，有灰白色星状茸毛，下部 3-4.5 cm 与苞片合生；花柄长 4-6 mm；苞片窄倒披针形，长 6-10 cm，宽 1-2 cm，先端圆，基部钝，有短柄，上面中脉有毛，下面被灰白色星状柔毛；萼片卵状披针形，长 5-6 mm，被白色毛；花瓣长 6-7 mm；退化雄蕊比花瓣短；雄蕊约与萼片等长；子房有星状茸毛，花柱比花瓣短。果实椭圆形，被毛，有棱或仅在下半部有棱突，多少突起。花期 7-8 月，果期 8-9 月。

　　恩施州广布，生于山坡林中；分布于甘肃、陕西、四川、湖北、湖南、江西、浙江。

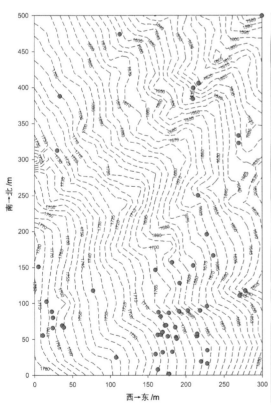

椴树 *Tilia tuan* Szyszyl.

椴树属 *Tilia* 　　椴树科 Tiliaceae

个体数量（Individual number）＝ 20
最小，平均，最大胸径（Min, Mean, Max DBH）＝ 1.0 cm, 17.7 cm, 44.5 cm
分布林层（Layer）＝乔木层（Tree layer）
重要值排序（Importance value rank）＝ 40/67

胸径区间 /cm	个体 数量	比例 /%
[1.0, 2.5)	2	10.00
[2.5, 5.0)	3	15.00
[5.0, 10.0)	2	10.00
[10.0, 25.0)	6	30.00
[25.0, 40.0)	5	25.00
[40.0, 60.0)	2	10.00
[60.0, 110.0)	0	0.00

　　乔木，高 20 m，树皮灰色，直裂；小枝近秃净，顶芽无毛或有微毛。叶卵圆形，长 7-14 cm，宽 5.5-9 cm，先端短尖或渐尖，基部单侧心形或斜截形，上面无毛，下面初时有星状茸毛，以后变秃净，在脉腋有毛丛，干后灰色或褐绿色，侧脉 6-7 对，边缘上半部有疏而小的齿突；叶柄长 3-5 cm，近秃净。聚伞花序长 8-13 cm，无毛；花柄长 7-9 mm；苞片狭窄倒披针形，长 10-16 cm，宽 1.5-2.5 cm，无柄，先端钝，基部圆形或楔形，上面通常无毛，下面有星状柔毛，下半部 5-7 cm 与花序柄合生；萼片长圆状披针形，长 5 mm，被茸毛，内面有长茸毛；花瓣长 7-8 mm；退化雄蕊长 6-7 mm；雄蕊长 5 mm；子房有毛，花柱长 4-5 mm。果实球形，宽 8-10 mm，无棱，有小突起，被星状茸毛。花期 7 月，果期 9-10 月。

　　恩施州广布，生于山坡林中；分布于湖北、四川、云南、贵州、广西、湖南、江西。

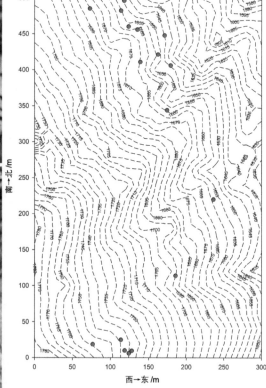

少脉椴 *Tilia paucicostata* Maxim.

椴树属 *Tilia*　　椴树科 Tiliaceae

个体数量（Individual number）= 5
最小，平均，最大胸径（Min, Mean, Max DBH）= 2.9 cm，4.3 cm，7.5 cm
分布林层（Layer）= 灌木层（Shrub layer）
重要值排序（Importance value rank）= 70/122

胸径区间 /cm	个体 数量	比例 /%
[1.0, 2.0)	0	0.00
[2.0, 3.0)	1	20.00
[3.0, 4.0)	2	40.00
[4.0, 5.0)	1	20.00
[5.0, 7.0)	0	0.00
[7.0, 10.0)	1	20.00
[10.0, 15.0)	0	0.00

　　乔木，高 13 m；嫩枝纤细，无毛，芽体细小，无毛或顶端有茸毛。叶薄革质，卵圆形，长 6-10 cm，宽 3.5-6 cm，有时稍大，先端急渐尖，基部斜心形或斜截形，上面无毛，下面秃净或有稀疏微毛，脉腋有毛丛，边缘有细锯齿；叶柄长 2-5 cm，纤细，无毛。聚伞花序长 4-8 cm，有花 6-8 朵，花序柄纤细，无毛；花柄长 1-1.5 cm；苞片狭窄倒披针形，长 5-8.5 cm，宽 1-1.6 cm，上下两面近无毛，下半部与花序柄合生，基部有短柄约长 7-12 mm；萼片长卵形，长 4 mm，外面无星状柔毛；花瓣长 5-6 mm；退化雄蕊比花瓣短小；雄蕊长 4 mm；子房被星状茸毛，花柱长 2-3 mm，无毛。果实倒卵形，长 6-7 mm。花期 6-9月，果期 9-10 月。

　　产于宣恩，生于山坡林中；分布于甘肃、陕西、河南、四川、湖北、云南。

南→北 /m

0　　50　　100　　150　　200　　250　　300
西→东 /m

软枣猕猴桃 *Actinidia arguta* (Sieb. et Zucc.) Planch. ex Miq.

猕猴桃属 *Actinidia* 猕猴桃科 Actinidiaceae

个体数量（Individual number）= 58
最小，平均，最大胸径（Min, Mean, Max DBH）= 1.0 cm, 4.5 cm, 8.2 cm
分布林层（Layer）= 灌木层（Shrub layer）
重要值排序（Importance value rank）= 23/122

胸径区间 /cm	个体 数量	比例 /%
[1.0, 2.0)	8	13.79
[2.0, 3.0)	1	1.72
[3.0, 4.0)	13	22.41
[4.0, 5.0)	17	29.32
[5.0, 7.0)	12	20.69
[7.0, 10.0)	7	12.07
[10.0, 15.0)	0	0.00

　　落叶藤本；小枝基本无毛或幼嫩时星散地薄被柔软绒毛或茸毛，长 7-15 cm，隔年枝灰褐色，洁净无毛或部分表皮呈污灰色皮屑状，皮孔长圆形至短条形，不显著至很不显著；髓白色至淡褐色，片层状。叶膜质或纸质、卵形、长圆形、阔卵形至近圆形，长 6-12 cm，宽 5-10 cm，顶端急短尖，基部圆形至浅心形，等侧或稍不等侧，边缘具繁密的锐锯齿，腹面深绿色，无毛，背面绿色，侧脉腋具髯毛，横脉和网状小脉细，不发达，可见或不可见，侧脉稀疏，6-7 对，分叉或不分叉；叶柄长 3-6 cm，无毛或略被微弱的卷曲柔毛。花序腋生或腋外生，为 1-2 回分枝，1-7 花，或厚或薄地被淡褐色短绒毛，花序柄长 7-10 mm，花柄 8-14 mm，苞片线形，长 1-4 mm。花绿白色或黄绿色，芳香，径 1.2-2 cm；萼片 4-6 枚；卵圆形至长圆形，长 3.5-5 mm，边缘较薄，有不甚显著的缘毛，两面薄被粉末状短茸毛，或外面毛较少或近无毛；花瓣 4-6 片，楔状倒卵形或瓢状倒阔卵形，长 7-9 mm，1 花 4 瓣的其中有 1 片二裂至半；花丝丝状，长 1.5-3 mm，花药黑色或暗紫色，长圆形箭头状，长 1.5-2 mm；子房瓶状，长 6-7 mm，洁净无毛，花柱长 3.5-4 mm。果圆球形至柱状长圆形，长 2-3 cm，有喙或喙不显著，无毛，无斑点，不具宿存萼片，成熟时绿黄色或紫红色。种子纵径约 2.5 mm。花期 4 月，果期 9-10 月。

　　产于利川；生于山谷林中；分布于黑龙江、吉林、辽宁、河北、山西、陕西、河南、山东、安徽、浙江、福建、江西、湖北、湖南及云南；朝鲜和日本也有分布。

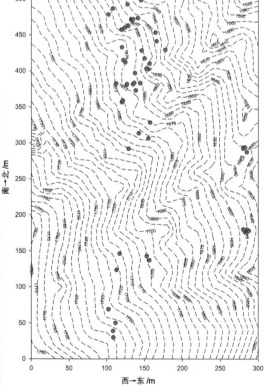

京梨猕猴桃（变种）*Actinidia callosa* var. *henryi* Maxim.

猕猴桃属 *Actinidia*　　猕猴桃科 Actinidiaceae

个体数量（Individual number）= 27
最小，平均，最大胸径（Min，Mean，Max DBH）= 1.1 cm，2.6 cm，5.9 cm
分布林层（Layer）= 灌木层（Shrub layer）
重要值排序（Importance value rank）= 34/122

胸径区间 /cm	个体数量	比例 /%
[1.0，2.0）	10	37.04
[2.0，3.0）	7	25.92
[3.0，4.0）	7	25.93
[4.0，5.0）	1	3.70
[5.0，7.0）	2	7.41
[7.0，10.0）	0	0.00
[10.0，15.0）	0	0.00

　　小枝较坚硬，干后土黄色，洁净无毛；叶卵形或卵状椭圆形至倒卵形，长 8-10 cm，宽 4-5.5 cm，边缘锯齿细小，背面脉腋上有髯毛；果乳头状至矩圆圆柱状，长可达 5 cm，是本种中果实最长最大者。花期 5-6 月，果期 7-10 月。

　　恩施州广布，生于山谷林中；分布于长江以南各省区。

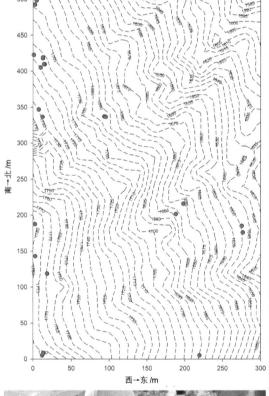

中华猕猴桃 *Actinidia chinensis* Planch.

猕猴桃属 *Actinidia*　　猕猴桃科 Actinidiaceae

个体数量（Individual number）= 554
最小，平均，最大胸径（Min, Mean, Max DBH）= 1.0 cm, 4.0 cm, 14.7 cm
分布林层（Layer）= 灌木层（Shrub layer）
重要值排序（Importance value rank）= 8/122

胸径区间 /cm	个体数量	比例 /%
[1.0, 2.0)	118	21.30
[2.0, 3.0)	104	18.77
[3.0, 4.0)	86	15.52
[4.0, 5.0)	86	15.52
[5.0, 7.0)	112	20.22
[7.0, 10.0)	37	6.68
[10.0, 15.0)	11	1.99

落叶藤本；幼枝或厚或薄地被有灰白色茸毛或褐色长硬毛或铁锈色硬毛状刺毛，老时秃净或留有断损残毛；花枝短的 4-5 cm，长的 15-20 cm；隔年枝完全秃净无毛，径 5-8 mm，皮孔长圆形，比较显著或不甚显著；髓白色至淡褐色，片层状。叶纸质，倒阔卵形至倒卵形或阔卵形至近圆形，长 6-17 cm，宽 7-15 cm，顶端截平形并中间凹入或具突尖、急尖至短渐尖，基部钝圆形、截平形至浅心形，边缘具脉出的直伸的睫状小齿，腹面深绿色，无毛或中脉和侧脉上有少量软毛或散被短糙毛，背面苍绿色，密被灰白色或淡褐色星状绒毛，侧脉 5-8 对，常在中部以上分歧成叉状，横脉比较发达，易见，网状小脉不易见；叶柄长 3-6 cm，被灰白色茸毛或黄褐色长硬毛或铁锈色硬毛状刺毛。聚伞花序 1-3 花，花序柄长 7-15 mm，花柄长 9-15 mm；苞片小，卵形或钻形，长约 1 mm，均被灰白色丝状绒毛或黄褐色茸毛；花初放时白色，放后变淡黄色，有香气，径 1.8-3.5 cm；萼片 3-7 片，通常 5 片，阔卵形至卵状长圆形，长 6-10 mm，两面密被压紧的黄褐色绒毛；花瓣 5 片，有时少至 3-4 片或多至 6-7 片，阔倒卵形，有短距，长 10-20 mm，宽 6-17 mm；雄蕊极多，花丝狭条形，长 5-10 mm，花药黄色，长圆形，长 1.5-2 mm，基部叉开或不叉开；子房球形，径约 5 mm，密被金黄色的压紧交织绒毛或不压紧不交织的刷毛状糙毛，花柱狭条形。果黄褐色，近球形、圆柱形、倒卵形或椭圆形，长 4-6 cm，被茸毛、长硬毛或刺毛状长硬毛，成熟时秃净或不秃净，具小而多的淡褐色斑点；宿存萼片反折；种子纵径 2.5 mm。花期 4-5 月，果期 9 月。

产于恩施市、利川，生于山地林中；分布于陕西、湖北、湖南、河南、安徽、江苏、浙江、江西、福建、广东和广西等省区。

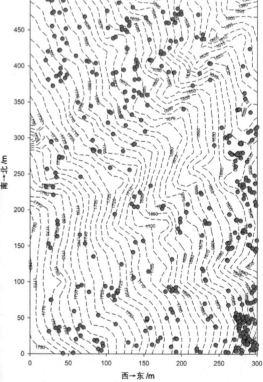

长尾毛蕊茶 *Camellia caudata* Wall.

山茶属 *Camellia* 山茶科 Theaceae

个体数量（Individual number）= 2
最小，平均，最大胸径（Min, Mean, Max DBH）= 1.2 cm, 1.3 cm, 1.4 cm
分布林层（Layer）= 灌木层（Shrub layer）
重要值排序（Importance value rank）= 86/122

胸径区间 /cm	个体 数量	比例 /%
[1.0, 2.0)	2	100.00
[2.0, 3.0)	0	0.00
[3.0, 4.0)	0	0.00
[4.0, 5.0)	0	0.00
[5.0, 7.0)	0	0.00
[7.0, 10.0)	0	0.00
[10.0, 15.0)	0	0.00

灌木至小乔木，高达 7 m，嫩枝纤细，密被灰色柔毛。叶革质或薄质，长圆形，披针形或椭圆形，长 5-9 cm，宽 1-2 cm，先端尾状渐尖，尾长 1-2 cm，基部楔形，上面干后深绿色，略有光泽，或灰褐而暗晦，中脉有短毛，下面多少有稀疏长丝毛，侧脉 6-9 对，在上下两面均能见，边缘有细锯齿，叶柄长 2-4 mm，有柔毛或茸毛。花腋生及顶生，花柄长 3-4 mm，有短柔毛；苞片 3-5 片，分散在花柄上，卵形，长 1-2 mm，有毛，宿存；萼杯状，萼片 5 片，近圆形，长 2-3 mm，有毛，宿存；花瓣 5 片，长 10-14 mm，外侧有灰色短柔毛，基部 2-3 mm 彼此相连合且和雄蕊连生，最外 1-2 片稍呈革质，内侧 3-4 片倒卵形，先端圆，花瓣状；雄蕊长 10-13 mm，花丝管长 6-8 mm，分离花丝有灰色长茸毛，内轮离生雄蕊的花丝有毛；子房有茸毛，花柱长 8-13 mm，有灰毛，先离 3 浅裂。蒴果圆球形，径 1.2-1.5 cm，果片薄，被毛，有宿存苞片及萼片，1 室，种子 1 粒。花期 10 月至翌年 3 月，果期 9-10 月。

产于宣恩，生于山坡林中；分布于广东、广西、云南、海南、福建、台湾、浙江、湖北及西藏；也分布于越南、缅甸、印度、不丹及尼泊尔。

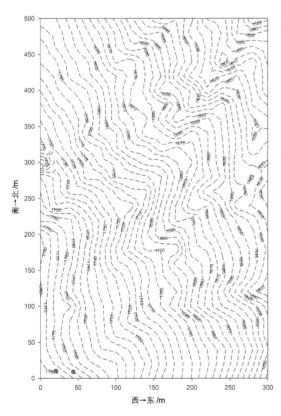

尖连蕊茶 *Camellia cuspidata* (Kochs) Wright ex Gard.

山茶属 *Camellia*　　山茶科 Theaceae

个体数量（Individual number）= 645
最小，平均，最大胸径（Min, Mean, Max DBH）= 1.0 cm, 3.2 cm, 14.5 cm
分布林层（Layer）= 灌木层（Shrub layer）
重要值排序（Importance value rank）= 11/122

胸径区间 /cm	个体 数量	比例 /%
[1.0, 2.0)	258	40.00
[2.0, 3.0)	140	21.70
[3.0, 4.0)	90	13.95
[4.0, 5.0)	49	7.60
[5.0, 7.0)	53	8.22
[7.0, 10.0)	37	5.74
[10.0, 15.0)	18	2.79

　　灌木，高达 3 m，嫩枝无毛，或最初开放的新枝有微毛，很快变秃净。叶革质，卵状披针形或椭圆形，长 5-8 cm，宽 1.5-2.5 cm，先端渐尖至尾状渐尖，基部楔形或略圆，上面干后黄绿色，发亮，下面浅绿色，无毛；侧脉 6-7 对，在上面略下陷，在下面不明显；边缘密具细锯齿，齿刻相隔 1-1.5 mm，叶柄长 3-5 mm，略有残留短毛。花单独顶生，花柄长 3 mm，有时稍长；苞片 3-4 片，卵形，长 1.5-2.5 mm，无毛；花萼杯状，长 4-5 mm，萼片 5 片，无毛，不等大，分离至基部，厚革质，阔卵形，先端略尖，薄膜质，花冠白色，长 2-2.4 cm，无毛；花瓣 6-7 片，基部连生约 2-3 mm，并与雄蕊的花丝贴生，外侧 2-3 片较小，革质，长 1.2-1.5 cm，内侧 4 或 5 片长达 2.4 cm；雄蕊比花瓣短，无毛，外轮雄蕊只在基部和花瓣合生，其余部分离生，花药背部着生；雌蕊长 1.8-2.3 cm，子房无毛；花柱长 1.5-2 cm，无毛，顶端 3 浅裂，裂片长约 2 mm。蒴果圆球形，径 1.5 cm，有宿存苞片和萼片，果皮薄，1 室，种子 1 粒，圆球形。花期 11 月至次年 3 月，果期 8-11 月。

　　恩施州广布，生于山坡林中；分布于江西、广西、湖南、贵州、安徽、陕西、湖北、云南、广东、福建。

木荷 *Schima superba* Gardn. et Champ.

木荷属 *Schima*   山茶科 Theaceae

个体数量（Individual number）= 716
最小，平均，最大胸径（Min, Mean, Max DBH）= 1.0 cm, 5.6 cm, 53.4 cm
分布林层（Layer）=乔木层（Tree layer）
重要值排序（Importance value rank）= 15/67

胸径区间 /cm	个体数量	比例 /%
[1.0, 2.5)	429	59.92
[2.5, 5.0)	106	14.80
[5.0, 10.0)	55	7.68
[10.0, 25.0)	95	13.27
[25.0, 40.0)	26	3.63
[40.0, 60.0)	5	0.70
[60.0, 110.0)	0	0.00

大乔木，高 25 m，嫩枝通常无毛。叶革质或薄革质，椭圆形，长 7-12 cm，宽 4-6.5 cm，先端尖锐，有时略钝，基部楔形，上面干后发亮，下面无毛，侧脉 7-9 对，在两面明显，边缘有钝齿；叶柄长 1-2 cm。花生于枝顶叶腋，常多朵排成总状花序，径 3 cm，白色，花柄长 1-2.5 cm，纤细，无毛；苞片 2 片，贴近萼片，长 4-6 mm，早落；萼片半圆形，长 2-3 mm，外面无毛，内面有绢毛；花瓣长 1-1.5 cm，最外 1 片风帽状，边缘多少有毛；子房有毛。蒴果径 1.5-2 cm。花期 6-8 月，果期 10-12 月。

恩施州广布，生于山坡林中；分布于浙江、福建、台湾、江西、湖北、湖南、广东、海南、广西、贵州。

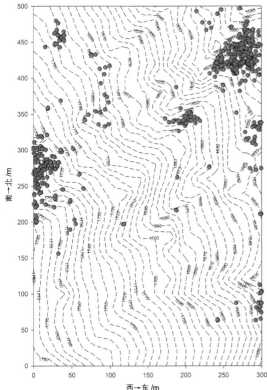

厚皮香 *Ternstroemia gymnanthera* (Wight et Arn.) Beddome

厚皮香属 *Ternstroemia*   茶科 Theaceae

个体数量（Individual number）= 5
最小，平均，最大胸径（Min, Mean, Max DBH）= 1.9 cm, 2.9 cm, 4.9 cm
分布林层（Layer）= 灌木层（Shrub layer）
重要值排序（Importance value rank）= 71/122

胸径区间 /cm	个体 数量	比例 /%
[1.0, 2.0)	1	20.00
[2.0, 3.0)	2	40.00
[3.0, 4.0)	1	20.00
[4.0, 5.0)	1	20.00
[5.0, 7.0)	0	0.00
[7.0, 10.0)	0	0.00
[10.0, 15.0)	0	0.00

灌木或小乔木，高 1.5-10 m，有时达 15 m，胸径 30-40 cm，全株无毛；树皮灰褐色，平滑；嫩枝浅红褐色或灰褐色，小枝灰褐色。叶革质或薄革质，通常聚生于枝端，呈假轮生状，椭圆形、椭圆状倒卵形至长圆状倒卵形，长 5.5-9 cm，宽 2-3.5 cm，顶端短渐尖或急窄缩成短尖，尖头钝，基部楔形，边全缘，稀有上半部疏生浅疏齿，齿尖具黑色小点，上面深绿色或绿色，有光泽，下面浅绿色，干后常呈淡红褐色，中脉在上面稍凹下，在下面隆起，侧脉 5-6 对，两面均不明显，少有在上面隐约可见；叶柄长 7-13 mm。花两性或单性，开花时径 1-1.4 cm，通常生于当年生无叶的小枝上或生于叶腋，花梗长约 1 cm，稍粗壮；两性花：小苞片 2，三角形或三角状卵形，长 1.5-2 mm，顶端尖，边缘具腺状齿突；萼片 5 片，卵圆形或长圆卵形，长 4-5 mm，宽 3-4 mm，顶端圆，边缘通常疏生线状齿突，无毛；花瓣 5 片，淡黄白色，倒卵形，长 6-7 mm，宽 4-5 mm，顶端圆，常有微凹；雄蕊约 50 枚，长 4-5 mm，长短不一，花药长圆形，远较花丝为长，无毛；子房圆卵形，2 室，胚珠每室 2 个，花柱短，顶端浅 2 裂。果实圆球形，长 8-10 mm，径 7-10 mm，小苞片和萼片均宿存，果梗长 1-1.2 cm，宿存花柱长约 1.5 mm，顶端 2 浅裂；种子肾形，每室 1 个，成熟时肉质假种皮红色。花期 5-7 月，果期 8-10 月。

恩施州广布，生于山地林中；分布于安徽、浙江、江西、福建、湖北、湖南、广东、广西、云南、贵州、四川等省区；也分布于越南、老挝、泰国、柬埔寨、尼泊尔、不丹及印度。

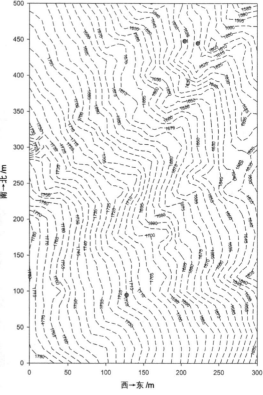

翅柃 *Eurya alata* Kobuski

柃木属 *Eurya*　　茶科 Theaceae

个体数量（Individual number）= 19667
最小，平均，最大胸径（Min, Mean, Max DBH）= 1.0 cm, 3.5 cm, 46.2 cm
分布林层（Layer）= 灌木层（Shrub layer）
重要值排序（Importance value rank）= 1/122

胸径区间 /cm	个体数量	比例 /%
[1.0, 2.5)	9103	46.29
[2.5, 5.0)	6049	30.76
[5.0, 10.0)	3934	20.00
[10.0, 25.0)	577	2.93
[25.0, 40.0)	3	0.02
[40.0, 60.0)	1	0.00
[60.0, 110.0)	0	0.00

　　灌木，高1-3 m，全株均无毛；嫩枝具显著4棱，淡褐色，小枝灰褐色，常具明显4棱；顶芽披针形，渐尖，长5-8 mm，无毛。叶革质，长圆形或椭圆形，长4-7.5 cm，宽1.5-2.5 cm，顶端窄缩呈短尖，尖头钝，或偶呈长渐尖，基部楔形，边缘密生细锯齿，上面深绿色，有光泽，下面黄绿色，中脉在上面凹下，下面凸起，侧脉6-8对，在上面不甚明显，偶有稍凹下，在下面通常略隆起；叶柄长约4 mm。花1-3朵簇生于叶腋，花梗长2-3 mm，无毛。雄花小苞片2片，卵圆形；萼片5片，膜质或近膜质，卵圆形，长约2 mm，顶端钝；花瓣5片，白色，倒卵状长圆形，长3-3.5 mm，基部合生；雄蕊约15枚，花药不具分格，退化子房无毛。雌花的小苞片和萼片与雄花同；花瓣5片，长圆形，长约2.5 mm；子房圆球形，3室，无毛，花柱长约1.5 mm，顶端3浅裂。果实圆球形，径约4 mm，成熟时蓝黑色。花期10-11月，果期次年6-8月。

　　恩施州广布，生于山谷林中；分布于陕西、安徽、浙江、江西、福建、湖北、湖南、广东、广西、四川、贵州等地。

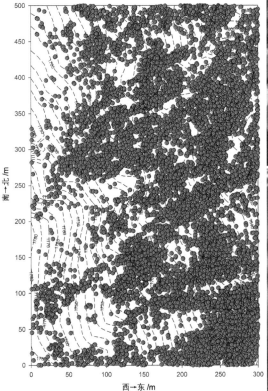

山桐子 *Idesia polycarpa* Maxim.

山桐子属 *Idesia*　　大风子科 Flacourtiaceae

个体数量（Individual number）= 8
最小，平均，最大胸径（Min, Mean, Max DBH）= 1.0 cm，10.8 cm，42.5 cm
分布林层（Layer）= 乔木层（Tree layer）
重要值排序（Importance value rank）= 54/67

胸径区间 /cm	个体数量	比例 /%
[1.0, 2.5)	5	62.5
[2.5, 5.0)	0	0.00
[5.0, 10.0)	1	12.5
[10.0, 25.0)	0	0.00
[25.0, 40.0)	1	12.5
[40.0, 60.0)	1	12.5
[60.0, 110.0)	0	0.00

　　落叶乔木，高 8-21 m；树皮淡灰色，不裂；小枝圆柱形，细而脆，黄棕色，有明显的皮孔，冬日呈侧枝长于顶枝状态，枝条平展，近轮生，树冠长圆形，当年生枝条紫绿色，有淡黄色的长毛；冬芽有淡褐色毛，有 4-6 片锥状鳞片。叶薄革质或厚纸质，卵形或心状卵形，或为宽心形，长 13-16 cm，稀达 20 cm，宽 12-15 cm，先端渐尖或尾状，基部通常心形，边缘有粗的齿，齿尖有腺体，上面深绿色，光滑无毛，下面有白粉，沿脉有疏柔毛，脉腋有丛毛，基部脉腋更多，通常 5 基出脉，第二对脉斜升到叶片的 3/5 处；叶柄长 6-12 cm，或更长，圆柱状，无毛，下部有 2-4 个紫色、扁平腺体，基部稍膨大。花单性，雌雄异株或杂性，黄绿色，有芳香，花瓣缺，排列成顶生下垂的圆锥花序，花序梗有疏柔毛，长 10-20 cm；雄花比雌花稍大，径约 1.2 cm；萼片 3-6 片，通常 6 片，覆瓦状排列，长卵形，长约 6 mm，宽约 3 mm，有密毛；花丝丝状，被软毛，花药椭圆形，基部着生，侧裂，有退化子房；雌花比雄花稍小，径约 9 mm；萼片 3-6 片，通常 6 片，卵形，长约 4 mm，宽约 2.5 mm，外面有密毛，内面有疏毛；子房上位，圆球形，无毛，花柱 5 或 6 根，向外平展，柱头倒卵圆形，退化雄蕊多数，花丝短或缺。浆果成熟期紫红色，扁圆形，长 3-5 mm，径 5-7 mm，果梗细小，长 0.6-2 cm；种子红棕色，圆形。花期 4-5 月，果期 10-11 月。

　　恩施州广布，生于山坡林中；分布于我国甘肃南部以南广大地区；朝鲜、日本也有分布。

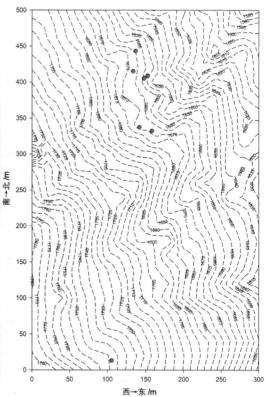

西域旌节花 *Stachyurus himalaicus* Hook. f. et Thoms.

旌节花属 *Stachyurus*   旌节花科 Stachyuraceae

个体数量（Individual number）= 3
最小，平均，最大胸径（Min, Mean, Max DBH）= 1.4 cm, 1.5 cm, 1.6 cm
分布林层（Layer）= 灌木层（Shrub layer）
重要值排序（Importance value rank）= 93/122

胸径区间/cm	个体数量	比例/%
[1.0, 2.0)	3	100.00
[2.0, 3.0)	0	0.00
[3.0, 4.0)	0	0.00
[4.0, 5.0)	0	0.00
[5.0, 7.0)	0	0.00
[7.0, 10.0)	0	0.00
[10.0, 15.0)	0	0.00

　　落叶灌木或小乔木，高 3-5 m；树皮平滑，棕色或深棕色，小枝褐色，具浅色皮孔。叶片坚纸质至薄革质，披针形至长圆状披针形，长 8-13 cm，宽 3.5-5.5 cm，先端渐尖至长渐尖，基部钝圆，边缘具细而密的锐锯齿，齿尖骨质并加粗，侧脉 5-7 对，两面均凸起，细脉网状；叶柄紫红色，长 0.5-1.5 cm。穗状花序腋生，长 5-13 cm，无总梗，通常下垂，基部无叶；花黄色，长约 6 mm，几无梗；苞片 1 枚，三角形，长约 2 mm；小苞片 2 枚，宽卵形，顶端急尖，基部连合；萼片 4 枚，宽卵形，长约 3 mm，顶端钝；花瓣 4 枚，倒卵形，长约 5 mm，宽约 3.5 mm；雄蕊 8 枚，长 4-5 cm，通常短于花瓣；花药黄色，2 室，纵裂；子房卵状长圆形，连花柱长约 6 mm，柱头头状。果实近球形，径 7-8 cm，无梗或近无梗，具宿存花柱，花粉粒球形或长球形，极面观为三角形或三角圆形，赤道面观为圆形，具三孔沟。花期 3-4 月，果期 5-8 月。

　　产于宣恩，生于山谷林下；分布于陕西、浙江、湖南、湖北、四川、贵州、台湾、广东、广西、云南、西藏等省区；印度、尼泊尔、不丹、缅甸也有分布。

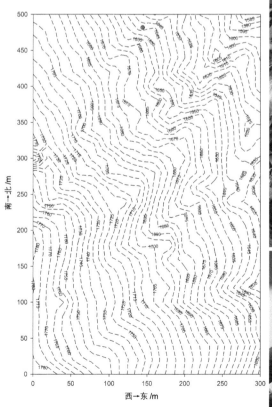

中国旌节花 *Stachyurus chinensis* Franch.

旌节花属 *Stachyurus*　　旌节花科 Stachyuraceae

个体数量（Individual number）= 12
最小，平均，最大胸径（Min, Mean, Max DBH）= 1.0 cm, 1.4 cm, 2.1 cm
分布林层（Layer）= 灌木层（Shrub layer）
重要值排序（Importance value rank）= 47/122

胸径区间 /cm	个体数量	比例 /%
[1.0, 2.0)	10	83.33
[2.0, 3.0)	2	16.67
[3.0, 4.0)	0	0.00
[4.0, 5.0)	0	0.00
[5.0, 7.0)	0	0.00
[7.0, 10.0)	0	0.00
[10.0, 15.0)	0	0.00

　　落叶灌木，高 2-4 m。树皮光滑紫褐色或深褐色；小枝粗壮，圆柱形，具淡色椭圆形皮孔。叶于花后发出，互生，纸质至膜质，卵形，长圆状卵形至长圆状椭圆形，长 5-12 cm，宽 3-7 cm，先端渐尖至短尾状渐尖，基部钝圆至近心形，边缘为圆齿状锯齿，侧脉 5-6 对，在两面均凸起，细脉网状，上面亮绿色，无毛，下面灰绿色，无毛或仅沿主脉和侧脉疏被短柔毛，后很快脱落；叶柄长 1-2 cm，通常暗紫色。穗状花序腋生，先叶开放，长 5-10 cm，无梗；花黄色，长约 7 mm，近无梗或有短梗；苞片 1 枚，三角状卵形，顶端急尖，长约 3 mm；小苞片 2 枚，卵形，长约 2 cm；萼片 4 枚，黄绿色，卵形，长约 3-5 mm，顶端钝；花瓣 4 枚，卵形，长约 6.5 mm，顶端圆形；雄蕊 8 枚，与花瓣等长，花药长圆形，纵裂，2 室；子房瓶状，连花柱长约 6 mm，被微柔毛，柱头头状，不裂。果实圆球形，径 6-7 cm，无毛，近无梗，基部具花被的残留物。花期 3-4 月，果期 5-7 月。

　　恩施州广布，生于山谷林中；分布于河南、陕西、西藏、浙江、安徽、江西、湖南、湖北、四川、贵州、福建、广东、广西、云南；越南也有分布。

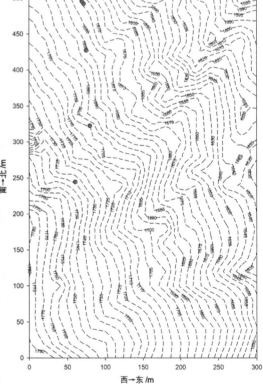

披针叶胡颓子 *Elaeagnus lanceolata* Warb. apud Diels

胡颓子属 *Elaeagnus*　　胡颓子科 Elaeagnaceae

个体数量（Individual number）= 1
最小，平均，最大胸径（Min, Mean, Max DBH）= 1.2 cm, 1.2 cm, 1.2 cm
分布林层（Layer）= 灌木层（Shrub layer）
重要值排序（Importance value rank）= 122/122

胸径区间 /cm	个体数量	比例 /%
[1.0, 2.0)	1	100.00
[2.0, 3.0)	0	0.00
[3.0, 4.0)	0	0.00
[4.0, 5.0)	0	0.00
[5.0, 7.0)	0	0.00
[7.0, 10.0)	0	0.00
[10.0, 15.0)	0	0.00

　　常绿直立或蔓状灌木，高 4 m，无刺或老枝上具粗而短的刺；幼枝淡黄白色或淡褐色，密被银白色和淡黄褐色鳞片，老枝灰色或灰黑色，圆柱形；芽锈色。叶革质，披针形或椭圆状披针形至长椭圆形，长 5-14 cm，宽 1.5-3.6 cm，顶端渐尖，基部圆形，稀阔楔形，边缘全缘，反卷，上面幼时被褐色鳞片，成熟后脱落，具光泽，干燥后褐色，下面银白色，密被银白色鳞片和鳞毛，散生少数褐色鳞片，侧脉 8-12 对，与中脉开展成 45° 角，上面显著，下面不甚明显；叶柄长 5-7 mm，黄褐色。花淡黄白色，下垂，密被银白色和散生少数褐色鳞片和鳞毛，常 3-5 花簇生叶腋短小枝上成伞形总状花序；花梗纤细，锈色，长 3-5 mm；萼筒圆筒形，长 5-6 mm；在子房上骤收缩，裂片宽三角形，长 2.5-3 mm，顶端渐尖，内面疏生白色星状柔毛，包围子房的萼管椭圆形，长 2 mm，被褐色鳞片；雄蕊的花丝极短或几无，花药椭圆形，长 1.5 mm，淡黄色；花柱直立，几无毛或疏生极少数星状柔毛，柱头长 2-3 mm，达裂片的 2/3。果实椭圆形，长 12-15 mm，径 5-6 mm，密被褐色或银白色鳞片，成熟时红黄色；果梗长 3-6 mm。花期 9-11 月，果期次年 4-5 月。

　　恩施州广布，生于山坡灌丛中；分布于陕西、甘肃、湖北、四川、贵州、云南、广西等省区。

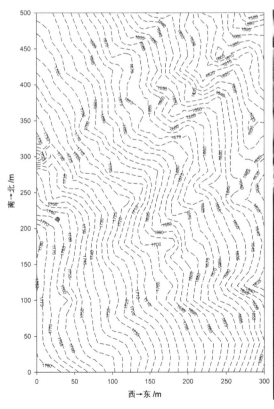

蔓胡颓子 *Elaeagnus glabra* Thunb.

胡颓子属 *Elaeagnus*　　胡颓子科 Elaeagnaceae

个体数量（Individual number）= 23
最小，平均，最大胸径（Min, Mean, Max DBH）= 1.1 cm, 2.9 cm, 8.1 cm
分布林层（Layer）= 灌木层（Shrub layer）
重要值排序（Importance value rank）= 35/122

胸径区间 /cm	个体数量	比例 /%
[1.0, 2.0)	12	52.17
[2.0, 3.0)	4	17.39
[3.0, 4.0)	1	4.35
[4.0, 5.0)	2	8.70
[5.0, 7.0)	3	13.04
[7.0, 10.0)	1	4.35
[10.0, 15.0)	0	0.00

常绿蔓生或攀援灌木，高达 5 m，无刺，稀具刺；幼枝密被锈色鳞片，老枝鳞片脱落，灰棕色。叶革质或薄革质，卵形或卵状椭圆形，稀长椭圆形，长 4-12 cm，宽 2.5-5 cm，顶端渐尖或长渐尖、基部圆形，稀阔楔形，边缘全缘，微反卷，上面幼时具褐色鳞片，成熟后脱落，深绿色，具光泽，干燥后褐绿色，下面灰绿色或铜绿色，被褐色鳞片，侧脉 6-8 对，与中脉开展成 50°-60° 的角，上面明显或微凹下，下面凸起；叶柄棕褐色，长 5-8 mm。花淡白色，下垂，密被银白色和散生少数褐色鳞片，常 3-7 花密生于叶腋短小枝上成伞形总状花序；花梗锈色，长 2-4 mm；萼筒漏斗形，质较厚，长 4.5-5.5 mm，在裂片下面扩展，向基部渐窄狭，在子房上不明显收缩，裂片宽卵形，长 2.5-3 mm，顶端急尖，内面具白色星状柔毛，包围子房的萼管椭圆形，长 2 mm；雄蕊的花丝长不超过 1 mm，花药长椭圆形，长 1.8 mm；花柱细长，无毛，顶端弯曲。果实矩圆形，稍有汁，长 14-19 mm，被锈色鳞片，成熟时红色；果梗长 3-6 mm。花期 9-11 月，果期次年 4-5 月。

　　恩施州广布，生于山坡林中；分布于江苏、浙江、福建、台湾、安徽、江西、湖北、湖南、四川、贵州、广东、广西；日本也有分布。

胡颓子 *Elaeagnus pungens* Thunb.

胡颓子属 *Elaeagnus*　　胡颓子科 Elaeagnaceae

个体数量（Individual number）= 116
最小，平均，最大胸径（Min, Mean, Max DBH）= 1.0 cm, 2.0 cm, 11.7 cm
分布林层（Layer）= 灌木层（Shrub layer）
重要值排序（Importance value rank）= 17/122

胸径区间/cm	个体数量	比例/%
[1.0, 2.0)	69	59.48
[2.0, 3.0)	34	29.31
[3.0, 4.0)	6	5.17
[4.0, 5.0)	4	3.45
[5.0, 7.0)	2	1.73
[7.0, 10.0)	0	0.00
[10.0, 15.0)	1	0.86

　　常绿直立灌木，高 3-4 m，具刺，刺顶生或腋生，长 20-40 mm，有时较短，深褐色；幼枝微扁菱形，密被锈色鳞片，老枝鳞片脱落，黑色，具光泽。叶革质，椭圆形或阔椭圆形，稀矩圆形，长 5-10 cm，宽 1.8-5 cm，两端钝形或基部圆形，边缘微反卷或皱波状，上面幼时具银白色和少数褐色鳞片，成熟后脱落，具光泽，干燥后褐绿色或褐色，下面密被银白色和少数褐色鳞片，侧脉 7-9 对，与中脉开展成 50°-60° 的角，近边缘分叉而互相连接，上面显著凸起，下面不甚明显，网状脉在上面明显，下面不清晰；叶柄深褐色，长 5-8 mm。花白色或淡白色，下垂，密被鳞片，1-3 花生于叶腋锈色短小枝上；花梗长 3-5 mm；萼筒圆筒形或漏斗状圆筒形，长 5-7 mm，在子房上骤收缩，裂片三角形或矩圆状三角形，长 3 mm，顶端渐尖，内面疏生白色星状短柔毛；雄蕊的花丝极短，花药矩圆形，长 1.5 mm；花柱直立，无毛，上端微弯曲，超过雄蕊。果实椭圆形，长 12-14 mm，幼时被褐色鳞片，成熟时红色，果核内面具白色丝状棉毛；果梗长 4-6 mm。花期 9-12 月，果期次年 4-6 月。

　　产于鹤峰，生于山坡林中；分布于江苏、浙江、福建、安徽、江西、湖北、湖南、贵州、广东、广西；日本也有分布。

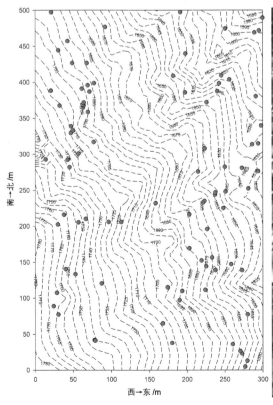

珙桐 *Davidia involucrata* Baill.

珙桐属 *Davidia*　　蓝果树科 Nyssaceae

个体数量（Individual number）= 2
最小，平均，最大胸径（Min, Mean, Max DBH）= 2.3 cm, 8.9 cm, 15.5 cm
分布林层（Layer）= 亚乔木层（Subtree layer）
重要值排序（Importance value rank）= 33/35

胸径区间 /cm	个体数量	比例 /%
[1.0, 2.5)	1	50.00
[2.5, 5.0)	0	0.00
[5.0, 8.0)	0	0.00
[8.0, 11.0)	0	0.00
[11.0, 15.0)	0	0.00
[15.0, 20.0)	1	50.00
[20.0, 30.0)	0	0.00

　　落叶乔木，高 15-20 m；胸高径约 1 m；树皮深灰色或深褐色，常裂成不规则的薄片而脱落。幼枝圆柱形，当年生枝紫绿色，无毛，多年生枝深褐色或深灰色；冬芽锥形，具 4-5 对卵形鳞片，常成覆瓦状排列。叶纸质，互生，无托叶，常密集于幼枝顶端，阔卵形或近圆形，常长 9-15 cm，宽 7-12 cm，顶端急尖或短急尖，具微弯曲的尖头，基部心脏形或深心脏形，边缘有三角形而尖端锐尖的粗锯齿，上面亮绿色，初被很稀疏的长柔毛，渐老时无毛，下面密被淡黄色或淡白色丝状粗毛，中脉和 8-9 对侧脉均在上面显著，在下面凸起；叶柄圆柱形，长 4-5 cm，稀达 7 cm，幼时被稀疏的短柔毛。两性花与雄花同株，由多数的雄花与 1 个雌花或两性花组成近球形的头状花序，径约 2 cm，着生于幼枝的顶端，两性花位于花序的顶端，雄花环绕于其周围，基部具纸质、矩圆状卵形或矩圆状倒卵形花瓣状的苞片 2-3 枚，长 7-15 cm，稀达 20 cm，宽 3-5 cm，稀达 10 cm，初淡绿色，继变为乳白色，后变为棕黄色而脱落。雄花无花萼及花瓣，有雄蕊 1-7 枚，长 6-8 mm，花丝纤细，无毛，花药椭圆形，紫色；雌花或两性花具下位子房，6-10 室，与花托合生，子房的顶端具退化的花被及短小的雄蕊，花柱粗壮，分成 6-10 枝，柱头向外平展，每室有 1 枚胚珠，常下垂。果实为长卵圆形核果，长 3-4 cm，径 15-20 mm，紫绿色具黄色斑点，外果皮很薄，中果皮肉质，内果皮骨质具沟纹，种子 3-5 枚；果梗粗壮，圆柱形。花期 4 月，果期 10 月。

　　恩施州广布，生于山地林中；分布于湖北、湖南、四川、贵州、云南。按国务院 1999 年批准的国家重点保护野生植物名录（第一批），本种属于国家一级保护植物。

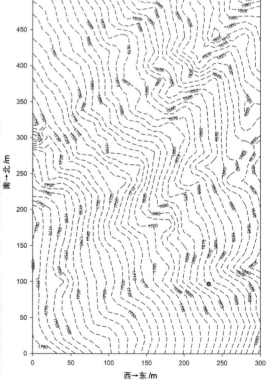

光叶珙桐（变种）*Davidia involucrata* var. *vilmoriniana* (Dode) Wanger.

珙桐属 *Davidia* 蓝果树科 Nyssaceae

个体数量（Individual number）= 1
最小，平均，最大胸径（Min, Mean, Max DBH）= 2.7 cm, 2.7 cm, 2.7 cm
分布林层（Layer）= 灌木层（Shrub layer）
重要值排序（Importance value rank）= 111/122

胸径区间 /cm	个体数量	比例 /%
[1.0, 2.0)	0	0.00
[2.0, 3.0)	1	100.00
[3.0, 4.0)	0	0.00
[4.0, 5.0)	0	0.00
[5.0, 7.0)	0	0.00
[7.0, 10.0)	0	0.00
[10.0, 15.0)	0	0.00

　　本变种与珙桐 *Davidia involucrata* 的区别在于本变种叶下面常无毛或幼时叶脉上被很稀疏的短柔毛及粗毛，有时下面被白霜。

　　恩施州广布，生于山坡林中；分布于湖北、四川、贵州等省。

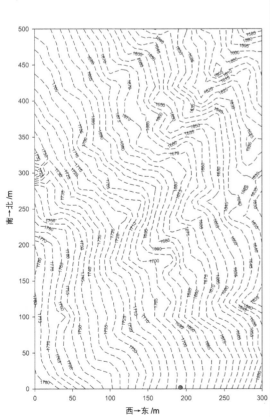

蓝果树 *Nyssa sinensis* Oliv.

蓝果树属 *Nyssa*　　蓝果树科 Nyssaceae

个体数量（Individual number）= 8
最小，平均，最大胸径（Min, Mean, Max DBH）= 1.0 cm, 4.6 cm, 8.6 cm
分布林层（Layer）= 灌木层（Shrub layer）
重要值排序（Importance value rank）= 50/122

胸径区间 /cm	个体数量	比例 /%
[1.0, 2.0)	3	37.50
[2.0, 3.0)	0	0.00
[3.0, 4.0)	1	12.50
[4.0, 5.0)	0	0.00
[5.0, 7.0)	1	12.50
[7.0, 10.0)	3	37.50
[10.0, 15.0)	0	0.00

　　落叶乔木，高达 20 余米，树皮淡褐色或深灰色，粗糙，常裂成薄片脱落；小枝圆柱形，无毛，当年生枝淡绿色，多年生枝褐色；皮孔显著，近圆形；冬芽淡紫绿色，锥形，鳞片覆瓦状排列。叶纸质或薄革质，互生，椭圆形或长椭圆形，稀卵形或近披针形，长 12-15 cm，宽 5-6 cm，稀达 8 cm，顶端短急锐尖，基部近圆形，边缘略呈浅波状，上面无毛，深绿色，干燥后深紫色，下面淡绿色，有很稀疏的微柔毛，中脉和 6-10 对侧脉均在上面微现，在下面显著；叶柄淡紫绿色，长 1.5-2 cm，上面稍扁平或微呈沟状，下面圆形。花序伞形或短总状，总花梗长 3-5 cm，幼时微被长疏毛，其后无毛；花单性；雄花着生于叶已脱落的老枝上，花梗长 5 mm；花萼的裂片细小；花瓣早落，窄矩圆形，较花丝短；雄蕊 5-10 枚，生于肉质花盘的周围。雌花生于具叶的幼枝上，基部有小苞片，花梗长 1-2 mm；花萼的裂片近全缘；花瓣鳞片状，约长 1.5 mm，花盘垫状，肉质；子房下位，和花托合生，无毛或基部微有粗毛。核果矩圆状椭圆形或长倒卵圆形，稀长卵圆形，微扁，长 1-1.2 cm，宽 6 mm，厚 4-5 mm，幼时紫绿色，成熟时深蓝色，后变深褐色，常 3-4 枚；果梗长 3-4 mm，总果梗长 3-5 cm。种子外壳坚硬，骨质，稍扁，有 5-7 条纵沟纹。花期 4 月下旬，果期 9 月。

　　恩施州广布，生于山谷溪边；分布于江苏、浙江、安徽、江西、湖北、四川、湖南、贵州、福建、广东、广西、云南等省区。

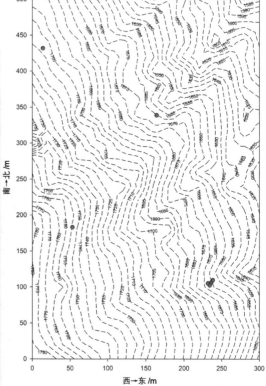

赤楠 *Syzygium buxifolium* Hook. et Arn.

蒲桃属 *Syzygium*　　桃金娘科 Myrtaceae

个体数量（Individual number）= 11
最小，平均，最大胸径（Min, Mean, Max DBH）= 1.2 cm，2.5 cm，4.2 cm
分布林层（Layer）= 灌木层（Shrub layer）
重要值排序（Importance value rank）= 48/122

胸径区间 /cm	个体数量	比例 /%
[1.0, 2.0)	4	36.36
[2.0, 3.0)	5	45.46
[3.0, 4.0)	1	9.09
[4.0, 5.0)	1	9.09
[5.0, 7.0)	0	0.00
[7.0, 10.0)	0	0.00
[10.0, 15.0)	0	0.00

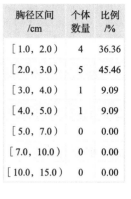

　　灌木或小乔木；嫩枝有棱，干后黑褐色。叶片革质，阔椭圆形至椭圆形，有时阔倒卵形，长 1.5-3 cm，宽 1-2 cm，先端圆或钝，有时有钝尖头，基部阔楔形或钝，上面干后暗褐色，无光泽，下面稍浅色，有腺点，侧脉多而密，脉间相隔 1-1.5 mm，斜行向上，离边缘 1-1.5 mm 处结合成边脉，在上面不明显，在下面稍突起；叶柄长 2 mm。聚伞花序顶生，长约 1 cm，有花数朵；花梗长 1-2 mm；花蕾长 3 mm；萼管倒圆锥形，长约 2 mm，萼齿浅波状；花瓣 4 片，分离，长 2 mm；雄蕊长 2.5 mm；花柱与雄蕊同等。果实球形，径 5-7 mm。花期 6-8 月，果期 10-12 月。

　　恩施州广布，生于山坡林中；分布于安徽、浙江、台湾、福建、江西、河南、湖南、湖北、广东、海南、广西、贵州等省区；也分布于越南、日本。

黄毛楤木 *Aralia chinensis* L.

楤木属 *Aralia*　　五加科 Araliaceae

个体数量（Individual number）= 14
最小，平均，最大胸径（Min, Mean, Max DBH）= 1.0 cm, 3.1 cm, 7.6 cm
分布林层（Layer）= 灌木层（Shrub layer）
重要值排序（Importance value rank）= 38/122

胸径区间 /cm	个体 数量	比例 /%
[1.0, 2.0)	5	35.72
[2.0, 3.0)	2	14.29
[3.0, 4.0)	4	28.57
[4.0, 5.0)	1	7.14
[5.0, 7.0)	1	7.14
[7.0, 10.0)	1	7.14
[10.0, 15.0)	0	0.00

灌木或乔木，高 2-5 m，稀达 8 m，胸径达 10-15 cm；树皮灰色，疏生粗壮直刺；小枝通常淡灰棕色，有黄棕色绒毛，疏生细刺。叶为二回或三回羽状复叶，长 60-110 cm；叶柄粗壮，长可达 50 cm；托叶与叶柄基部合生，纸质，耳廓形，长 1.5 cm 或更长，叶轴无刺或有细刺；羽片有小叶 5-11 片，稀 13，基部有小叶 1 对；小叶片纸质至薄革质，卵形、阔卵形或长卵形，长 5-12 cm，稀长达 19 cm，宽 3-8 cm，先端渐尖或短渐尖，基部圆形，上面粗糙，疏生糙毛，下面有淡黄色或灰色短柔毛，脉上更密，边缘有锯齿，稀为细锯齿或不整齐粗重锯齿，侧脉 7-10 对，两面均明显，网脉在上面不甚明显，下面明显；小叶无柄或有长 3 mm 的柄，顶生小叶柄长 2-3 cm。圆锥花序大，长 30-60 cm；分枝长 20-35 cm，密生淡黄棕色或灰色短柔毛；伞形花序径 1-1.5 cm，有花多数；总花梗长 1-4 cm，密生短柔毛；苞片锥形，膜质，长 3-4 mm，外面有毛；花梗长 4-6 mm，密生短柔毛，稀为疏毛；花白色，芳香；萼无毛，长约 1.5 mm，边缘有 5 个三角形小齿；花瓣 5 片，卵状三角形，长 1.5-2 mm；雄蕊 5 枚，花丝长约 3 mm；子房 5 室；花柱 5 根，离生或基部合生。果实球形，黑色，径约 3 mm，有 5 棱；宿存花柱长 1.5 mm，离生或合生至中部。花期 6-8 月，果期 9-10 月。

恩施州广布，生于山坡林中；我国各地均有分布。

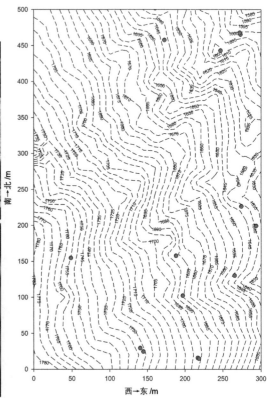

刺楸 *Kalopanax septemlobus* (Thunb.) Koidz.

刺楸属 *Kalopanax*　　五加科 Araliaceae

个体数量（Individual number）= 1
最小，平均，最大胸径（Min, Mean, Max DBH）= 3.2 cm, 3.2 cm, 3.2 cm
分布林层（Layer）=灌木层（Shrub layer）
重要值排序（Importance value rank）= 109/122

胸径区间/cm	个体数量	比例/%
[1.0, 2.0)	0	0.00
[2.0, 3.0)	0	0.00
[3.0, 4.0)	0	0.00
[4.0, 5.0)	1	100.00
[5.0, 7.0)	0	0.00
[7.0, 10.0)	0	0.00
[10.0, 15.0)	0	0.00

　　落叶乔木，高约 10 m，最高可达 30 m，胸径达 70 cm 以上，树皮暗灰棕色；小枝淡黄棕色或灰棕色，散生粗刺；刺基部宽阔扁平，通常长 5-6 mm，基部宽 6-7 mm，在苗壮枝上的长达 1 cm 以上，宽 1.5 cm 以上。叶片纸质，在长枝上互生，在短枝上簇生，圆形或近圆形，径 9-25 cm，稀达 35 cm，掌状 5-7 浅裂，裂片阔三角状卵形至长圆状卵形，长不及全叶片的 1/2，苗壮枝上的叶片分裂较深，裂片长超过全叶片的 1/2，先端渐尖，基部心形，上面深绿色，无毛或几无毛，下面淡绿色，幼时疏生短柔毛，边缘有细锯齿，放射状主脉 5-7 条，两面均明显；叶柄细长，长 8-50 cm，无毛。圆锥花序大，长 15-25 cm，径 20-30 cm；伞形花序径 1-2.5 cm，有花多数；总花梗细长，长 2-3.5 cm，无毛；花梗细长，无关节，无毛或稍有短柔毛，长 5-12 mm；花白色或淡绿黄色；萼无毛，长约 1 mm，边缘有 5 小齿；花瓣 5 片，三角状卵形，长约 1.5 mm；雄蕊 5 枚；花丝长 3-4 mm；子房 2 室，花盘隆起；花柱合生成柱状，柱头离生。果实球形，径约 5 mm，蓝黑色；宿存花柱长 2 mm。花期 7-10 月，果期 9-12 月。

　　恩施州广布，生于山坡林中；广布于吉林、辽宁、河北、河南、山东、江苏、安徽、浙江、福建、江西、湖北、湖南、广东、广西、贵州、云南、四川、西藏、甘肃、陕西等省区；朝鲜、日本也有分布。

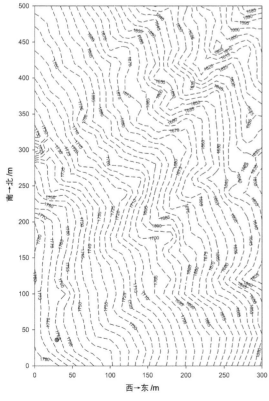

桃叶珊瑚 *Aucuba chinensis* Benth.

桃叶珊瑚属 *Aucuba*　　山茱萸科 Cornaceae

个体数量（Individual number）= 3
最小，平均，最大胸径（Min, Mean, Max DBH）= 1.1 cm, 2.0 cm, 3.5 cm
分布林层（Layer）= 灌木层（Shrub layer）
重要值排序（Importance value rank）= 62/122

胸径区间 /cm	个体数量	比例 /%
[1.0, 2.0)	2	66.67
[2.0, 3.0)	0	0.00
[3.0, 4.0)	1	33.33
[4.0, 5.0)	0	0.00
[5.0, 7.0)	0	0.00
[7.0, 10.0)	0	0.00
[10.0, 15.0)	0	0.00

常绿小乔木或灌木，高 3-6 m；小枝粗壮，二歧分枝，绿色，光滑；皮孔白色，长椭圆形或椭圆形，较稀疏；叶痕大，显著。冬芽球状，鳞片 4 对，交互对生，外轮较短，卵形，其余为阔椭圆形，内二轮外侧先端被柔毛。叶革质，椭圆形或阔椭圆形，稀倒卵状椭圆形，长 10-20 cm，宽 3.5-8 cm，先端锐尖或钝尖，基部阔楔形或楔形，稀两侧不对称，边缘微反卷，常具 5-8 对锯齿或腺状齿，有时为粗锯齿；叶上面深绿色，下面淡绿色，中脉在上面微显著，下面突出，侧脉 6-8 对，稀与中脉相交近于直角；叶柄长 2-4 cm，粗壮，光滑。圆锥花序顶生，花序梗被柔毛，雄花序长 5 cm 以上；雄花绿色，花萼先端 4 齿裂，无毛或被疏柔毛；花瓣 4 片，长圆形或卵形，长 3-4 mm，宽 2-2.5 mm，外侧被疏毛或无毛，先端具短尖头；雄蕊 4 枚，长约 3 mm，着生于花盘外侧，花药黄色，2 室；花盘肉质，微 4 棱；花梗长约 3 mm，被柔毛；苞片 1 片，披针形，长 3 mm，外侧被疏柔毛。雌花序较雄花序短，长约 4-5 cm，花萼及花瓣近于雄花，子房圆柱形，花柱粗壮，柱头头状，微偏斜；花盘肉质，微 4 裂；花下具 2 片小苞片，披针形，长 4-6 mm，边缘具睫毛；花下具关节，被柔毛。幼果绿色，成熟为鲜红色，圆柱状或卵状，长 1.4-1.8 cm，径 8-10 mm，萼片、花柱及柱头均宿存于核果上端。花期 1-2 月，果期达次年 2 月，常与一二年生果序同存于枝上。

恩施州广布，生于山谷林中；分布于福建、广东、广西、贵州、海南、四川、湖南、湖北、台湾、云南等省区；越南也有分布。

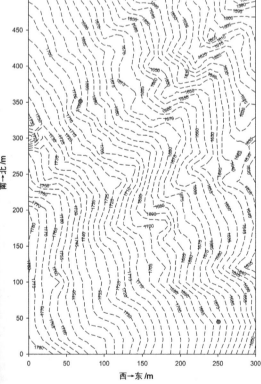

青荚叶 *Helwingia japonica* (Thunb.) Dietr.

青荚叶属 *Helwingia* 山茱萸科 Cornaceae

个体数量（Individual number）= 10
最小，平均，最大胸径（Min, Mean, Max DBH）= 1.0 cm，1.4 cm，2.0 cm
分布林层（Layer）= 灌木层（Shrub layer）
重要值排序（Importance value rank）= 43/122

胸径区间 /cm	个体 数量	比例 /%
[1.0, 2.0)	9	90.00
[2.0, 3.0)	1	10.00
[3.0, 4.0)	0	0.00
[4.0, 5.0)	0	0.00
[5.0, 7.0)	0	0.00
[7.0, 10.0)	0	0.00
[10.0, 15.0)	0	0.00

　　落叶灌木，高 1-2 m；幼枝绿色，无毛，叶痕显著。叶纸质，卵形、卵圆形，稀椭圆形，长 3.5-18 cm，宽 2-8.5 cm，先端渐尖，极稀尾状渐尖，基部阔楔形或近于圆形，边缘具刺状细锯齿；叶上面亮绿色，下面淡绿色；中脉及侧脉在上面微凹陷，下面微突出；叶柄长 1-6 cm；托叶线状分裂。花淡绿色，3-5 数，花萼小，花瓣长 1-2 mm，镊合状排列；雄花 4-12 朵，呈伞形或密伞花序，常着生于叶上面中脉的 1/3-1/2 处，稀着生于幼枝上部；花梗长 1-2.5 mm；雄蕊 3-5 枚，生于花盘内侧；雌花 1-3 朵，着生于叶上面中脉的 1/3-1/2 处；花梗长 1-5 mm；子房卵圆形或球形，柱头3-5 裂。浆果幼时绿色，成熟后黑色，分核3-5 个。花期 4-5 月，果期 8-9 月。

　　恩施州广布，生于山谷林中；广布于我国黄河流域以南各省区；日本、缅甸、印度也有分布。

灯台树 *Cornus controversa* Hemsl.

山茱萸属 *Cornus*   山茱萸科 Cornaceae

个体数量（Individual number）= 263
最小，平均，最大胸径（Min, Mean, Max DBH）= 1.0 cm, 8.0 cm, 38.5 cm
分布林层（Layer）= 乔木层（Tree layer）
重要值排序（Importance value rank）= 20/67

胸径区间 /cm	个体数量	比例 /%
[1.0, 2.5)	92	34.98
[2.5, 5.0)	71	27.00
[5.0, 10.0)	33	12.55
[10.0, 25.0)	41	15.59
[25.0, 40.0)	26	9.88
[40.0, 60.0)	0	0.00
[60.0, 110.0)	0	0.00

落叶乔木，高 6-15 m，稀达 20 m；树皮光滑，暗灰色或带黄灰色；枝开展，圆柱形，无毛或疏生短柔毛，当年生枝紫红绿色，二年生枝淡绿色，有半月形的叶痕和圆形皮孔。冬芽顶生或腋生，卵圆形或圆锥形，长 3-8 mm，无毛。叶互生，纸质，阔卵形、阔椭圆状卵形或披针状椭圆形，长 6-13 cm，宽 3.5-9 cm，先端突尖，基部圆形或急尖，全缘，上面黄绿色，无毛，下面灰绿色，密被淡白色平贴短柔毛，中脉在上面微凹陷，下面凸出，微带紫红色，无毛，侧脉 6-7 对，弓形内弯，在上面明显，下面凸出，无毛；叶柄紫红绿色，长 2-6.5 cm，无毛，上面有浅沟，下面圆形。伞房状聚伞花序，顶生，宽 7-13 cm，稀生浅褐色平贴短柔毛，总花梗淡黄绿色，长 1.5-3 cm；花小，白色，径 8 mm，花萼裂片 4 片，三角形，长约 0.5 mm，长于花盘，外侧被短柔毛；花瓣 4 片，长圆披针形，长 4-4.5 mm，宽 1-1.6 mm，先端钝尖，外侧疏生平贴短柔毛；雄蕊 4 枚，着生于花盘外侧，与花瓣互生，长 4-5 mm，稍伸出花外，花丝线形，白色，无毛，长 3-4 mm，花药椭圆形，淡黄色，长约 1.8 mm，2 室，丁字形着生；花盘垫状，无毛，厚约 0.3 mm；花柱圆柱形，长 2-3 mm，无毛，柱头小，头状，淡黄绿色；子房下位，花托椭圆形，长 1.5 mm，径 1 mm，淡绿色，密被灰白色贴生短柔毛；花梗淡绿色，长 3-6 mm，疏被贴生短柔毛。核果球形，径 6-7 mm，成熟时紫红色至蓝黑色；核骨质，球形，径 5-6 mm，略有 8 条肋纹，顶端有一个方形孔穴；果梗长 2.5-4.5 mm，无毛。花期 5-6 月，果期 7-8 月。

恩施州广布，生于山地林中；分布于辽宁、河北、河南、山东、江苏、安徽、浙江、福建、台湾、江西、湖北、湖南、广东、广西、贵州、云南、西藏、四川、甘肃、陕西等省区；朝鲜、日本、印度、尼泊尔、不丹也有分布。

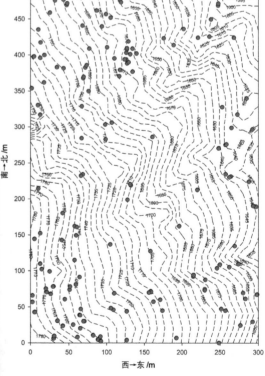

梾木 *Cornus macrophylla* Wallich

山茱萸属 *Cornus*   山茱萸科 Cornaceae

个体数量（Individual number）= 44
最小，平均，最大胸径（Min, Mean, Max DBH）= 1.0 cm, 6.9 cm, 33.5 cm
分布林层（Layer）= 乔木层（Tree layer）
重要值排序（Importance value rank）= 36/67

胸径区间 /cm	个体 数量	比例 /%
[1.0, 2.5)	15	34.09
[2.5, 5.0)	17	38.63
[5.0, 10.0)	3	6.82
[10.0, 25.0)	6	13.64
[25.0, 40.0)	3	6.82
[40.0, 60.0)	0	0.00
[60.0, 110.0)	0	0.00

　　乔木，高 3-15 m；树皮灰褐色或灰黑色；幼枝粗壮，灰绿色，有棱角，微被灰色贴生短柔毛，不久变为无毛，老枝圆柱形，疏生灰白色椭圆形皮孔及半环形叶痕。冬芽顶生或腋生，狭长圆锥形，长 4-10 mm，密被黄褐色的短柔毛。叶对生，纸质，阔卵形或卵状长圆形，稀近于椭圆形，长 9-16 cm，宽 3.5-8.8 cm，先端锐尖或短渐尖，基部圆形，稀宽楔形，有时稍不对称，边缘略有波状小齿，上面深绿色，幼时疏被平贴小柔毛，后即近于无毛，下面灰绿色，密被或有时疏被白色平贴短柔毛，沿叶脉有淡褐色平贴小柔毛，中脉在上面明显，下面凸出，侧脉 5-8 对，弓形内弯，在上面明显，下面稍凸起；叶柄长 1.5-3 cm，淡黄绿色，老后变为无毛，上面有浅沟，下面圆形，基部稍宽，略呈鞘状。伞房状聚伞花序顶生，宽 8-12 cm，疏被短柔毛；总花梗红色，长 2.4-4 cm；花白色，有香味，径 8-10 mm；花萼裂片 4 片，宽三角形，稍长于花盘，外侧疏被灰色短柔毛，长 0.4-0.5 mm；花瓣 4 片，质地稍厚，舌状长圆形或卵状长圆形，长 3-5 mm，宽 0.9-1.8 mm，先端钝尖或短渐尖，上面无毛，背面被贴生小柔毛；雄蕊 4 枚，与花瓣等长或稍伸出花外，花丝略粗，线形，长 2.5-5 mm，花药倒卵状长圆形，2 室，长 1.3-2 mm，丁字形着生；花盘垫状，无毛，边缘波状，厚 0.3-0.4 mm；花柱圆柱形，长 2-4 mm，略被贴生小柔毛，顶端粗壮而略呈棍棒形，柱头扁平，略有浅裂，子房下位，花托倒卵形或倒圆锥形，径约 1.2 mm，密被灰白色的平贴短柔毛；花梗圆柱形，长 0.3-4 mm，疏被灰褐色短柔毛。核果近于球形，径 4.5-6 mm，成熟时黑色，近于无毛；核骨质，扁球形，径 3-4 mm，两侧各有 1 条浅沟及 6 条脉纹。花期 5 月，果期 9 月。

　　恩施州广布，生于山谷林中；分布于山西、陕西、甘肃、山东、西藏及长江以南各省区；缅甸、巴基斯坦、印度、不丹、尼泊尔、阿富汗也有分布。

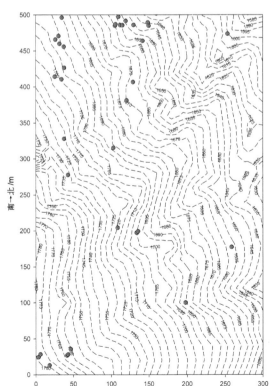

尖叶四照花 *Cornus elliptica* (Pojarkova) Q. Y. Xiang & Boufford

山茱萸属 *Cornus* **山茱萸科 Cornaceae**

个体数量（Individual number）= 103
最小，平均，最大胸径（Min, Mean, Max DBH）= 1.1 cm, 10.3 cm, 39.9 cm
分布林层（Layer）= 乔木层（Tree layer）
重要值排序（Importance value rank）= 32/67

胸径区间 /cm	个体 数量	比例 /%
[1.0, 2.5)	11	10.68
[2.5, 5.0)	21	20.39
[5.0, 10.0)	24	23.30
[10.0, 25.0)	45	43.69
[25.0, 40.0)	2	1.94
[40.0, 60.0)	0	0.00
[60.0, 110.0)	0	0.00

常绿乔木或灌木，高 4-12 m；树皮灰色或灰褐色，平滑；幼枝灰绿色，被白贴生短柔毛，老枝灰褐色，近于无毛。冬芽小，圆锥形，密被白色细毛。叶对生，革质，长圆椭圆形，稀卵状椭圆形或披针形，长 7-9 cm，宽 2.5-4.2 cm，先端渐尖，具尖尾，基部楔形或宽楔形，稀钝圆形，上面深绿色，嫩时被白色细伏毛，老后无毛，下面灰绿色，密被白色贴生短柔毛，中脉在上面明显，下面微凸起，侧脉通常 3-4 对，弓形内弯，有时脉腋有簇生白色细毛；叶柄细圆柱形，长 8-12 mm，嫩时被细毛，渐老则近于无毛。头状花序球形，由 55-80 朵花聚集而成，径 8 mm；总苞片 4，长卵形至倒卵形，长 2.5-5 cm，宽 9-22 mm，先端渐尖或微突尖形，基部狭窄，初为淡黄色，后变为白色，两面微被白色贴生短柔毛；总花梗纤细，长 5.5-8 cm，密被白色细伏毛；花萼管状，长 0.7 mm，上部 4 裂，裂片钝圆或钝尖形，有时截形，外侧有白色细伏毛，内侧上半部密被白色短柔毛；花瓣 4 片，卵圆形，长 2.8 mm，宽 1.5 mm，先端渐尖，基部狭窄，下面有白色贴生短柔毛；雄蕊 4 枚，较花瓣短，花丝长 1.5 mm，花药椭圆形，长约 1 mm；花盘环状，略有 4 浅裂，厚约 0.4 mm；花柱长约 1 mm，密被白色丝状毛。果序球形，径 2.5 cm，成熟时红色，被白色细伏毛；总果梗纤细，长 6-10.5 cm，紫绿色，微被毛。花期 6-7 月，果期 10-11 月。

恩施州广布，生于山地林中；分布于陕西、甘肃、浙江、安徽、江西、福建、湖北、湖南、广东、广西、四川、贵州、云南等省区。

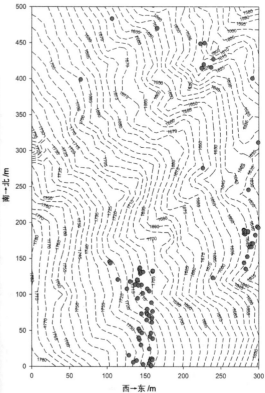

四照花 *Cornus kousa* subsp. *chinensis* (Osborn) Q. Y. Xiang

山茱萸属 *Cornus* 山茱萸科 Cornaceae

个体数量（Individual number）= 3980
最小，平均，最大胸径（Min, Mean, Max DBH）= 1.0 cm, 5.6 cm, 44.0 cm
分布林层（Layer）= 乔木层（Tree layer）
重要值排序（Importance value rank）= 5/67

胸径区间 /cm	个体数量	比例 /%
[1.0, 2.5)	1574	39.55
[2.5, 5.0)	790	19.85
[5.0, 10.0)	895	22.49
[10.0, 25.0)	686	17.24
[25.0, 40.0)	34	0.85
[40.0, 60.0)	1	0.02
[60.0, 110.0)	0	0.00

　　落叶小乔木；小枝纤细，幼时淡绿色，微被灰白色贴生短柔毛，老时暗褐色。叶对生，纸质或厚纸质，卵形或卵状椭圆形，长 5.5-12 cm，宽 3.5-7 cm，先端渐尖，有尖尾，基部宽楔形或圆形，边缘全缘或有明显的细齿，上面绿色，疏生白色细伏毛，下面粉绿色，被白色贴生短柔毛，脉腋具黄色的绢状毛，中脉在上面明显，下面凸出，侧脉4-5对，在上面稍明显或微凹下，在下面微隆起；叶柄细圆柱形，长 5-10 mm，被白色贴生短柔毛，上面有浅沟，下面圆形。头状花序球形，由 40-50 朵花聚集而成；总苞片 4 枚，白色，卵形或卵状披针形，先端渐尖，两面近于无毛；总花梗纤细，被白色贴生短柔毛；花小，花萼管状，上部 4 裂，裂片钝圆形或钝尖形，外侧被白色细毛，内侧有一圈褐色短柔毛；花瓣和雄蕊未详；花盘垫状；子房下位，花柱圆柱形，密被白色粗毛。果序球形，成熟时红色，微被白色细毛；总果梗纤细，长 5.5-6.5 cm，近于无毛。花期 5-7 月，果期 9-10 月。

　　恩施州广布，生于山谷林中；分布于内蒙古、山西、陕西、甘肃、江苏、安徽、浙江、江西、福建、台湾、河南、湖北、湖南、四川、贵州、云南等省区。

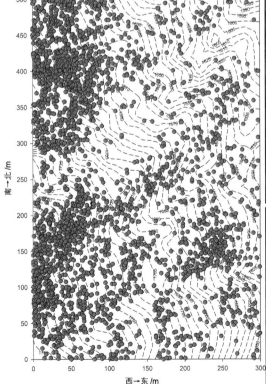

城口桤叶树 *Clethra fargesii* Franch.

桤叶树属 *Clethra*   山柳科 Clethraceae

个体数量（Individual number）= 2399
最小，平均，最大胸径（Min, Mean, Max DBH）= 1.0 cm, 4.0 cm, 24.4 cm
分布林层（Layer）= 亚乔木层（Subtree layer）
重要值排序（Importance value rank）= 2/35

胸径区间 /cm	个体数量	比例 /%
[1.0, 2.5)	1121	46.73
[2.5, 5.0)	495	20.63
[5.0, 8.0)	522	21.76
[8.0, 11.0)	194	8.09
[11.0, 15.0)	52	2.17
[15.0, 20.0)	13	0.54
[20.0, 30.0)	2	0.08

　　落叶灌木或小乔木，高 2-7 m；小枝圆柱形，黄褐色，嫩时密被星状绒毛及混杂于其中成簇微硬毛，有时杂有单毛，老时无毛。叶硬纸质，披针状椭圆形或卵状披针形或披针形，长 6-14 cm，宽 2.5-5 cm，先端尾状渐尖或渐尖，基部钝或近于圆形，稀为宽楔形，两侧稍不对称，嫩叶两面疏被星状柔毛，其后上面无毛，下面沿脉疏被长柔毛及星状毛或变为无毛，侧脉腋内有白色髯毛，边缘具锐尖锯齿，齿尖稍向内弯，中脉及侧脉在上面微下凹，下面凸起，侧脉 14-17 对，细网脉仅在下面微显著；叶柄长 10-20 mm，最初密被星状柔毛及长柔毛，其后仅于下面疏被长柔毛或近于无毛。总状花序 3-7 枝，成近伞形圆锥花序；花序轴和花梗均密被灰白色，有时灰黄色星状绒毛及杂于其中成簇伸展长柔毛；苞片锥形，长于花梗，脱落；花梗细，在花期长 5-10 mm；萼 5 深裂，裂片卵状披针形，长 3-4.5 mm，宽 1.2-1.5 mm，渐尖头，外具肋，密被灰黄色星状绒毛，边缘具纤毛；花瓣 5 片，白色，倒卵形，长 5-6 mm，顶端近于截平，稍具流苏状缺刻，外侧无毛，内侧近基部疏被疏柔毛，雄蕊 10 枚，长于花瓣，花丝近基部疏被长柔毛，花药倒卵形，长 1.5-2 mm，基部锐尖，顶端略分叉；子房密被灰白色，有时淡黄色星状绒毛及绢状长柔毛，花柱长 3-4 mm，无毛，顶端 3 深裂。蒴果近球形，径 2.5-3 mm，下弯，疏被短柔毛，向顶部有长毛，宿存花柱长 5-6 mm；果梗长 10-13 mm；种子黄褐色，不规则卵圆形，有时具棱，长 1-1.5 mm，种皮上有网状浅凹槽。花期 7-8 月，果期 9-10 月。

　　恩施州广布，生于山地林中；分布于江西、湖北、湖南、四川、贵州。

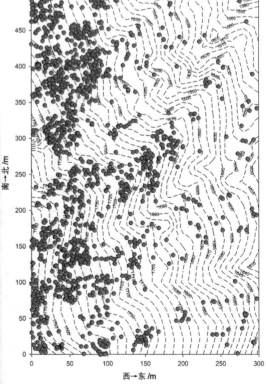

无梗越橘 *Vaccinium henryi* Hemsl.

越橘属 *Vaccinium*   杜鹃花科 Ericaceae

个体数量（Individual number）= 20
最小，平均，最大胸径（Min, Mean, Max DBH）= 1.0 cm, 2.7 cm, 5.7 cm
分布林层（Layer）= 灌木层（Shrub layer）
重要值排序（Importance value rank）= 49/122

胸径区间 /cm	个体数量	比例 /%
[1.0, 2.0)	8	40.00
[2.0, 3.0)	4	20.00
[3.0, 4.0)	5	25.00
[4.0, 5.0)	0	0.00
[5.0, 7.0)	3	15.00
[7.0, 10.0)	0	0.00
[10.0, 15.0)	0	0.00

　　落叶灌木，高 1-3 m；茎多分枝，幼枝淡褐色，密被短柔毛，生花的枝条细而短，呈左右曲折，老枝褐色，渐变无毛。叶多数，散生枝上，生花的枝条上叶较小，向上愈加变小，营养枝上的叶向上部变大，叶片纸质，卵形、卵状长圆形或长圆形，长 3-7 cm，宽 1.5-3 cm，顶端锐尖或急尖，明显具小短尖头，基部楔形、宽楔形至圆形，边缘全缘，通常被短纤毛，两面沿中脉有时连同侧脉密被短柔毛，叶脉在两面略微隆起；叶柄长 1-2 mm，密被短柔毛。花单生叶腋，有时由于枝条上部叶片渐变小而呈苞片状，在枝端形成假总状花序；花梗极短，长 1 mm 或近于无梗，密被毛；小苞片 2 片，花期宽三角形，长不及 1 mm，顶端具短尖头，结果时通常变披针形，长 2-3 mm，明显有 1 条脉，或有时早落；萼筒无毛，萼齿 5 片，宽三角形，长 0.5-1 mm，外面被毛或有时无毛；花冠黄绿色，钟状，长 3-4.5 mm，外面无毛，5 浅裂，裂片三角形，顶端反折；雄蕊 10 枚，短于花冠，长 3-3.5 mm，花丝扁平，长 1.5-2 mm，被柔毛，药室背部无距，药管与药室近等长。浆果球形，略呈扁压状，径 7-9 mm，熟时紫黑色。花期 6-7 月，果期 9-10 月。

　　恩施州广布，生于山坡灌丛中；分布于陕西、甘肃、安徽、浙江、江西、福建、湖北、湖南、四川、贵州等省。

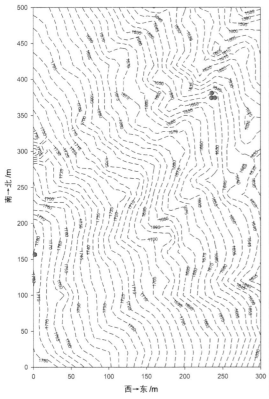

南烛 *Vaccinium bracteatum* Thunb.

越橘属 *Vaccinium*　　杜鹃花科 Ericaceae

个体数量（Individual number）= 1
最小，平均，最大胸径（Min, Mean, Max DBH）= 9.7 cm, 9.7 cm, 9.7 cm
分布林层（Layer）= 灌木层（Shrub layer）
重要值排序（Importance value rank）= 100/122

胸径区间 /cm	个体 数量	比例 /%
[1.0, 2.0)	0	0.00
[2.0, 3.0)	0	0.00
[3.0, 4.0)	0	0.00
[4.0, 5.0)	0	0.00
[5.0, 7.0)	0	0.00
[7.0, 10.0)	1	100.00
[10.0, 15.0)	0	0.00

常绿灌木或小乔木，高 2-9 m；分枝多，幼枝被短柔毛或无毛，老枝紫褐色，无毛。叶片薄革质，椭圆形、菱状椭圆形、披针状椭圆形至披针形，长 4-9 cm，宽 2-4 cm，顶端锐尖、渐尖，稀长渐尖，基部楔形、宽楔形，稀钝圆，边缘有细锯齿，表面平坦有光泽，两面无毛，侧脉 5-7 对，斜伸至边缘以内网结，与中脉、网脉在表面和背面均稍微突起；叶柄长 2-8 mm，通常无毛或被微毛。总状花序顶生和腋生，长 4-10 cm，有多数花，序轴密被短柔毛稀无毛；苞片叶状，披针形，长 0.5-2 cm，两面沿脉被微毛或两面近无毛，边缘有锯齿，宿存或脱落，小苞片 2 片，线形或卵形，长 1-3 mm，密被微毛或无毛；花梗短，长 1-4 mm，密被短毛或近无毛；萼筒密被短柔毛或茸毛，稀近无毛，萼齿短小，三角形，长 1 mm 左右，密被短毛或无毛；花冠白色，筒状，有时略呈坛状，长 5-7 mm，外面密被短柔毛，稀近无毛，内面有疏柔毛，口部裂片短小，三角形，外折；雄蕊内藏，长 4-5 mm，花丝细长，长 2-2.5 mm，密被疏柔毛，药室背部无距，药管长为药室的 2-2.5 倍；花盘密生短柔毛。浆果径 5-8 mm，熟时紫黑色，外面通常被短柔毛，稀无毛。花期 6-7 月，果期 8-10 月。

产于鹤峰、利川，生于山坡林中；分布于台湾，华东、华中、华南至西南；也分布于朝鲜、日本、马来半岛、印度尼西亚。

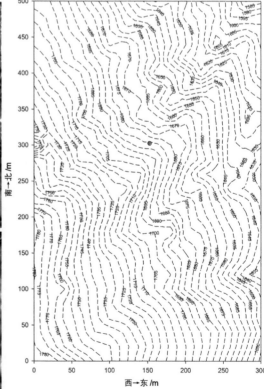

黄背越橘 *Vaccinium iteophyllum* Hance

越橘属 *Vaccinium*　　杜鹃花科 Ericaceae

个体数量（Individual number）＝ 4
最小，平均，最大胸径（Min, Mean, Max DBH）＝ 1.0 cm, 3.0 cm, 5.0 cm
分布林层（Layer）＝灌木层（Shrub layer）
重要值排序（Importance value rank）＝ 57/122

胸径区间 /cm	个体 数量	比例 /%
[1.0, 2.0)	1	25.00
[2.0, 3.0)	1	25.00
[3.0, 4.0)	1	25.00
[4.0, 5.0)	0	0.00
[5.0, 7.0)	1	25.00
[7.0, 10.0)	0	0.00
[10.0, 15.0)	0	0.00

　　常绿灌木或小乔木，高 1-7 m。幼枝被淡褐色至锈色短柔毛或短绒毛，老枝灰褐色或深褐色，无毛。叶片革质，卵形，长卵状披针形至披针形，长 4-9 cm，宽 2-4 cm，顶端渐尖至长渐尖，基部楔形至钝圆，边缘有疏浅锯齿，有时近全缘，表面沿中脉被微柔毛，其余部分通常无毛，稀被短柔毛，背面被短柔毛，沿中脉尤明显，侧脉纤细，在两面微突起；叶柄短，长 2-5 mm，密被淡褐色短柔毛或微柔毛。总状花序生枝条下部和顶部叶腋，长 3-7 cm，序轴、花梗密被淡褐色短柔毛或短绒毛；苞片披针形，长 3-7 mm，被微毛，小苞片小，线形或卵状披针形，被毛，早落；花梗长 2-4 mm；萼齿三角形，长约 1 mm；花冠白色，有时带淡红色，筒状或坛状，长 5-7 mm，外面沿 5 条肋上有微毛或无毛，裂齿短小，三角形，直立或反折；雄蕊药室背部有长约 1 mm 的细长的距，药管长约 2.5 mm，约为药室长的 4 倍，花丝长约 1.5-2 mm，密被毛；花柱不伸出。浆果球形，径 4-5 mm，或疏或密被短柔毛。花期 4-5 月，果期 6 月以后。

　　恩施州广布，生于山地灌丛中；分布于江苏、安徽、浙江、江西、福建、湖北、湖南、广东、广西、四川、贵州、云南、西藏。

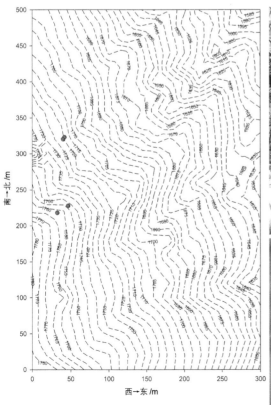

满山红 *Rhododendron mariesii* Hemsl. et Wils.

杜鹃花属 *Rhododendron*　　　杜鹃花科 Ericaceae

个体数量（Individual number）= 1544
最小，平均，最大胸径（Min, Mean, Max DBH）= 1.0 cm, 2.3 cm, 10.4 cm
分布林层（Layer）= 灌木层（Shrub layer）
重要值排序（Importance value rank）= 9/122

胸径区间 /cm	个体 数量	比例 /%
[1.0, 2.0)	680	44.04
[2.0, 3.0)	528	34.20
[3.0, 4.0)	230	14.90
[4.0, 5.0)	79	5.12
[5.0, 7.0)	22	1.42
[7.0, 10.0)	4	0.26
[10.0, 15.0)	1	0.06

　　落叶灌木，高 1-4 m；枝轮生，幼时被淡黄棕色柔毛，成长时无毛。叶厚纸质或近于革质，常 2-3 片集生枝顶，椭圆形，卵状披针形或三角状卵形，长 4-7.5 cm，宽 2-4 cm，先端锐尖，具短尖头，基部钝或近于圆形，边缘微反卷，初时具细钝齿，后不明显，上面深绿色，下面淡绿色，幼时两面均被淡黄棕色长柔毛，后无毛或近于无毛，叶脉在上面凹陷，下面凸出，细脉与中脉或侧脉间的夹角近于 90°；叶柄长 5-7 mm，近于无毛。花芽卵球形，鳞片阔卵形，顶端钝尖，外面沿中脊以上被淡黄棕色绢状柔毛，边缘具睫毛。花通常 2 朵顶生，先花后叶，出自同一顶生花芽；花梗直立，常为芽鳞所包，长 7-10 mm，密被黄褐色柔毛；花萼环状，5 浅裂，密被黄褐色柔毛；花冠漏斗形，淡紫红色或紫红色，长 3-3.5 cm，花冠管长约 1 cm，基部径 4 mm，裂片 5 片，深裂，长圆形，先端钝圆，上方裂片具紫红色斑点，两面无毛；雄蕊 8-10 枚，不等长，比花冠短或与花冠等长，花丝扁平，无毛，花药紫红色；子房卵球形，密被淡黄棕色长柔毛，花柱比雄蕊长，无毛。蒴果椭圆状卵球形，长 6-9 mm，稀达 1.8 cm，密被亮棕褐色长柔毛。花期 4-5 月，果期 6-11 月。

　　恩施州广布，生于山坡林中；分布于河北、陕西、江苏、安徽、浙江、江西、福建、台湾、河南、湖北、湖南、广东、广西、四川和贵州。

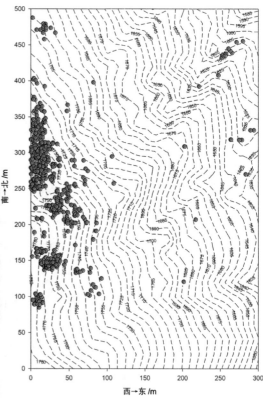

杜鹃 *Rhododendron simsii* Planch.

杜鹃花属 *Rhododendron*　　杜鹃花科 Ericaceae

个体数量（Individual number）= 842
最小，平均，最大胸径（Min, Mean, Max DBH）= 1.0 cm, 2.4 cm, 14.8 cm
分布林层（Layer）= 灌木层（Shrub layer）
重要值排序（Importance value rank）= 14/122

胸径区间 /cm	个体 数量	比例 /%
[1.0, 2.0)	358	42.52
[2.0, 3.0)	317	37.65
[3.0, 4.0)	118	14.01
[4.0, 5.0)	26	3.09
[5.0, 7.0)	4	0.47
[7.0, 10.0)	8	0.95
[10.0, 15.0)	11	1.31

　　落叶灌木，高 2-5 m；分枝多而纤细，密被亮棕褐色扁平糙伏毛。叶革质，常集生枝端，卵形、椭圆状卵形或倒卵形或倒卵形至倒披针形，长 1.5-5 cm，宽 0.5-3 cm，先端短渐尖，基部楔形或宽楔形，边缘微反卷，具细齿，上面深绿色，疏被糙伏毛，下面淡白色，密被褐色糙伏毛，中脉在上面凹陷，下面凸出；叶柄长 2-6 mm，密被亮棕褐色扁平糙伏毛。花芽卵球形，鳞片外面中部以上被糙伏毛，边缘具睫毛。花 2-6 朵簇生枝顶；花梗长 8 mm，密被亮棕褐色糙伏毛；花萼 5 深裂，裂片三角状长卵形，长 5 mm，被糙伏毛，边缘具睫毛；花冠阔漏斗形，玫瑰色、鲜红色或暗红色，长 3.5-4 cm，宽 1.5-2 cm，裂片 5 片，倒卵形，长 2.5-3 cm，上部裂片具深红色斑点；雄蕊 10 枚，长约与花冠相等，花丝线状，中部以下被微柔毛；子房卵球形，10 室，密被亮棕褐色糙伏毛，花柱伸出花冠外，无毛。蒴果卵球形，长达 1 cm，密被糙伏毛；花萼宿存。花期 4-5 月，果期 6-8 月。

　　恩施州广布，生于灌丛中；分布于江苏、安徽、浙江、江西、福建、台湾、湖北、湖南、广东、广西、四川、贵州和云南。

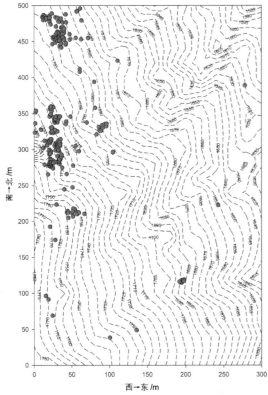

耳叶杜鹃 *Rhododendron auriculatum* Hemsl.

杜鹃花属 *Rhododendron*　　杜鹃花科 Ericaceae

个体数量（Individual number）= 144
最小，平均，最大胸径（Min, Mean, Max DBH）= 1.0 cm, 3.4 cm, 15.1 cm
分布林层（Layer）= 亚乔木层（Subtree layer）
重要值排序（Importance value rank）= 11/35

胸径区间 /cm	个体数量	比例 /%
[1.0, 2.5)	82	56.94
[2.5, 5.0)	35	24.31
[5.0, 8.0)	18	12.50
[8.0, 11.0)	5	3.47
[11.0, 15.0)	2	1.39
[15.0, 20.0)	2	1.39
[20.0, 30.0)	0	0.00

常绿灌木或小乔木，高 5-10 m；树皮灰色；幼枝密被长腺毛，老枝无毛。冬芽大，顶生，尖卵圆形，长 3.5-5.5 cm，外面鳞片狭长形，长 3.5 cm，先端渐尖，有较长的渐尖头，无毛。叶革质，长圆形、长圆状披针形或倒披针形，长 9-22 cm，宽 3-6.5 cm，先端钝，有短尖头，基部稍不对称，圆形或心形，上面绿色，无毛，中脉凹下，下面凸起，侧脉 20-22 对，下面淡绿色，幼时密被柔毛，老后仅在中脉上有柔毛；叶柄稍粗壮，长 1.8-3 cm，密被腺毛。顶生伞形花序大，疏松，有花 7-15 朵；总轴长 2-3 cm，密被腺体；花梗长 2-3 cm，密被长柄腺体；花萼小，长 2-4 mm，盘状，裂片 6 片，不整齐，膜质，外面具稀疏的有柄腺体；花冠漏斗形，长 6-10 cm，径 6 cm，银白色，有香味，筒状部外面有长柄腺体，裂片 7 片，卵形，开展，长 2 cm，宽 1.8 cm；雄蕊 14-16 枚，不等长，长 2.5-4 cm，花丝纤细，无毛，花药长倒卵圆形，长 5.5 mm；子房椭圆状卵球形，长 6 mm，有肋纹，密被腺体，花柱粗壮，长约 3 cm，密被短柄腺体，柱头盘状，有 8 枚浅裂片，宽 4.2 mm。蒴果长圆柱形，微弯曲，长 3-4 cm，8 室，有腺体残迹。花期 7-8 月，果期 9-10 月。

恩施州广布，生于山坡林中或栽培；分布于陕西、湖北、四川、贵州。

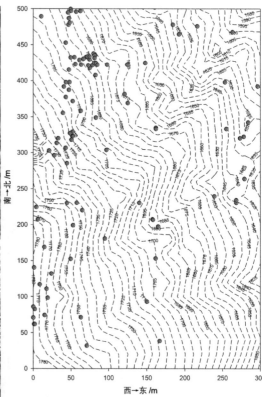

云锦杜鹃 *Rhododendron fortunei* Lindl.

杜鹃花属 *Rhododendron* 杜鹃花科 Ericaceae

个体数量（Individual number）= 228
最小，平均，最大胸径（Min, Mean, Max DBH）= 1.0 cm, 3.8 cm, 22.5 cm
分布林层（Layer）= 亚乔木层（Subtree layer）
重要值排序（Importance value rank）= 10/35

胸径区间 /cm	个体数量	比例 /%
[1.0, 2.5)	122	53.51
[2.5, 5.0)	44	19.30
[5.0, 8.0)	33	14.47
[8.0, 11.0)	17	7.45
[11.0, 15.0)	9	3.95
[15.0, 20.0)	2	0.88
[20.0, 30.0)	1	0.44

　　常绿灌木或小乔木，高 3-12 m；主干弯曲，树皮褐色，片状开裂；幼枝黄绿色，初具腺体；老枝灰褐色。顶生冬芽阔卵形，长约 1 cm，无毛。叶厚革质，长圆形至长圆状椭圆形，长 8-14.5 cm，宽 3-9.2 cm，先端钝至近圆形，稀急尖，基部圆形或截形，稀近于浅心形，上面深绿色，有光泽，下面淡绿色，在放大镜下可见略有小毛，中脉在上面微凹下，下面凸起，侧脉 14-16 对，在上面稍凹入，下面平坦；叶柄圆柱形，长 1.8-4 cm，淡黄绿色，有稀疏的腺体。顶生总状伞形花序疏松，有花 6-12 朵，有香味；总轴长 3-5 cm，淡绿色，多少具腺体；总梗长 2-3 cm，淡绿色，疏被短柄腺体；花萼小，长约 1 mm，稍肥厚，边缘有浅裂片 7 片，具腺体；花冠漏斗状钟形，长 4.5-5.2 cm，径 5-5.5 cm，粉红色，外面有稀疏腺体，裂片 7 片，阔卵形，长 1.5-1.8 cm，顶端圆或波状；雄蕊 14 枚，不等长，长 18-30 mm，花丝白色，无毛，花药长椭圆形，黄色，长 3-4 mm；子房圆锥形，长 5 mm，径 4.5 mm，淡绿色，密被腺体，10 室，花柱长约 3 cm，疏被白色腺体，柱头小，头状，宽 2.5 mm。蒴果长圆状卵形至长圆状椭圆形，直或微弯曲，长 2.5-3.5 cm，径 6-10 mm，褐色，有肋纹及腺体残迹。花期 4-5 月，果期 8-10 月。

　　恩施州广布，生于山坡林中或栽培；分布于陕西、湖北、湖南、河南、安徽、浙江、江西、福建、广东、广西、四川、贵州、云南。

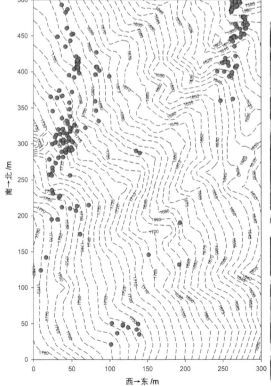

腺果杜鹃 *Rhododendron davidii* Franch.

杜鹃花属 *Rhododendron*　　杜鹃花科 Ericaceae

个体数量（Individual number）= 7
最小，平均，最大胸径（Min，Mean，Max DBH）= 2.9 cm，6.8 cm，15.6 cm
分布林层（Layer）= 亚乔木层（Subtree layer）
重要值排序（Importance value rank）= 26/35

胸径区间/cm	个体数量	比例/%
[1.0, 2.5)	0	0.00
[2.5, 5.0)	3	42.86
[5.0, 8.0)	2	28.57
[8.0, 11.0)	1	14.29
[11.0, 15.0)	0	0.00
[15.0, 20.0)	1	14.28
[20.0, 30.0)	0	0.00

　　常绿灌木或小乔木，高 1.5-5 m；树皮黄褐色；幼枝绿色，无毛，老枝灰色，顶生冬芽卵形，长约 8 mm，无毛，叶厚革质，常集生枝顶，长圆状倒披针形或倒披针形，长 10-16 cm，宽 2-4.5 cm，先端急尖或突然渐尖，多少呈喙状，基部楔形，边缘反卷，上面深绿色，下面苍白色，无毛，中脉在上面凹下，下面凸出，侧脉 12-17 对；叶柄长 1.5-2 cm，红色，无毛。顶生伸长的总状花序，有花 6-12 朵；总轴长 3-6 cm，疏生短柄腺体及白色微柔毛；花梗红色，长约 1 cm，密被短柄腺体；花萼小，长 1-1.5 mm，外面具短柄腺体，裂片 6 片，齿状或宽圆形；花冠阔钟形，长 3.5-4.5 cm，玫瑰红色或紫红色，有时外面略具腺体，裂片 7-8 片，卵形至圆形，不等长，长 1.5 cm，宽约 2 cm，有微缺刻，上面 1 片最大，有紫色斑点；雄蕊 13-15 枚，不等长，长 3-4.5 cm，花丝白色，无毛，花药长圆状椭圆形，褐色，长 2-3 mm；子房圆锥形，绿色，长 4-5 mm，密被短柄腺体，花柱白色或带红色，长 4-4.5 cm，无毛或在基部有少数短柄腺体，柱头小，头状，宽约 3 mm。蒴果短圆柱形，褐色，长 1.8-2 cm，有肋纹及残存的腺体痕迹。花期 6-7 月，果期 7-8 月。

　　恩施州广布，生于山坡林中；分布于四川、湖北、云南。

长蕊杜鹃 *Rhododendron stamineum* Franch.

杜鹃花属 *Rhododendron*　　杜鹃花科 Ericaceae

个体数量（Individual number）= 369
最小，平均，最大胸径（Min，Mean，Max DBH）= 1.0 cm，5.0 cm，21.3 cm
分布林层（Layer）= 亚乔木层（Subtree layer）
重要值排序（Importance value rank）= 7/35

胸径区间 /cm	个体 数量	比例 /%
[1.0, 2.5)	147	39.84
[2.5, 5.0)	82	22.22
[5.0, 8.0)	50	13.55
[8.0, 11.0)	56	15.18
[11.0, 15.0)	22	5.96
[15.0, 20.0)	10	2.71
[20.0, 30.0)	2	0.54

　　常绿灌木或小乔木，高 3-7 m；幼枝纤细，无毛。叶常轮生枝顶，革质，椭圆形或长圆状披针形，长 6.5-8 cm，稀达 10 cm 以上，宽 2-3.5 cm，先端渐尖或斜渐尖，基部楔形，边缘微反卷，上面深绿色，具光泽，下面苍白绿色，两面无毛，稀干时具白粉，中脉在上面凹陷，下面凸出，侧脉不明显；叶柄长 8-12 mm，无毛。花芽圆锥状，鳞片卵形，覆瓦状排列，仅边缘和先端被柔毛。花常 3-5 朵簇生枝顶叶腋；花梗长 2-2.5 cm，无毛；花萼小，微 5 裂，裂片三角形；花冠白色，有时蔷薇色，漏斗形，长 3-3.3 cm，5 深裂，裂片倒卵形或长圆状倒卵形，长 2-2.5 cm，上方裂片内侧具黄色斑点，花冠管筒状，长 1.3 cm，向基部渐狭；雄蕊 10 枚，细长，伸出于花冠外很长，花丝下部被微柔毛或近于无毛；子房圆柱形，长 4 mm，无毛，花柱长 4-5 cm，超过雄蕊，无毛，柱头头状。蒴果圆柱形，长 2-4 cm，微拱弯，具 7 条纵肋，先端渐尖，无毛。花期 4-5 月，果期 7-10 月。

　　恩施州广布，生于山坡林中；分布于安徽、浙江、江西、湖北、湖南、广东、广西、陕西、四川、贵州和云南。

腺萼马银花 *Rhododendron bachii* Lévl.

杜鹃花属 *Rhododendron*   杜鹃花科 Ericaceae

个体数量（Individual number）= 2
最小，平均，最大胸径（Min, Mean, Max DBH）= 1.6 cm, 3.1 cm, 4.7 cm
分布林层（Layer）= 灌木层（Shrub layer）
重要值排序（Importance value rank）= 81/122

胸径区间 /cm	个体 数量	比例 /%
[1.0, 2.0)	1	50.00
[2.0, 3.0)	0	0.00
[3.0, 4.0)	0	0.00
[4.0, 5.0)	1	50.00
[5.0, 7.0)	0	0.00
[7.0, 10.0)	0	0.00
[10.0, 15.0)	0	0.00

常绿灌木，高 2-8 m；小枝灰褐色，被短柔毛和稀疏的腺头刚毛。叶散生，薄革质，卵形或卵状椭圆形，长 3-5.5 cm，宽 1.5-2.5 cm，先端凹缺，具短尖头，基部宽楔形或近于圆形，边缘浅波状，具刚毛状细齿，除上面中脉被短柔毛外，两面均无毛；叶柄长约 5 mm，被短柔毛和腺毛。花芽圆锥形，鳞片长圆状倒卵形，外面密被白色短柔毛。花 1 朵侧生于上部枝条叶腋；花梗长 1.2-1.6 cm，被短柔毛和腺头毛；花萼 5 深裂，裂片卵形或倒卵形，钝头，具条纹，长 3-5 mm，宽 3-4 mm，外面被微柔毛，边缘密被短柄腺毛；花冠淡紫色、淡紫红色或淡紫白色，辐状，5 深裂，裂片阔倒卵形，长 1.8-2.1 cm，宽达 1.4 cm，上方 3 裂片内面近基部具深红色斑点和短柔毛；雄蕊 5 枚，不等长，长 2-2.8 cm，与花冠等长或略比花冠短，花丝扁平，中部以下被微柔毛，花药长圆形，长约 3 mm；子房密被短柄腺毛，花柱比雄蕊长，长 2.5-3.2 cm，微弯曲，伸出于花冠外，无毛。蒴果卵球形，长 7 mm，径 6 mm，密被短柄腺毛。花期 4-5 月，果期 6-10 月。

恩施州广布，生于山坡林中；分布于安徽、浙江、江西、湖北、湖南、广东、广西、四川和贵州。

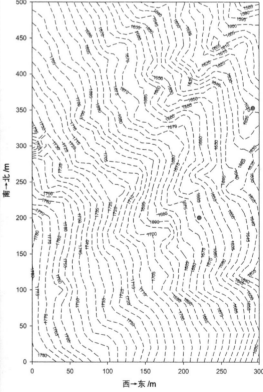

西→东 /m

小果珍珠花 *Lyonia ovalifolia* var. *elliptica* (Sieb.et Zucc.) Hand.-Mazz.

珍珠花属 *Lyonia*　　杜鹃花科 Ericaceae

个体数量（Individual number）= 184
最小，平均，最大胸径（Min, Mean, Max DBH）= 1.0 cm, 6.1 cm, 23.2 cm
分布林层（Layer）= 亚乔木层（Subtree layer）
重要值排序（Importance value rank）= 9/35

胸径区间 /cm	个体数量	比例 /%
[1.0, 2.5)	54	29.35
[2.5, 5.0)	43	23.37
[5.0, 8.0)	33	17.93
[8.0, 11.0)	26	14.13
[11.0, 15.0)	13	7.07
[15.0, 20.0)	13	7.06
[20.0, 30.0)	2	1.09

　　常绿或落叶灌木或小乔木，高 8-16 m；枝淡灰褐色，无毛；冬芽长卵圆形，淡红色，无毛。叶纸质，卵形，长 8-10 cm，宽 4-5.8 cm，先端渐尖或急尖，基部钝圆或心形，表面深绿色，无毛，背面淡绿色，近于无毛，中脉在表面下陷，在背面凸起，侧脉羽状，在表面明显，脉上多少被毛；叶柄长 4-9 mm，无毛。总状花序长 5-10 cm，着生叶腋，近基部有 2-3 枚叶状苞片，小苞片早落；花序轴上微被柔毛；花梗长约 6 mm，近于无毛；花萼深 5 裂，裂片长椭圆形，长约 2.5 mm，宽约 1 mm，外面近于无毛；花冠圆筒状，长约 8 mm，径约 4.5 mm，外面疏被柔毛，上部浅 5 裂，裂片向外反折，先端钝圆；雄蕊 10 枚，花丝线形，长约 4 mm，顶端有 2 枚芒状附属物，中下部疏被白色长柔毛；子房近球形，无毛，花柱长约 6 mm，柱头头状，略伸出花冠外。蒴果球形，径约 3 mm，缝线增厚；果序长 12-14 cm；种子短线形，无翅。花期 6 月，果期 10 月。

　　恩施州广布，生于山坡林中；分布于陕西、江苏、安徽、浙江、江西、福建、台湾、湖北、湖南、广东、广西、四川、贵州、云南等省区；日本也有分布。

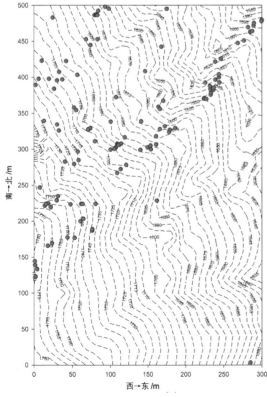

齿缘吊钟花 *Enkianthus serrulatus* (Wils.) Schneid.

吊钟花属 *Enkianthus*　　杜鹃花科 Ericaceae

个体数量（Individual number）= 226
最小，平均，最大胸径（Min，Mean，Max DBH）= 1.0 cm，3.6 cm，15.2 cm
分布林层（Layer）= 亚乔木层（Subtree layer）
重要值排序（Importance value rank）= 12/35

胸径区间 /cm	个体 数量	比例 /%
[1.0, 2.5)	117	51.77
[2.5, 5.0)	57	25.23
[5.0, 8.0)	29	12.83
[8.0, 11.0)	16	7.08
[11.0, 15.0)	6	2.65
[15.0, 20.0)	1	0.44
[20.0, 30.0)	0	0.00

　　落叶灌木或小乔木，高 2.6-6 m。小枝光滑，无毛；芽鳞 12-15 枚，宿存。叶密集枝顶，厚纸质，长圆形或长卵形，长 6-8 cm，宽 3-4 cm，先端短渐尖或渐尖，基部宽楔形或钝圆，边缘具细锯齿，不反卷，表面无毛，或中脉有微柔毛，背面中脉下部被白色柔毛，中脉、侧脉及网脉在两面明显，在背面隆起；叶柄较纤细，长 6-15 mm，无毛。伞形花序顶生。每花序上有花 2-6 朵，花下垂；花梗长 1-1.5 cm，结果时直立，变粗壮，长可达 3 cm；花萼绿色，萼片 5 片，三角形；花冠钟形，白绿色，长约 1 cm，口部 5 浅裂，裂片反卷；雄蕊 10 枚，花丝白色，长约 5 mm，下部宽扁并具白色柔毛，花药具 2 个反折的芒；子房圆柱形，5 室，每室有胚珠 10-15 枚，花柱长约 5 mm，无毛。蒴果椭圆形，长约 1 cm，径 6-8 mm，干后黄褐色，无毛，具棱，顶端有宿存花柱，5 裂，每室有种子数粒；种子瘦小，长约 2 mm，具 2 膜质翅。花期 4 月，果期 5-7 月。

　　恩施州广布，生于山坡林中；分布于浙江、江西、福建、湖北、湖南、广东、广西、四川、贵州、云南。

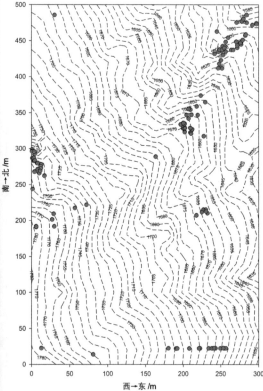

君迁子 *Diospyros lotus* L.

柿属 *Diospyros*   柿科 Ebenaceae

个体数量（Individual number）= 24
最小，平均，最大胸径（Min，Mean，Max DBH）= 1.0 cm，3.2 cm，11.9 cm
分布林层（Layer）= 亚乔木层（Subtree layer）
重要值排序（Importance value rank）= 19/35

胸径区间/cm	个体数量	比例/%
[1.0, 2.5)	14	58.33
[2.5, 5.0)	6	25.00
[5.0, 8.0)	1	4.17
[8.0, 11.0)	2	8.33
[11.0, 15.0)	1	4.17
[15.0, 20.0)	0	0.00
[20.0, 30.0)	0	0.00

　　落叶乔木，高达 30 m；树冠近球形或扁球形；树皮灰黑色或灰褐色，深裂或不规则的厚块状剥落；小枝褐色或棕色，有纵裂的皮孔；嫩枝通常淡灰色，有时带紫色，平滑或有时有黄灰色短柔毛。冬芽狭卵形，带棕色，先端急尖。叶近膜质，椭圆形至长椭圆形，长 5-13 cm，宽 2.5-6 cm，先端渐尖或急尖，基部钝，宽楔形以至近圆形，上面深绿色，有光泽，初时有柔毛，但后渐脱落，下面绿色或粉绿色，有柔毛，且在脉上较多，或无毛，中脉在下面平坦或下陷，有微柔毛，在下面凸起，侧脉纤细，每边 7-10 条，上面稍下陷，下面略凸起，小脉很纤细，连接成不规则的网状；叶柄长 7-15 mm，有时有短柔毛，上面有沟。雄花 1-3 朵腋生，簇生，近无梗，长约 6 mm；花萼钟形，4 裂，偶有 5 裂，裂片卵形，先端急尖，内面有绢毛，边缘有睫毛；花冠壶形，带红色或淡黄色，长约 4 mm，无毛或近无毛，4 裂，裂片近圆形，边缘有睫毛；雄蕊 16 枚，每 2 枚连生成对，腹面 1 枚较短，无毛；花药披针形，长约 3 mm，先端渐尖，药隔两面都有长毛；子房退化；雌花单生，几无梗，淡绿色或带红色；花萼 4 裂，深裂至中部，外面下部有伏粗毛，内面基部有棕色绢毛，裂片卵形，长约 4 mm，先端急尖，边缘有睫毛；花冠壶形，长约 6 mm，4 裂，偶有 5 裂，裂片近圆形，长约 3 mm，反曲；退化雄蕊 8 枚，着生花冠基部，长约 2 mm，有白色粗毛；子房除顶端外无毛，8 室；花柱 4 根，有时基部有白色长粗毛。果近球形或椭圆形，径 1-2 cm，初熟时为淡黄色，后则变为蓝黑色，常被有白色薄蜡层，8 室；种子长圆形，长约 1 cm，宽约 6 mm，褐色，侧扁，背面较厚；宿存萼 4 裂，深裂至中部，裂片卵形，长约 6 mm，先端钝圆。花期 5-6 月，果期 10-11 月。

　　恩施州广布，生于山坡林中；分布于山东、辽宁、河南、河北、山西、陕西、甘肃、江苏、浙江、安徽、江西、湖南、湖北、贵州、四川、云南、西藏等省区；亚洲、欧洲亦有分布。

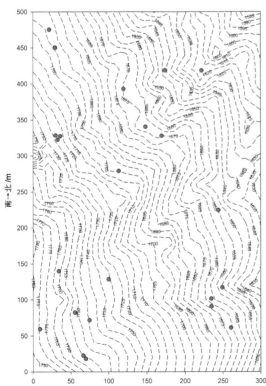

薄叶山矾 *Symplocos anomala* Brand

山矾属 *Symplocos*　　山矾科 Symplocaceae

个体数量（Individual number）= 2958
最小，平均，最大胸径（Min, Mean, Max DBH）= 1.0 cm, 3.5 cm, 20.0 cm
分布林层（Layer）= 亚乔木层（Subtree layer）
重要值排序（Importance value rank）= 4/35

胸径区间 /cm	个体 数量	比例 /%
[1.0, 2.5)	1293	43.71
[2.5, 5.0)	1062	35.90
[5.0, 8.0)	406	13.73
[8.0, 11.0)	137	4.63
[11.0, 15.0)	47	1.59
[15.0, 20.0)	12	0.41
[20.0, 30.0)	1	0.03

　　小乔木或灌木；顶芽、嫩枝被褐色柔毛；老枝通常黑褐色。叶薄革质，狭椭圆形、椭圆形或卵形，长 5-7 cm，宽 1.5-3 cm，先端渐尖，基部楔形，全缘或具锐锯齿，叶面有光泽，中脉和侧脉在叶面均凸起，侧脉每边 7-10 条，叶柄长 4-8 mm。总状花序腋生，长 8-15 mm，有时基部有 1-3 分枝，被柔毛，苞片与小苞片同为卵形，长 1-1.2 mm，先端尖，有缘毛；花萼长 2-2.3 mm，被微柔毛，5 裂，裂片半圆形，与萼筒等长，有缘毛；花冠白色，有桂花香，长 4-5 mm，5 深裂几达基部；雄蕊约 30 枚，花丝基部稍合生；花盘环状，被柔毛；子房 3 室。核果褐色，长圆形，长 7-10 mm，被短柔毛，有明显的纵棱，3 室，顶端宿萼裂片直立或向内伏。花、果期 4-12 月，边开花边结果。

　　恩施州广布，生于山地林中；分布于我国长江以南各省；越南也有。

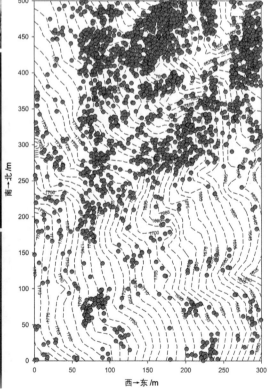

光亮山矾 *Symplocos lucida* (Thunb.) Sieb. & Zucc.

山矾属 *Symplocos* 山矾科 Symplocaceae

个体数量（Individual number）= 2723
最小，平均，最大胸径（Min, Mean, Max DBH）= 1.0 cm，3.5 cm，34.6 cm
分布林层（Layer）= 乔木层（Tree layer）
重要值排序（Importance value rank）= 6/67

胸径区间 /cm	个体数量	比例 /%
[1.0, 2.5)	1326	48.70
[2.5, 5.0)	869	31.91
[5.0, 10.0)	415	15.24
[10.0, 25.0)	109	4.00
[25.0, 40.0)	4	0.15
[40.0, 60.0)	0	0.00
[60.0, 110.0)	0	0.00

　　小乔木，小枝略有棱，无毛。叶薄革质，长圆形或狭椭圆形，长 7-13 cm，宽 2-5 cm，先端渐尖或长渐尖，基部楔形，边缘具尖锯齿，中脉在叶面凸起；叶柄长 5-10 mm。穗状花序与叶柄等长或稍短呈团伞状；苞片阔倒卵形，宽约 2 mm，背面有白色长柔毛或柔毛；花萼长约 3 mm，裂片长圆形，长约 2 mm，背面有白色长柔毛或微柔毛，萼筒短，长约 1 mm；花冠长 3-4 mm，5 深裂几达基部；雄蕊 30-40 枚，花丝长短不一，伸出花冠外，长 4-5 mm，花丝基部稍联合成五体雄蕊或不联合，花盘有白色长柔毛或微柔毛，花柱长约 3 mm；子房 3 室。核果卵圆形或长圆形，长 5-8 mm，顶端具直立的宿萼裂片，基部有宿存的苞片；核骨质，3 个分核。花期 6-11 月，果期 12 月至次年 5 月。

　　恩施州广布，生于山坡林中；分布于台湾、福建、浙江、江苏、安徽、江西、湖南、广西、湖北、陕西、西藏、云南、贵州、四川；缅甸、不丹也有。

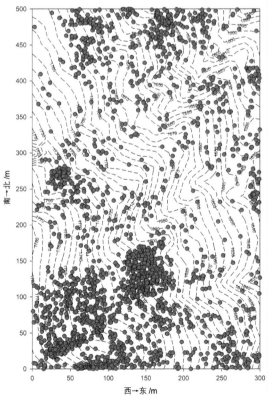

白檀 *Symplocos paniculata* (Thunb.) Miq.

山矾属 *Symplocos*　　山矾科 Symplocaceae

个体数量（Individual number）= 460
最小，平均，最大胸径（Min, Mean, Max DBH）= 1.0 cm，5.6 cm，19.0 cm
分布林层（Layer）= 亚乔木层（Subtree layer）
重要值排序（Importance value rank）= 5/35

胸径区间 /cm	个体数量	比例 /%
[1.0, 2.5)	100	21.74
[2.5, 5.0)	192	41.73
[5.0, 8.0)	128	27.83
[8.0, 11.0)	32	6.96
[11.0, 15.0)	7	1.52
[15.0, 20.0)	1	0.22
[20.0, 30.0)	0	0.00

　　落叶灌木或小乔木；嫩枝有灰白色柔毛，老枝无毛。叶膜质或薄纸质，阔倒卵形、椭圆状倒卵形或卵形，长 3-11 cm，宽 2-4 cm，先端急尖或渐尖，基部阔楔形或近圆形，边缘有细尖锯齿，叶面无毛或有柔毛，叶背通常有柔毛或仅脉上有柔毛；中脉在叶面凹下，侧脉在叶面平坦或微凸起，每边 4-8 条；叶柄长 3-5 mm。圆锥花序长 5-8 cm，通常有柔毛；苞片早落，通常条形，有褐色腺点；花萼长 2-3 mm，萼筒褐色，无毛或有疏柔毛，裂片半圆形或卵形，稍长于萼筒，淡黄色，有纵脉纹，边缘有毛；花冠白色，长 4-5 mm，5 深裂几达基部；雄蕊 40-60 枚，子房 2 室，花盘具 5 个凸起的腺点。核果熟时蓝色，卵状球形，稍偏斜，长 5-8 mm，顶端宿萼裂片直立。花期 4-6 月，果期 9-11 月。

　　恩施州广布，生于山地林中；广布于我国各省；朝鲜、日本、印度也有。

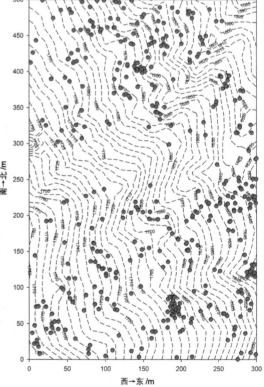

山矾 *Symplocos sumuntia* Buch.-Ham. ex D. Don

山矾属 *Symplocos*　　　山矾科 Symplocaceae

个体数量（Individual number）= 3415
最小，平均，最大胸径（Min, Mean, Max DBH）= 1.0 cm, 3.0 cm, 21.3 cm
分布林层（Layer）= 亚乔木层（Subtree layer）
重要值排序（Importance value rank）= 1/35

胸径区间 /cm	个体数量	比例 /%
[1.0, 2.5)	1989	58.24
[2.5, 5.0)	946	27.70
[5.0, 8.0)	308	9.02
[8.0, 11.0)	113	3.31
[11.0, 15.0)	39	1.14
[15.0, 20.0)	19	0.56
[20.0, 30.0)	1	0.03

　　乔木，嫩枝褐色。叶薄革质，卵形、狭倒卵形、倒披针状椭圆形，长 3.5-8 cm，宽 1.5-3 cm，先端常呈尾状渐尖，基部楔形或圆形，边缘具浅锯齿或波状齿，有时近全缘；中脉在叶面凹下，侧脉和网脉在两面均凸起，侧脉每边 4-6 条；叶柄长 0.5-1 cm。总状花序长 2.5-4 cm，被展开的柔毛；苞片早落，阔卵形至倒卵形，长约 1 mm，密被柔毛，小苞片与苞片同形；花萼长 2-2.5 mm，萼筒倒圆锥形，无毛，裂片三角状卵形，与萼筒等长或稍短于萼筒，背面有微柔毛；花冠白色，5 深裂几达基部，长 4-4.5 mm，裂片背面有微柔毛；雄蕊 25-35 枚，花丝基部稍合生；花盘环状，无毛；子房 3 室。核果卵状坛形，长 7-10 mm，外果皮薄而脆，顶端宿萼裂片直立，有时脱落。花期 2-3 月，果期 6-7 月。

　　恩施州广布，生于山地林中；分布于江苏、浙江、福建、台湾、广东、广西、江西、湖南、湖北、四川、贵州、云南；尼泊尔、不丹、印度也有。

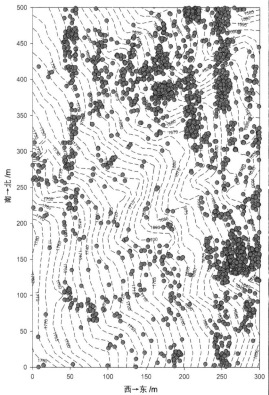

光叶山矾 *Symplocos lancifolia* Sieb. et Zucc.

山矾属 *Symplocos*　　山矾科 Symplocaceae

个体数量（Individual number）= 1
最小，平均，最大胸径（Min，Mean，Max DBH）= 31.3 cm，31.3 cm，31.3 cm
分布林层（Layer）= 乔木层（Tree layer）
重要值排序（Importance value rank）= 67/67

胸径区间/cm	个体数量	比例/%
[1.0, 2.5)	0	0.00
[2.5, 5.0)	0	0.00
[5.0, 10.0)	0	0.00
[10.0, 25.0)	0	0.00
[25.0, 40.0)	1	100.00
[40.0, 60.0)	0	0.00
[60.0, 110.0)	0	0.00

　　小乔木；芽、嫩枝、嫩叶背面脉上、花序均被黄褐色柔毛，小枝细长，黑褐色，无毛。叶纸质或近膜质，干后有时呈红褐色，卵形至阔披针形，长 3-9 cm，宽 1.5-3.5 cm，先端尾状渐尖，基部阔楔形或稍圆，边缘具稀疏的浅钝锯齿；中脉在叶面平坦，侧脉纤细，每边 6-9 条；叶柄长约 5 mm。穗状花序长 1-4 cm；苞片椭圆状卵形，长约 2 mm，小苞片三角状阔卵形，长 1.5 mm，宽 2 mm，背面均被短柔毛，有缘毛；花萼长 1.6-2 mm，5 裂，裂片卵形，顶端圆，背面被微柔毛，与萼筒等长或稍长于萼筒，萼筒无毛；花冠淡黄色，5 深裂几达基部，裂片椭圆形，长 2.5-4 mm；雄蕊约 25 枚，花丝基部稍合生；子房 3 室，花盘无毛。核果近球形，径约 4 mm，顶端宿萼裂片直立。花期 3-11 月，果期 6-12 月；边开花边结果。

恩施州广布，生于山坡林中；分布于浙江、台湾、福建、广东、海南、广西、江西、湖南、湖北、四川、贵州、云南；日本也有分布。

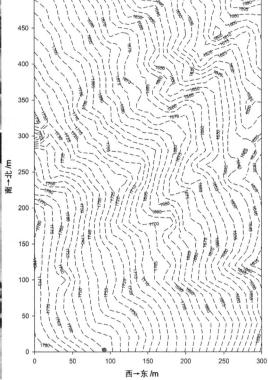

南→北 /m

西→东 /m

老鼠矢 *Symplocos stellaris* Brand

山矾属 *Symplocos* 山矾科 Symplocaceae

个体数量（Individual number）= 1
最小，平均，最大胸径（Min, Mean, Max DBH）= 13.2 cm, 13.2 cm, 13.2 cm
分布林层（Layer）= 亚乔木层（Subtree layer）
重要值排序（Importance value rank）= 35/35

胸径区间/cm	个体数量	比例/%
[1.0, 2.5)	0	0.00
[2.5, 5.0)	0	0.00
[5.0, 8.0)	0	0.00
[8.0, 11.0)	0	0.00
[11.0, 15.0)	1	100.00
[15.0, 20.0)	0	0.00
[20.0, 30.0)	0	0.00

常绿乔木，小枝粗，髓心中空，具横隔；芽、嫩枝、嫩叶柄、苞片和小苞片均被红褐色绒毛。叶厚革质，叶面有光泽，叶背粉褐色，披针状椭圆形或狭长圆状椭圆形，长 6-20 cm，宽 2-5 cm，先端急尖或短渐尖，基部阔楔形或圆，通常全缘，很少有细齿；中脉在叶面凹下，在叶背明显凸起，侧脉每边 9-15 条，侧脉和网脉在叶面均凹下，在叶背不明显；叶柄有纵沟，长 1.5-2.5 cm。团伞花序着生于二年生枝的叶痕之上；苞片圆形，径 3-4 mm，有缘毛；花萼长约 3 mm，裂片半圆形，长不到 1 mm，有长缘毛；花冠白色，长 7-8 mm，5 深裂几达基部，裂片椭圆形，顶端有缘毛，雄蕊 18-25 枚，花丝基部合生成 5 束；花盘圆柱形，无毛；子房 3 室；核果狭卵状圆柱形，长约 1 cm，顶端宿萼裂片直立；核具 6-8 条纵棱。花期 4-5 月，果期 6 月。

恩施州广布，生于山地林中；分布长江以南各省区。

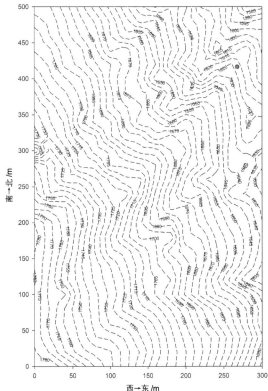

白辛树 *Pterostyrax psilophyllus* Diels ex Perk.

白辛树属 *Pterostyrax*　　安息香科 Styracaceae

个体数量（Individual number）= 13
最小，平均，最大胸径（Min, Mean, Max DBH）= 1.0 cm, 12.8 cm, 27.8 cm
分布林层（Layer）= 亚乔木层（Subtree layer）
重要值排序（Importance value rank）= 24/35

胸径区间 /cm	个体数量	比例 /%
[1.0, 2.5)	4	30.77
[2.5, 5.0)	0	0.00
[5.0, 8.0)	2	15.39
[8.0, 11.0)	0	0.00
[11.0, 15.0)	2	15.38
[15.0, 20.0)	0	0.00
[20.0, 30.0)	5	38.46

乔木，高达 15 m，胸径达 45 cm；树皮灰褐色，呈不规则开裂；嫩枝被星状毛。叶硬纸质，长椭圆形、倒卵形或倒卵状长圆形，长 5-15 cm，宽 5-9 cm，顶端急尖或渐尖，基部楔形，少近圆形，边缘具细锯齿，近顶端有时具粗齿或 3 深裂，上面绿色，下面灰绿色，嫩叶上面被黄色星状柔毛，以后无毛，下面密被灰色星状绒毛，侧脉每边 6-11 条，近平行，在两面均明显隆起，中脉在上面平坦或稍凹陷，下面隆起，第三级小脉彼此近平行；叶柄长 1-2 cm，密被星状柔毛，上面具沟槽。圆锥花序顶生或腋生，第二次分枝几呈穗状，长 10-15 cm；花序梗、花梗和花萼均密被黄色星状绒毛；花白色，长 12-14 mm；花梗长约 2 mm；苞片和小苞片早落；花萼钟状，高约 2 mm，5 脉，萼齿披针形，长约 1 mm，顶端渐尖；花瓣长椭圆形或椭圆状匙形，长约 6 mm，宽约 2.5 mm，顶端钝或短尖；雄蕊 10 枚，近等长，伸出，花丝宽扁，两面均被疏柔毛，花药长圆形，稍弯，子房密被灰白色粗毛，柱头稍 3 裂。果近纺锤形，中部以下渐狭，连喙长约 2.5 cm，5-10 棱或有时相间的 5 棱不明显，密被灰黄色丝质长硬毛。花期 4-5 月，果期 8-10 月。

恩施州广布，生于山谷林中；分布于湖南、湖北、四川、贵州、广西和云南。

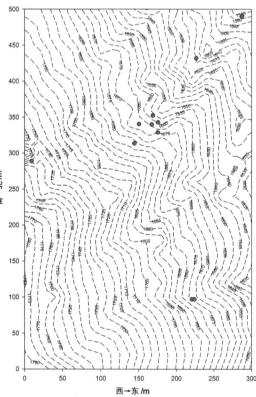

苦枥木 *Fraxinus insularis* Hemsl.

梣属 *Fraxinus*　　木犀科 Oleaceae

个体数量（Individual number）= 209
最小，平均，最大胸径（Min, Mean, Max DBH）= 1.0 cm, 4.0 cm, 27.1 cm
分布林层（Layer）= 乔木层（Tree layer）
重要值排序（Importance value rank）= 21/67

胸径区间/cm	个体数量	比例/%
[1.0, 2.5)	108	51.68
[2.5, 5.0)	58	27.75
[5.0, 10.0)	24	11.48
[10.0, 25.0)	17	8.13
[25.0, 40.0)	2	0.96
[40.0, 60.0)	0	0.00
[60.0, 110.0)	0	0.00

　　落叶大乔木，高 20-30 m；树皮灰色，平滑。芽狭三角状圆锥形，密被黑褐色绒毛，干后变黑色光亮，芽鳞紧闭，内侧密被黄色曲柔毛。嫩枝扁平，细长而直，棕色至褐色，皮孔细小，点状凸起，白色或淡黄色，节膨大。羽状复叶长 10-30 cm；叶柄长 5-8 cm，基部稍增厚，变黑色；叶轴平坦，具不明显浅沟；小叶 3-7 枚，嫩时纸质，后期变硬纸质或革质，长圆形或椭圆状披针形，长 6-13 cm，宽 2-4.5 cm，顶生小叶与侧生小叶近等大，先端急尖、渐尖以至尾尖，基部楔形至钝圆，两侧不等大，叶缘具浅锯齿，或中部以下近全缘，两面无毛，上面深绿色，下面色淡白，散生微细腺点，中脉在上面平坦，下面凸起，侧脉 7-11 对，细脉网结甚明显；小叶柄纤细，长 1-1.5 cm。圆锥花序生于当年生枝端，顶生及侧生叶腋，长 20-30 cm，分枝细长，多花，叶后开放；花序梗扁平而短，基部有时具叶状苞片，无毛或被细柔毛；花梗丝状，长约 3 mm；花芳香；花萼钟状，齿截平，上方膜质，长 1 mm，宽 1.5 mm；花冠白色，裂片匙形，长约 2 mm，宽 1 mm；雄蕊伸出花冠外，花药长 1.5 mm，顶端钝，花丝细长；雌蕊长约 2 mm，花柱与柱头近等长，柱头 2 裂。翅果红色至褐色，长匙形，长 2-4 cm，宽 3.5-5 mm，先端钝圆，微凹头并具短尖，翅下延至坚果上部，坚果近扁平；花萼宿存。花期 4-5 月，果期 7-9 月。

　　恩施州广布，生于山坡林中；分布于长江以南；日本也有分布。

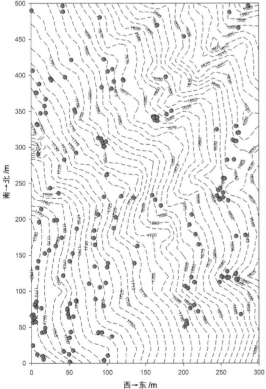

小叶女贞 *Ligustrum quihoui* Carr.
女贞属 *Ligustrum*　　木樨科 Oleaceae

个体数量（Individual number）= 7
最小，平均，最大胸径（Min, Mean, Max DBH）= 1.2 cm, 3.9 cm, 13.6 cm
分布林层（Layer）= 灌木层（Shrub layer）
重要值排序（Importance value rank）= 69/122

胸径区间 /cm	个体数量	比例 /%
[1.0, 2.0)	3	42.86
[2.0, 3.0)	2	28.57
[3.0, 4.0)	0	0.00
[4.0, 5.0)	0	0.00
[5.0, 7.0)	1	14.29
[7.0, 10.0)	0	0.00
[10.0, 15.0)	1	14.28

　　落叶灌木，高 1-3 m。小枝淡棕色，圆柱形，密被微柔毛，后脱落。叶片薄革质，形状和大小变异较大，披针形、长圆状椭圆形、椭圆形、倒卵状长圆形至倒披针形或倒卵形，长 1-4 cm，宽 0.5-3 cm，先端锐尖、钝或微凹，基部狭楔形至楔形，叶缘反卷，上面深绿色，下面淡绿色，常具腺点，两面无毛，稀沿中脉被微柔毛，中脉在上面凹入，下面凸起，侧脉 2-6 对，不明显，在上面微凹入，下面略凸起，近叶缘处网结不明显；叶柄长 0-5 mm，无毛或被微柔毛。圆锥花序顶生，近圆柱形，长 4-22 cm，宽 2-4 cm，分枝处常有 1 对叶状苞片；小苞片卵形，具睫毛；花萼无毛，长 1.5-2 mm，萼齿宽卵形或钝三角形；花冠长 4-5 mm，花冠管长 2.5-3 mm，裂片卵形或椭圆形，长 1.5-3 mm，先端钝；雄蕊伸出裂片外，花丝与花冠裂片近等长或稍长。果倒卵形、宽椭圆形或近球形，长 5-9 mm，径 4-7 mm，呈紫黑色。花期 5-7 月，果期 8-11 月。

　　产于巴东，生于山坡林中；分布于陕西、山东、江苏、安徽、浙江、江西、河南、湖北、四川、贵州、云南、西藏。

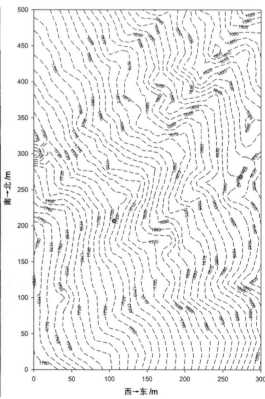

小蜡 *Ligustrum sinense* Lour.

女贞属 *Ligustrum*   木犀科 Oleaceae

个体数量（Individual number）= 1
最小，平均，最大胸径（Min, Mean, Max DBH）= 1.9 cm, 1.9 cm, 1.9 cm
分布林层（Layer）= 灌木层（Shrub layer）
重要值排序（Importance value rank）= 117/122

胸径区间 /cm	个体数量	比例 /%
[1.0, 2.0)	1	100.00
[2.0, 3.0)	0	0.00
[3.0, 4.0)	0	0.00
[4.0, 5.0)	0	0.00
[5.0, 7.0)	0	0.00
[7.0, 10.0)	0	0.00
[10.0, 15.0)	0	0.00

　　落叶灌木或小乔木，高 2-7 m。小枝圆柱形，幼时被淡黄色短柔毛或柔毛，老时近无毛。叶片纸质或薄革质，卵形、椭圆状卵形、长圆形、长圆状椭圆形至披针形，或近圆形，长 2-9 cm，宽 1-3 cm，先端锐尖、短渐尖至渐尖，或钝而微凹，基部宽楔形至近圆形，或为楔形，上面深绿色，疏被短柔毛或无毛，或仅沿中脉被短柔毛，下面淡绿色，疏被短柔毛或无毛，常沿中脉被短柔毛，侧脉 4-8 对，上面微凹入，下面略凸起；叶柄长 28 mm，被短柔毛。圆锥花序顶生或腋生，塔形，长 4-11 cm，宽 3-8 cm；花序轴被较密淡黄色短柔毛或柔毛以至近无毛；花梗长 1-3 mm，被短柔毛或无毛；花萼无毛，长 1-1.5 mm，先端呈截形或呈浅波状齿；花冠长 3.5-5.5 mm，花冠管长 1.5-2.5 mm，裂片长圆状椭圆形或卵状椭圆形，长 2-4 mm；花丝与裂片近等长或长于裂片，花药长圆形，长约 1 mm。果近球形，径 5-8 mm。花期 3-6 月，果期 9-12 月。

　　恩施州广布，生于山坡林中；分布于江苏、浙江、安徽、江西、福建、台湾、湖北、湖南、广东、广西、贵州、四川、云南；越南也有分布。

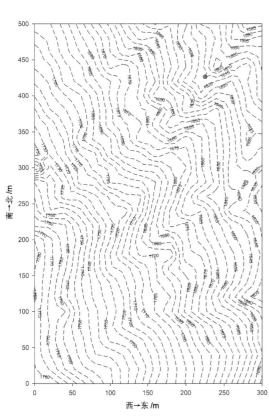

红柄木犀 *Osmanthus armatus* Diels

木犀属 *Osmanthus*　　木犀科 Oleaceae

个体数量（Individual number）= 27
最小，平均，最大胸径（Min, Mean, Max DBH）= 1.0 cm, 4.7 cm, 32.6 cm
分布林层（Layer）= 乔木层（Tree layer）
重要值排序（Importance value rank）= 49/67

胸径区间 /cm	个体数量	比例 /%
[1.0, 2.5)	17	62.96
[2.5, 5.0)	4	14.82
[5.0, 10.0)	3	11.11
[10.0, 25.0)	2	7.41
[25.0, 40.0)	1	3.70
[40.0, 60.0)	0	0.00
[60.0, 110.0)	0	0.00

常绿灌木或乔木，高 2-6 m。小枝灰白色，稍有皮孔，幼时被柔毛，老时光滑。叶片厚革质，长圆状披针形至椭圆形，长 6-8 cm，宽 2-4.5 cm，先端渐尖，有锐尖头，基部近圆形至浅心形，稀宽楔形，叶缘具硬而尖的刺状牙齿 6-10 对，稀可至 17 对，长 2-4 mm，稀全缘，两面无毛，仅上面中脉被柔毛，近叶柄处尤密，中脉在上面凸起，侧脉 6-15 对，与细脉呈网状在两面均明显凸起，尤以上面更甚；叶柄短，长 2-5 mm，密被柔毛。聚伞花序簇生于叶腋，每腋内有花 4-12 朵；苞片宽卵形，背部隆起，先端尖锐，被短柔毛；花梗细弱，长 6-10 mm，无毛；花芳香；花曹长 1-1.5 mm，裂片大小不等；花冠白色，长 4-5 mm，花冠管与裂片等长；雄蕊着生于花冠管中部，花丝长 0.5-0.8 mm，花药长 1.5-2 mm，药隔在花药先端延伸成一明显小尖头；雄花中不育雌蕊为狭圆锥形，长约 1.5 mm。果长约 1.5 cm，径约 1 cm，呈黑色。花期 9-10 月，果期次年 4-6 月。

恩施州广布，生于山坡林中；分布于四川、湖北等省。

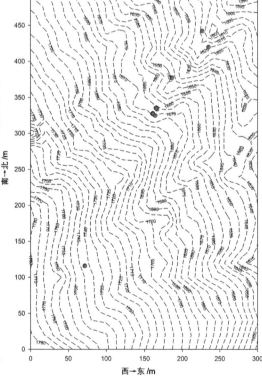

粗糠树 *Ehretia dicksonii* Hance

厚壳树属 *Ehretia* 　　紫草科 Boraginaceae

个体数量（Individual number）= 1
最小，平均，最大胸径（Min, Mean, Max DBH）= 3.3 cm, 3.3 cm, 3.3 cm
分布林层（Layer）= 灌木层（Shrub layer）
重要值排序（Importance value rank）= 107/122

胸径区间 /cm	个体数量	比例 /%
[1.0, 2.0)	0	0.00
[2.0, 3.0)	0	0.00
[3.0, 4.0)	1	100.00
[4.0, 5.0)	0	0.00
[5.0, 7.0)	0	0.00
[7.0, 10.0)	0	0.00
[10.0, 15.0)	0	0.00

　　落叶乔木，高约 15 m；树皮灰褐色，纵裂；枝条褐色，小枝淡褐色，均被柔毛。叶宽椭圆形、椭圆形、卵形或倒卵形，长 8-25 cm，宽 5-15 cm，先端尖，基部宽楔形或近圆形，边缘具开展的锯齿，上面密生具基盘的短硬毛，极粗糙，下面密生短柔毛；叶柄长 1-4 cm，被柔毛。聚伞花序顶生，呈伞房状或圆锥状，宽 6-9 cm，具苞片或无；花无梗或近无梗；苞片线形，长约 5 mm，被柔毛；花萼长 3.5-4.5 mm，裂至近中部，裂片卵形或长圆形，具柔毛；花冠筒状钟形，白色至淡黄色，芳香，长 8-10 mm，基部径 2 mm，喉部径 6-7 mm，裂片长圆形，长 3-4 mm，比筒部短；雄蕊伸出花冠外，花药长 1.5-2 mm，花丝长 3-4.5 mm，着生花冠筒基部以上 3.5-5.5 mm 处；花柱长 6-9 mm，无毛或稀具伏毛，分枝长 1-1.5 mm。核果黄色，近球形，径 10-15 mm，内果皮成熟时分裂为 2 个具 2 粒种子的分核。花期 3-5 月，果期 6-7 月。

　　恩施州广布，生于山谷林中；广布于我国长江以南各省；日本、越南、不丹、尼泊尔有分布。

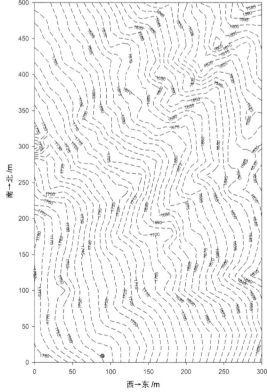

黄腺大青 *Clerodendrum luteopunctatum* Pei et S. L. Chen

大青属 *Clerodendrum*　　　马鞭草科 Verbenaceae

个体数量（Individual number）= 53
最小，平均，最大胸径（Min, Mean, Max DBH）= 1.0 cm, 4.4 cm, 22.5 cm
分布林层（Layer）= 灌木层（Shrub layer）
重要值排序（Importance value rank）= 24/122

胸径区间 /cm	个体 数量	比例 /%
[1.0, 2.5)	22	41.51
[2.5, 5.0)	19	35.85
[5.0, 8.0)	7	13.21
[8.0, 11.0)	2	3.77
[11.0, 15.0)	1	1.89
[15.0, 20.0)	0	0.00
[20.0, 30.0)	2	3.77

　　灌木，高 2-4 m；幼枝及花序轴密被锈色短绒毛，小枝具椭圆形乳黄色皮孔。叶片纸质，长圆状披针形，长 7-15 cm，宽 2.5-5 cm，顶端长渐尖或尾尖，基部宽楔形或圆形，偶有歪斜，两面疏被短柔毛，沿脉密，并密生黄色腺点，全缘，叶缘密生睫毛，侧脉 4-7 对，在背面凸起；叶柄长 1-5 cm，密被短绒毛。聚伞花序组成伞房状或短圆锥状，顶生或生于枝顶叶腋；苞片与花萼呈紫色，披针形或狭披针形，长 1-1.5 cm，宽 2-4 mm，顶端长渐尖，两面都被黄色腺点；花萼钟状，近膜质，长约 1.3 cm，两面都具腺点，顶端 5 深裂，裂片狭长三角形或披针形，长约 9 mm；花冠白色，花冠管长 2-2.5 cm，顶端 5 裂，裂片长圆形，长约 5 mm；雄蕊 4 枚，稍伸出花冠；花柱与雄蕊近等长或稍短，柱头 2 裂；子房无毛。果实近球形，径约 6 mm，包藏于紫红色的花萼中。花、果期 6-10 月。

　　恩施州广布，生于山坡路边；分布于湖北、四川、贵州。

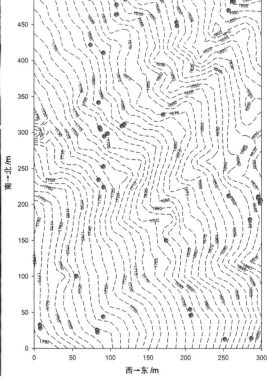

海州常山 *Clerodendrum trichotomum* Thunb.

大青属 *Clerodendrum*　　马鞭草科 Verbenaceae

个体数量（Individual number）= 2
最小，平均，最大胸径（Min, Mean, Max DBH）= 1.5 cm, 1.5 cm, 1.5 cm
分布林层（Layer）= 灌木层（Shrub layer）
重要值排序（Importance value rank）= 96/122

胸径区间 /cm	个体 数量	比例 /%
[1.0, 2.0)	2	100.00
[2.0, 3.0)	0	0.00
[3.0, 4.0)	0	0.00
[4.0, 5.0)	0	0.00
[5.0, 7.0)	0	0.00
[7.0, 10.0)	0	0.00
[10.0, 15.0)	0	0.00

　　灌木或小乔木，高 1.5-10 m；幼枝、叶柄、花序轴等多少被黄褐色柔毛或近于无毛，老枝灰白色，具皮孔，髓白色，有淡黄色薄片状横隔。叶片纸质，卵形、卵状椭圆形或三角状卵形，长 5-16 cm，宽 2-13 cm，顶端渐尖，基部宽楔形至截形，偶有心形，表面深绿色，背面淡绿色，两面幼时被白色短柔毛，老时表面光滑无毛，背面仍被短柔毛或无毛，或沿脉毛较密，侧脉 3-5 对，全缘或有时边缘具波状齿；叶柄长 2-8 cm。伞房状聚伞花序顶生或腋生，通常二歧分枝，疏散，末次分枝着花 3 朵，花序长 8-18 cm，花序梗长 3-6 cm，多少被黄褐色柔毛或无毛；苞片叶状，椭圆形，早落；花萼蕾时绿白色，后紫红色，基部合生，中部略膨大，有 5 棱脊，顶端 5 深裂，裂片三角状披针形或卵形，顶端尖；花香，花冠白色或带粉红色，花冠管细，长约 2 cm，顶端 5 裂，裂片长椭圆形，长 5-10 mm，宽 3-5 mm；雄蕊 4 枚，花丝与花柱同伸出花冠外；花柱较雄蕊短，柱头 2 裂。核果近球形，径 6-8 mm，包藏于增大的宿萼内，成熟时外果皮蓝紫色。花果期 6-11 月。

　　恩施州广布，生于山坡灌丛中；分布于辽宁、甘肃、陕西以及华北、中南、西南各地；朝鲜、日本、菲律宾也有分布。

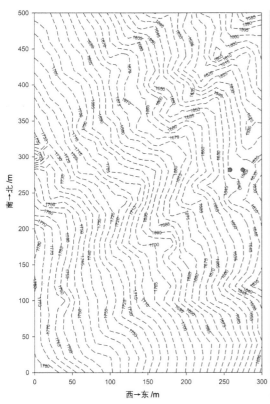

豆腐柴 *Premna microphylla* Turcz.

豆腐柴属 *Premna*　　马鞭草科 Verbenaceae

个体数量（Individual number）= 14
最小，平均，最大胸径（Min, Mean, Max DBH）= 1.2 cm, 2.4 cm, 5.7 cm
分布林层（Layer）= 灌木层（Shrub layer）
重要值排序（Importance value rank）= 41/122

胸径区间 /cm	个体数量	比例 /%
[1.0, 2.0)	7	50.00
[2.0, 3.0)	4	28.57
[3.0, 4.0)	1	7.14
[4.0, 5.0)	1	7.14
[5.0, 7.0)	1	7.14
[7.0, 10.0)	0	0.00
[10.0, 15.0)	0	0.00

　　直立灌木；幼枝有柔毛，老枝变无毛。叶揉之有臭味，卵状披针形、椭圆形、卵形或倒卵形，长 3-13 cm，宽 1.5-6 cm，顶端急尖至长渐尖，基部渐狭窄下延至叶柄两侧，全缘至有不规则粗齿，无毛至有短柔毛；叶柄长 0.5-2 cm。聚伞花序组成顶生塔形的圆锥花序；花萼杯状，绿色，有时带紫色，密被毛至几无毛，但边缘常有睫毛，近整齐的 5 浅裂；花冠淡黄色，外有柔毛和腺点，花冠内部有柔毛，以喉部较密。核果紫色，球形至倒卵形。花、果期 5-10 月。

　　恩施州广布，生于山坡林下；广布我国华东、中南、华南以至四川、贵州等地；日本也有分布。

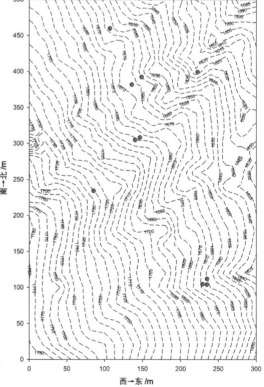

鸡矢藤 *Paederia foetida* L.

鸡矢藤属 *Paederia*   茜草科 Rubiaceae

个体数量（Individual number）= 3
最小，平均，最大胸径（Min, Mean, Max DBH）= 1.0 cm, 1.3 cm, 1.7 cm
分布林层（Layer）= 灌木层（Shrub layer）
重要值排序（Importance value rank）= 65/122

胸径区间 /cm	个体 数量	比例 /%
[1.0, 2.0)	3	100.00
[2.0, 3.0)	0	0.00
[3.0, 4.0)	0	0.00
[4.0, 5.0)	0	0.00
[5.0, 7.0)	0	0.00
[7.0, 10.0)	0	0.00
[10.0, 15.0)	0	0.00

藤本，茎长 3-5 m，无毛或近无毛。叶对生，纸质或近革质，形状变化很大，卵形、卵状长圆形至披针形，长 5-15 cm，宽 1-6 cm，顶端急尖或渐尖，基部楔形或近圆或截平，有时浅心形，两面无毛或近无毛，有时下面脉腋内有束毛；侧脉每边 4-6 条，纤细；叶柄长 1.5-7 cm；托叶长 3-5 mm，无毛。圆锥花序式的聚伞花序腋生和顶生，扩展，分枝对生，末次分枝上着生的花常呈蝎尾状排列；小苞片披针形，长约 2 mm；花具短梗或无；萼管陀螺形，长 1-1.2 mm，萼檐裂片 5 片，裂片三角形，长 0.8-1 mm；花冠浅紫色，管长 7-10 mm，外面被粉末状柔毛，里面被绒毛，顶部 5 裂，裂片长 1-2 mm，顶端急尖而直，花药背着，花丝长短不齐。果球形，成熟时近黄色，有光泽，平滑，径 5-7 mm，顶冠以宿存的萼檐裂片和花盘；小坚果无翅，浅黑色。花期 5-10 月，果期 7-12 月。

恩施州广布，生于山坡林中；分布于陕西、甘肃、山东、江苏、安徽、江西、浙江、福建、台湾、河南、湖南、湖北、广东、香港、海南、广西、四川、贵州、云南；也分布于朝鲜、日本、印度、缅甸、泰国、越南、老挝、柬埔寨、马来西亚、印度尼西亚。

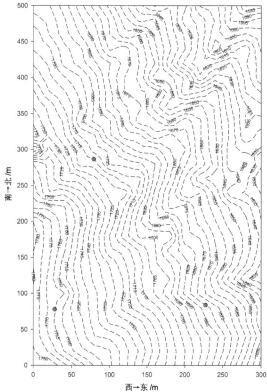

合轴荚蒾 *Viburnum sympodiale* Graebn.

荚蒾属 *Viburnum*　　忍冬科 Caprifoliaceae

个体数量（Individual number）= 812
最小，平均，最大胸径（Min，Mean，Max DBH）= 1.0 cm，2.2 cm，9.1 cm
分布林层（Layer）= 灌木层（Shrub layer）
重要值排序（Importance value rank）= 6/122

胸径区间 /cm	个体数量	比例 /%
[1.0, 2.0)	459	56.53
[2.0, 3.0)	227	27.96
[3.0, 4.0)	58	7.14
[4.0, 5.0)	31	3.82
[5.0, 7.0)	24	2.95
[7.0, 10.0)	13	1.60
[10.0, 15.0)	0	0.00

　　落叶灌木或小乔木，高达 10 m；幼枝、叶下面脉上、叶柄、花序及萼齿均被灰黄褐色鳞片状或糠秕状簇状毛，二年生小枝红褐色，有时光亮，最后变灰褐色，无毛。叶纸质，卵形至椭圆状卵形或圆状卵形，长 6-15 cm，顶端渐尖或急尖，基部圆形，很少浅心形，边缘有不规则牙齿状尖锯齿，上面无毛或幼时脉上被簇状毛，侧脉 6-8 对，上面稍凹陷，下面凸起，小脉横列，明显；叶柄长 1.5-4.5 cm；托叶钻形，长 2-9 mm，基部常贴生于叶柄，有时无托叶。聚伞花序径 5-9 cm，花开后几无毛，周围有大型、白色的不孕花，无总花梗，第一级辐射枝常 5 条，花生于第三级辐射枝上，芳香；萼筒近圆球形，长约 2 mm，萼齿卵形；花冠白色或带微红，辐状，径 5-6 mm，裂片卵形，长二倍于筒；雄蕊花药宽卵圆形，黄色；花柱不高出萼齿；不孕花径 2.5-3 cm，裂片倒卵形，常大小不等。果实红色，后变紫黑色，卵圆形，长 8-9 mm；核稍扁，长约 7 mm，径约 5 mm，有 1 条浅背沟和 1 条深腹沟。花期 4-5 月，果期 8-9 月。

　　恩施州广布，生于山坡林下；分布于陕西、甘肃、安徽、浙江、江西、福建、台湾、湖北、湖南、广东、广西、四川、贵州、云南。

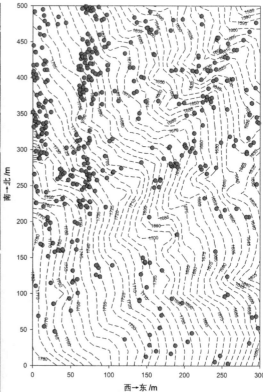

蝴蝶戏珠花 *Viburnum plicatum* f. *tomentosum* (Miq.) Rehder

荚蒾属 *Viburnum*　　忍冬科 Caprifoliaceae

个体数量（Individual number）= 5
最小，平均，最大胸径（Min, Mean, Max DBH）= 2.9 cm, 4.0 cm, 4.6 cm
分布林层（Layer）= 灌木层（Shrub layer）
重要值排序（Importance value rank）= 77/122

胸径区间 /cm	个体数量	比例 /%
[1.0, 2.0)	0	0.00
[2.0, 3.0)	1	20.00
[3.0, 4.0)	1	20.00
[4.0, 5.0)	3	60.00
[5.0, 7.0)	0	0.00
[7.0, 10.0)	0	0.00
[10.0, 15.0)	0	0.00

　　灌木或小乔木，叶较狭，宽卵形或矩圆状卵形，有时椭圆状倒卵形，两端有时渐尖，下面常带绿白色，侧脉 10-17 对。花序径 4-10 cm，外围有 4-6 朵白色、木形的不孕花，具长花梗，花冠径达 4 cm，不整齐 4-5 裂；中央可孕花径约 3 mm，萼筒长约 15 mm，花冠辐状，黄白色，裂片宽卵形，长约等于筒，雄蕊高出花冠，花药近圆形。果实先红色后变黑色，宽卵圆形或倒卵圆形，长 5-6 mm，径约 4 mm；核扁，两端钝形，有 1 条上宽下窄的腹沟，背面中下部还有 1 条短的隆起之脊。花期 4-5 月，果期 8-9 月。

　　恩施州广布，生于山坡路边；分布于陕西、安徽、浙江、江西、福建、台湾、河南、湖北、湖南、广东、广西、四川、贵州、云南；日本也有分布。

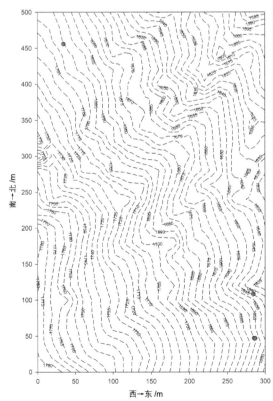

巴东荚蒾 *Viburnum henryi* Hemsl.

荚蒾属 *Viburnum*　　忍冬科 Caprifoliaceae

个体数量（Individual number）= 35
最小，平均，最大胸径（Min, Mean, Max DBH）= 1.2 cm, 3.5 cm, 12.7 cm
分布林层（Layer）= 灌木层（Shrub layer）
重要值排序（Importance value rank）= 36/122

胸径区间 /cm	个体 数量	比例 /%
[1.0, 2.0)	7	20.00
[2.0, 3.0)	12	34.29
[3.0, 4.0)	8	22.86
[4.0, 5.0)	3	8.57
[5.0, 7.0)	2	5.71
[7.0, 10.0)	2	5.71
[10.0, 15.0)	1	2.86

　　灌木或小乔木，常绿或半常绿，高达 7 m，全株无毛或近无毛；当年小枝带紫褐色或绿色，二年生小枝灰褐色，稍有纵裂缝。冬芽有 1 对外被黄色簇状毛的鳞片。叶亚革质，倒卵状矩圆形至矩圆形或狭矩圆形，长 6-10 cm，顶端尖至渐尖，基部楔形至圆形，边缘除自一叶片的中部或中部以下处全缘外有浅的锐锯齿，齿常具硬凸头，两面无毛或下面脉上散生少数簇状毛，侧脉 5-7 对，至少部分直达齿端，连同中脉下面凸起，脉腋有趾蹼状小孔和少数集聚簇状毛；叶柄长 1-2 cm。圆锥花序顶生，长 4-9 cm，宽 5-8 cm，总花梗纤细，长 2-4 cm；苞片和小苞片迟落或宿存而显著，条状披针形，绿白色；花芳香，生于序轴的第二至第三级分枝上；萼筒筒状至倒圆锥筒状，长约 2 mm，萼檐波状或具宽三角形的齿，长约 1 mm；花冠白色，辐状，径约 6 mm，筒长约 1 mm，裂片卵圆形，长约 2 mm；雄蕊与花冠裂片等长或略超出，花药黄白色，矩圆形；花柱与萼齿几等长，柱头头状。果实红色，后变紫黑色，椭圆形；核稍扁，椭圆形，长 7-8 mm，径 4 mm，有 1 条深腹沟，背沟常不存。花期 6 月，果期 8-10 月。

　　恩施州广布，生于山谷林下；分布于陕西、浙江、江西、福建、湖北、广西、四川、贵州。

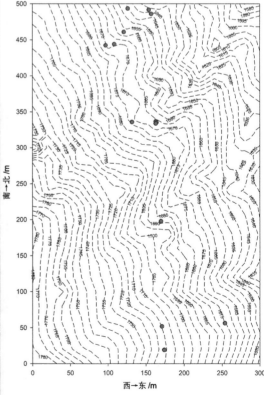

短序荚蒾 *Viburnum brachybotryum* Hemsl.

荚蒾属 *Viburnum*   忍冬科 Caprifoliaceae

个体数量（Individual number）= 1
最小，平均，最大胸径（Min, Mean, Max DBH）= 2.2 cm, 2.2 cm, 2.2 cm
分布林层（Layer）= 灌木层（Shrub layer）
重要值排序（Importance value rank）= 115/122

胸径区间 /cm	个体 数量	比例 /%
[1.0, 2.0)	0	0.00
[2.0, 3.0)	1	100.00
[3.0, 4.0)	0	0.00
[4.0, 5.0)	0	0.00
[5.0, 7.0)	0	0.00
[7.0, 10.0)	0	0.00
[10.0, 15.0)	0	0.00

　　常绿灌木或小乔木，高达 8 m；幼枝、芽、花序、萼、花冠外面、苞片和小苞片均被黄褐色簇状毛；小枝黄白色或有时灰褐色，散生凸起的圆形皮孔。冬芽有 1 对鳞片。叶革质，倒卵形、倒卵状矩圆形或矩圆形，长 7-20 cm，顶端渐尖或急渐尖，基部宽楔形至近圆形，边缘自基部 1/3 以上疏生尖锯齿，有时近全缘，上面深绿色有光泽，下面散生黄褐色簇状毛或近无毛，侧脉 5-7 对，弧形，近缘前互相网结，上面略凹陷，连同中脉下面明显凸起，小脉横列，下面明显；叶柄长 1-3 cm，初时散生簇状毛，后变无毛。圆锥花序通常尖形，顶生或常有一部分生于腋出、无叶的退化短枝上，成假腋生状，直立或弯垂，长 5-22 cm，宽 2.5-15 cm；苞片和小苞片宿存；花雌雄异株，生于序轴的第二至第三级分枝上，无梗或有短梗；萼筒筒状钟形，长约 1.5 mm，萼齿卵形，顶钝，长约 1 mm；花冠白色，辐状，径 4-5 mm，筒极短，裂片开展，卵形至矩圆状卵形，顶钝，长约 1.5 mm，为筒的 2 倍；雄蕊花药黄白色，宽椭圆形；柱头头状，3 裂，远高出萼齿。果实鲜红色，卵圆形，顶端渐尖，基部圆形，长约 1 cm，径约 6 mm；常有毛；核卵圆形或长卵形，稍扁，顶端渐尖，长约 8 mm，径约 5 mm，有 1 条深腹沟。花期 1-3 月，果期 7-8 月。

　　恩施州广布，生于山谷林中；分布于江西、湖北、湖南、广西、四川、贵州、云南。

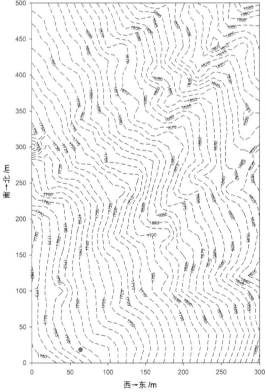

水红木 *Viburnum cylindricum* Buch.-Ham. ex D. Don
荚蒾属 *Viburnum*　　忍冬科 Caprifoliaceae

个体数量（Individual number）= 1
最小，平均，最大胸径（Min, Mean, Max DBH）= 4.6 cm, 4.6 cm, 4.6 cm
分布林层（Layer）= 灌木层（Shrub layer）
重要值排序（Importance value rank）= 103/122

胸径区间 /cm	个体 数量	比例 /%
[1.0, 2.0)	0	0.00
[2.0, 3.0)	0	0.00
[3.0, 4.0)	0	0.00
[4.0, 5.0)	1	100.00
[5.0, 7.0)	0	0.00
[7.0, 10.0)	0	0.00
[10.0, 15.0)	0	0.00

　　常绿灌木或小乔木，高 8-15 m；枝带红色或灰褐色，散生小皮孔，小枝无毛或初时被簇状短毛。冬芽有 1 对鳞片。叶革质，椭圆形至矩圆形或卵状矩圆形，长 8-24 cm，顶端渐尖或急渐尖，基部渐狭至圆形，全缘或中上部疏生少数钝或尖的不整齐浅齿，通常无毛，下面散生带红色或黄色微小腺点，近基部两侧各有 1 至数个腺体，侧脉 3-18 对，弧形；叶柄长 1-5 cm，无毛或被簇状短毛。聚伞花序伞形式，顶圆形，径 4-18 cm，无毛或散生簇状微毛，连同萼和花冠有时被微细鳞腺，总花梗长 1-6 cm，第一级辐射枝通常 7 条，苞片和小苞片早落，花通常生于第三级辐射枝上；萼筒卵圆形或倒圆锥形，长约 1.5 mm，有微小腺点，萼齿极小而不显著；花冠白色或有红晕，钟状，长 4-6 mm，有微细鳞腺，裂片圆卵形，直立，长约 1 mm；雄蕊高出花冠约 3 mm，花药紫色，矩圆形，长 1-1.8 mm。果实先红色后变蓝黑色，卵圆形，长约 5 mm；核卵圆形，扁，长约 4 mm；径 3.5-4 mm，有 1 条浅腹沟和 2 条浅背沟。花期 6-10 月，果期 6-8 月。

　　恩施州广布，生于山坡林中；分布于甘肃、湖北、湖南、广东、广西、四川、贵州、云南、西藏；也分布于印度、尼泊尔、缅甸、泰国。

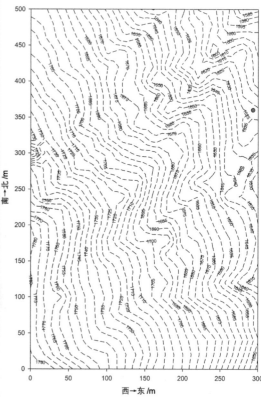

荚蒾 *Viburnum dilatatum* Thunb.

荚蒾属 *Viburnum* 忍冬科 Caprifoliaceae

个体数量（Individual number）= 1259
最小，平均，最大胸径（Min, Mean, Max DBH）= 1.0 cm, 2.0 cm, 12.1 cm
分布林层（Layer）= 灌木层（Shrub layer）
重要值排序（Importance value rank）= 4/122

胸径区间 /cm	个体 数量	比例 /%
[1.0, 2.0)	782	62.11
[2.0, 3.0)	348	27.64
[3.0, 4.0)	79	6.27
[4.0, 5.0)	22	1.75
[5.0, 7.0)	15	1.19
[7.0, 10.0)	9	0.72
[10.0, 15.0)	4	0.32

　　落叶灌木，高 1.5-3 m；当年小枝连同芽、叶柄和花序均密被土黄色或黄绿色开展的小刚毛状粗毛及簇状短毛，老时毛可弯伏，毛基有小瘤状突起，二年生小枝暗紫褐色，被疏毛或几无毛，有凸起的垫状物。叶纸质，宽倒卵形、倒卵形或宽卵形，长 3-13 cm，顶端急尖，基部圆形至钝形或微心形，有时楔形，边缘有牙齿状锯齿，齿端突尖，上面被叉状或简单伏毛，下面被带黄色叉状或簇状毛，脉上毛尤密，脉腋集聚簇状毛，有带黄色或近无色的透亮腺点，虽脱落仍留有痕迹，近基部两侧有少数腺体，侧脉 6-8 对，直达齿端，上面凹陷，下面明显凸起；叶柄长 5-15 mm；无托叶。复伞形式聚伞花序稠密，生于具 1 对叶的短枝之顶，径 4-10 cm，果时毛多少脱落，总花梗长 1-3 cm，第一级辐射枝 5 条，花生于第三至第四级辐射枝上，萼和花冠外面均有簇状糙毛；萼筒狭筒状，长约 1 mm，有暗红色微细腺点，萼齿卵形；花冠白色，辐状，径约 5 mm，裂片圆卵形；雄蕊明显高出花冠，花药小，乳白色，宽椭圆形；花柱高出萼齿。果实红色，椭圆状卵圆形，长 7-8 mm；核扁，卵形，长 6-8 mm，径 5-6 mm，有 3 条浅腹沟和 2 条浅背沟。花期 5-6月，果期 9-11 月。

　　恩施州广布，生于山坡林中；分布于河北、陕西、江苏、安徽、浙江、江西、福建、台湾、河南、湖北、湖南、广东、广西、四川、贵州、云南；日本和朝鲜也有分布。

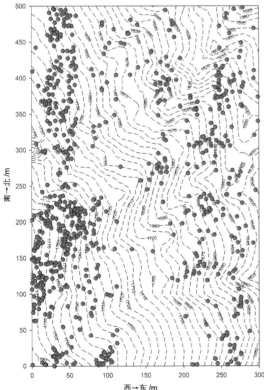

茶荚蒾 *Viburnum setigerum* Hance

荚蒾属 *Viburnum*　　忍冬科 Caprifoliaceae

个体数量（Individual number）= 88
最小，平均，最大胸径（Min, Mean, Max DBH）= 1.0 cm, 2.2 cm, 11.0 cm
分布林层（Layer）= 灌木层（Shrub layer）
重要值排序（Importance value rank）= 20/122

胸径区间 /cm	个体 数量	比例 /%
[1.0, 2.0)	61	69.32
[2.0, 3.0)	15	17.05
[3.0, 4.0)	7	7.95
[4.0, 5.0)	2	2.27
[5.0, 7.0)	0	0.00
[7.0, 10.0)	2	2.27
[10.0, 15.0)	1	1.14

　　落叶灌木，高达 4 m；芽及叶干后变黑色、黑褐色或灰黑色；当年小枝浅灰黄色，多少有棱角，无毛，二年生小枝灰色，灰褐色或紫褐色。冬芽通常长 5 mm 以下，最长可达 1 cm 许，无毛，外面 1 对鳞片为芽体长的 1/3-1/2。叶纸质，卵状矩圆形至卵状披针形，稀卵形或椭圆状卵形，长 7-15 cm，顶端渐尖，基部圆形，边缘基部除外疏生尖锯齿，上面初时中脉被长纤毛，后变无毛，下面仅中脉及侧脉被浅黄色贴生长纤毛，近基部两侧有少数腺体，侧脉 6-8 对，笔直而近并行，伸至齿端，上面略凹陷，下面显著凸起；叶柄长 1-2.5 cm，有少数长伏毛或近无毛。复伞形式聚伞花序无毛或稍被长伏毛，有极小红褐色腺点，径 2.5-4 cm，常弯垂，总花梗长 1-2.5 cm，第一级辐射枝通常 5 条，花生于第三级辐射枝上，有梗或无，芳香；萼筒长约 1.5 mm，无毛和腺点，萼齿卵形，长约 0.5 mm，顶钝形；花冠白色，干后变茶褐色或黑褐色，辐状，径 4-6 mm，无毛，裂片卵形，长约 2.5 mm，比筒长；雄蕊与花冠几等长，花药圆形，极小；花柱不高出萼齿。果序弯垂，果实红色，卵圆形，长 9-11 mm；核甚扁，卵圆形，长 8-10 mm，径 5-7 mm，间或卵状矩圆形，径仅 4-5 mm，凹凸不平，腹面扁平或略凹陷。花期 4-5 月，果期 7-10 月。

　　恩施州广布，生于山谷林中；分布于江苏、安徽、浙江、江西、福建、台湾、广东、广西、湖南、贵州、云南、四川、湖北、陕西。

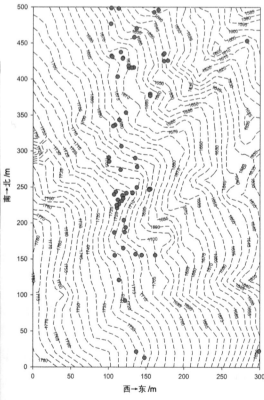

西→东 /m

桦叶荚蒾 *Viburnum betulifolium* Batal.

荚蒾属 *Viburnum*   忍冬科 Caprifoliaceae

个体数量（Individual number）＝ 204
最小，平均，最大胸径（Min, Mean, Max DBH）＝ 1.0 cm，2.0 cm，8.7 cm
分布林层（Layer）＝灌木层（Shrub layer）
重要值排序（Importance value rank）＝ 18/122

胸径区间 /cm	个体数量	比例 /%
[1.0, 2.0)	122	59.81
[2.0, 3.0)	67	32.84
[3.0, 4.0)	8	3.92
[4.0, 5.0)	2	0.98
[5.0, 7.0)	4	1.96
[7.0, 10.0)	1	0.49
[10.0, 15.0)	0	0.00

　　落叶灌木或小乔木，高达 7 m；小枝紫褐色或黑褐色，稍有棱角，散生圆形、凸起的浅色小皮孔，无毛或初时稍有毛。冬芽外面多少有毛。叶厚纸质或略带革质，干后变黑色，宽卵形至菱状卵形或宽倒卵形，稀椭圆状矩圆形，长 3.5-12 cm，顶端急短渐尖至渐尖，基部宽楔形至圆形，稀截形，边缘离基 1/3-1/2 以上具开展的不规则浅波状牙齿，上面无毛或仅中脉有时被少数短毛，下面中脉及侧脉被少数短伏毛，脉腋集聚簇状毛，侧脉 5-7 对；叶柄纤细，长 1-3.5 cm，疏生简单长毛或无毛，近基部常有 1 对钻形小托叶。复伞形式聚伞花序顶生或生于具 1 对叶的侧生短枝上，径 5-12 cm，通常多少被疏或密的黄褐色簇状短毛，总花梗初时通常长不到 1 cm，果时可达 3.5 cm，第一级辐射枝通常 7 条，花生于第 3-5 级辐射枝上；萼筒有黄褐色腺点，疏被簇状短毛，萼齿小，宽卵状三角形，顶钝，有缘毛；花冠白色，辐状，径约 4 mm，无毛，裂片圆卵形，比筒长；雄蕊常高出花冠，花药宽椭圆形；柱头高出萼齿。果实红色，近圆形，长约 6 mm；核扁，长 3.5-5 mm，径 3-4 mm，顶尖，有 1-3 条浅腹沟和 2 条深背沟。花期 6-7 月，果期 9-10 月。

　　恩施州广布，生于山谷林中；分布于湖北、陕西、甘肃、四川、贵州、云南、西藏。

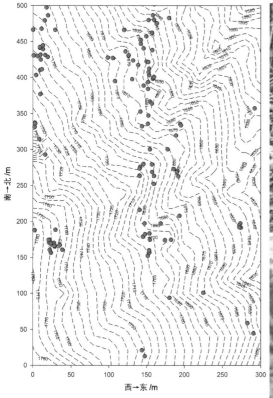

宜昌荚蒾 *Viburnum erosum* Thunb.

荚蒾属 *Viburnum*   忍冬科 Caprifoliaceae

个体数量（Individual number）= 638
最小，平均，最大胸径（Min, Mean, Max DBH）= 1.0 cm, 1.8 cm, 13.7 cm
分布林层（Layer）= 灌木层（Shrub layer）
重要值排序（Importance value rank）= 7/122

胸径区间 /cm	个体数量	比例 /%
[1.0, 2.0)	429	67.24
[2.0, 3.0)	161	25.24
[3.0, 4.0)	27	4.23
[4.0, 5.0)	9	1.41
[5.0, 7.0)	9	1.41
[7.0, 10.0)	2	0.31
[10.0, 15.0)	1	0.16

　　落叶灌木，高达 3 m；当年小枝连同芽、叶柄和花序均密被簇状短毛和简单长柔毛，二年生小枝带灰紫褐色，无毛。叶纸质，形状变化很大，卵状披针形、卵状矩圆形、狭卵形、椭圆形或倒卵形，长 3-11 cm，顶端尖、渐尖或急渐尖，基部圆形、宽楔形或微心形，边缘有波状小尖齿，上面无毛或疏被叉状或簇状短伏毛，下面密被由簇状毛组成的绒毛，近基部两侧有少数腺体，侧脉 7-14 对，直达齿端；叶柄长 3-5 mm，被粗短毛，基部有 2 枚宿存、钻形小托叶。复伞形式聚伞花序生于具 1 对叶的侧生短枝之顶，径 2-4 cm，总花梗长 1-2.5 cm，第一级辐射枝通常 5 条，花生于第二至第三级辐射枝上，常有长梗；萼筒筒状，长约 1.5 mm，被绒毛状簇状短毛，萼齿卵状三角形，顶钝，具缘毛；花冠白色，辐状，径约 6 mm，无毛或近无毛，裂片圆卵形，长约 2 mm；雄蕊略短于至长于花冠，花药黄白色，近圆形；花柱高出萼齿。果实红色，宽卵圆形，长 6-9 mm；核扁，具 3 条浅腹沟和 2 条浅背沟。花期 4-5 月，果期 8-10 月。

　　产于利川、恩施市，生于山坡林下；分布于陕西、山东、江苏、安徽、浙江、江西、福建、台湾、河南、湖北、湖南、广东、广西、四川、贵州、云南；日本和朝鲜也有分布。

半边月（变种）*Weigela japonica* var. *sinica* (Rehd.) Bailey

锦带花属 *Weigela*　　忍冬科 Caprifoliaceae

个体数量（Individual number）= 443
最小，平均，最大胸径（Min, Mean, Max DBH）= 1.0 cm, 5.6 cm, 20.8 cm
分布林层（Layer）= 亚乔木层（Subtree layer）
重要值排序（Importance value rank）= 6/35

胸径区间 /cm	个体 数量	比例 /%
[1.0, 2.5)	83	18.74
[2.5, 5.0)	121	27.30
[5.0, 8.0)	161	36.34
[8.0, 11.0)	52	11.74
[11.0, 15.0)	22	4.97
[15.0, 20.0)	3	0.68
[20.0, 30.0)	1	0.23

　　落叶灌木，高达 6 m。叶长卵形至卵状椭圆形，稀倒卵形，长 5-15 cm，宽 3-8 cm，顶端渐尖至长渐尖，基部阔楔形至圆形，边缘具锯齿，上面深绿色，疏生短柔毛，脉上毛较密，下面浅绿色，密生短柔毛；叶柄长 8-12 mm，有柔毛。单花或具 3 朵花的聚伞花序生于短枝的叶腋或顶端；萼筒长 10-12 mm，萼齿条形，深达萼檐基部，长 5-10 mm，被柔毛；花冠白色或淡红色，花开后逐渐变红色，漏斗状钟形，长 2.5-3.5 cm，外面疏被短柔毛或近无毛，筒基部呈狭筒形，中部以上突然扩大，裂片开展，近整齐，无毛；花丝白色，花药黄褐色；花柱细长，柱头盘形，伸出花冠外。果实长 1.5-2 cm，顶端有短柄状喙，疏生柔毛；种子具狭翅。花期 4-5 月，果期 8-9 月。

　　恩施州广布，生于山坡林下；分布于安徽、浙江、江西、福建、湖北、湖南、广东、广西、四川、贵州等省区。

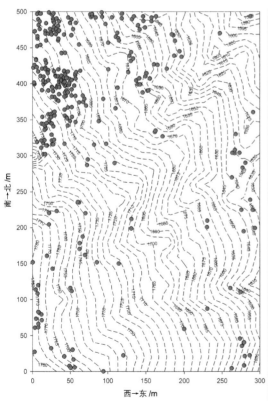

苦糖果（亚种）*Lonicera fragrantissima* var. *Lancifolia* (Rehd.) Q. E. Yang

忍冬属 *Lonicera* **忍冬科 Caprifoliaceae**

个体数量（Individual number）= 1
最小，平均，最大胸径（Min, Mean, Max DBH）= 1.9 cm, 1.9 cm, 1.9 cm
分布林层（Layer）= 灌木层（Shrub layer）
重要值排序（Importance value rank）= 116/122

胸径区间 /cm	个体数量	比例 /%
[1.0, 2.0)	1	100
[2.0, 3.0)	0	0.00
[3.0, 4.0)	0	0.00
[4.0, 5.0)	0	0.00
[5.0, 7.0)	0	0.00
[7.0, 10.0)	0	0.00
[10.0, 15.0)	0	0.00

　　落叶灌木，高达 2 m；幼枝疏被糙毛。冬芽有 1 对顶端尖的外鳞片，将内鳞片盖没。叶卵形、椭圆形或卵状披针形，呈披针形或近卵形者较少，通常两面被刚伏毛及短腺毛或至少下面中脉被刚伏毛，有时中脉下部或基部两侧夹杂短糙毛；叶柄长 2-5 mm，有刚毛。花先于叶或与叶同时开放，芳香，生于幼枝基部苞腋，总花梗长 5-10 mm；苞片披针形至近条形，长约为萼筒的 2-4 倍；相邻两萼筒约连合至中部，长 1.5-3 mm，萼檐近截形或微 5 裂；花冠白色或淡红色，长 1-1.5 cm，外面无毛或稀有疏糙毛，唇形，筒长 4-5 mm，内面密生柔毛，基部有浅囊，上唇长 7-8 mm，裂片深达中部，下唇舌状，长 8-10 mm，反曲；雄蕊内藏，花丝长短不一；花柱下部疏生糙毛。果实鲜红色，矩圆形，长约 1 cm，部分连合；种子褐色，稍扁，矩圆形，长约 3.5 mm，有细凹点。花期 1-4 月，果期 5-6 月。

　　产于建始、巴东，生于山坡林中；分布于陕西、甘肃、山东、安徽、浙江、江西、河南、湖北、湖南、四川、贵州。

忍冬 *Lonicera japonica* Thunb.

忍冬属 *Lonicera*　　忍冬科 Caprifoliaceae

个体数量（Individual number）= 25
最小，平均，最大胸径（Min, Mean, Max DBH）= 1.0 cm，1.3 cm，3.0 cm
分布林层（Layer）= 灌木层（Shrub layer）
重要值排序（Importance value rank）= 29/122

胸径区间 /cm	个体数量	比例 /%
[1.0, 2.0)	24	96.00
[2.0, 3.0)	0	0.00
[3.0, 4.0)	1	4.00
[4.0, 5.0)	0	0.00
[5.0, 7.0)	0	0.00
[7.0, 10.0)	0	0.00
[10.0, 15.0)	0	0.00

　　半常绿藤本；幼枝洁红褐色，密被黄褐色、开展的硬直糙毛、腺毛和短柔毛，下部常无毛。叶纸质，卵形至矩圆状卵形，有时卵状披针形，稀圆卵形或倒卵形，极少有1至数个钝缺刻，长3-9.5 cm，顶端尖或渐尖，少有钝、圆或微凹缺，基部圆或近心形，有糙缘毛，上面深绿色，下面淡绿色，小枝上部叶通常两面均密被短糙毛，下部叶常平滑无毛而下面多少带青灰色；叶柄长4-8 mm，密被短柔毛。总花梗通常单生于小枝上部叶腋，与叶柄等长或稍较短，下方者则长达2-4 cm，密被短柔毛，并夹杂腺毛；苞片大，叶状，卵形至椭圆形，长达2-3 cm，两面均有短柔毛或有时近无毛；小苞片顶端圆形或截形，长约1 mm，为萼筒的1/2-4/5，有短糙毛和腺毛；萼筒长约2 mm，无毛，萼齿卵状三角形或长三角形，顶端尖而有长毛，外面和边缘都有密毛；花冠白色，有时基部向阳面呈微红，后变黄色，长2-6 cm，唇形，筒稍长于唇瓣，很少近等长，外被多少倒生的开展或半开展糙毛和长腺毛，上唇裂片顶端钝形，下唇带状而反曲；雄蕊和花柱均高出花冠。果实圆形，径6-7 mm，熟时蓝黑色，有光泽；种子卵圆形或椭圆形，褐色，长约3 mm，中部有1凸起的脊，两侧有浅的横沟纹。花期4-6月（秋季亦常开花），果期10-11月。

　　恩施州广布，生于山坡林中；我国各省均有分布；日本和朝鲜也有分布。

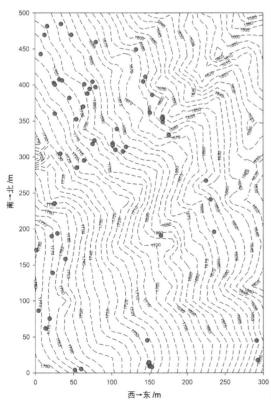

淡红忍冬 *Lonicera acuminata* Wall.

忍冬属 *Lonicera*　　忍冬科 Caprifoliaceae

个体数量（Individual number）= 4
最小，平均，最大胸径（Min, Mean, Max DBH）= 1.0 cm, 1.3 cm, 1.7 cm
分布林层（Layer）= 灌木层（Shrub layer）
重要值排序（Importance value rank）= 59/122

胸径区间/cm	个体数量	比例/%
[1.0, 2.0)	4	100.00
[2.0, 3.0)	0	0.00
[3.0, 4.0)	0	0.00
[4.0, 5.0)	0	0.00
[5.0, 7.0)	0	0.00
[7.0, 10.0)	0	0.00
[10.0, 15.0)	0	0.00

　　落叶或半常绿藤本，幼枝、叶柄和总花梗均被疏或密、通常卷曲的棕黄色糙毛或糙伏毛，有时夹杂开展的糙毛和微腺毛，或仅着花小枝顶端有毛，更或全然无毛。叶薄革质至革质，卵状矩圆形、矩圆状披针形至条状披针形，长 4-14 cm，顶端长渐尖至短尖，基部圆至近心形，有时宽楔形或截形，两面被疏或密的糙毛或至少上面中脉有棕黄色短糙伏毛，有缘毛；叶柄长 3-5 mm。双花在小枝顶集合成近伞房状花序或单生于小枝上部叶腋，总花梗长 4-23 mm；苞片钻形，比萼筒短或略较长，有少数短糙毛或无毛；小苞片宽卵形或倒卵形，为萼筒长的 1/3-2/5，顶端钝或圆，有时微凹，有缘毛；萼筒椭圆形或倒壶形，长 2.5-3 mm，无毛或有短糙毛，萼齿卵形、卵状披针形至狭披针形或有时狭三角形，长为萼筒的 1/4-2/5，边缘无毛或有疏或密的缘毛；花冠黄白色而有红晕，漏斗状，长 1.5-2.4 cm，外面无毛或有开展或半开展的短糙毛，有时还有腺毛，唇形，筒长 9-12 mm，与唇瓣等长或略较长，内有短糙毛，基部有囊，上唇直立，裂片圆卵形，下唇反曲；雄蕊略高出花冠，花药长 4-5 mm，约为花丝的 1/2，花丝基部有短糙毛；花柱除顶端外均有糙毛。果实蓝黑色，卵圆形，径 6-7 mm；种子椭圆形至矩圆形，稍扁，长 4-4.5 mm，有细凹点，两面中部各有 1 凸起的脊。花期 5-6 月，果期 5-11 月。

　　恩施州广布，生于山坡林中；分布于陕西、甘肃、安徽、浙江、江西、福建、台湾、湖北、湖南、广东、广西、四川、贵州、云南、西藏。

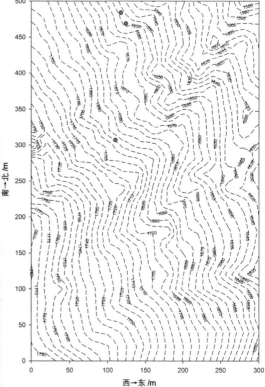

长托菝葜 *Smilax ferox* Wall. ex Kunth

菝葜属 *Smilax* 百合科 Liliaceae

个体数量（Individual number）= 1
最小，平均，最大胸径（Min, Mean, Max DBH）= 2.5 cm, 2.5 cm, 2.5 cm
分布林层（Layer）= 灌木层（Shrub layer）
重要值排序（Importance value rank）= 113/122

胸径区间 /cm	个体数量	比例 /%
[1.0, 2.0)	0	0.00
[2.0, 3.0)	1	100.00
[3.0, 4.0)	0	0.00
[4.0, 5.0)	0	0.00
[5.0, 7.0)	0	0.00
[7.0, 10.0)	0	0.00
[10.0, 15.0)	0	0.00

　　攀援灌木。茎长达 5 m，枝条多少具纵条纹，疏生刺。叶厚革质至坚纸质，干后灰绿黄色或暗灰色，椭圆形、卵状椭圆形至矩圆形，变化较大，长 3-16 cm，宽 1.5-9 cm，下面通常苍白色，极罕近绿色，主脉一般 3 条，很少 5 条；叶柄长 5-25 mm，约占全长的 1/2-3/4，具鞘，通常只有少数叶柄具卷须，少有例外，脱落点位于鞘上方。伞形花序生于叶尚幼嫩的小枝上，具几朵至 10 余朵花；总花梗长 1-2.5 cm，偶尔有关节；花序托常延长而使花序多少呈总状，具多枚宿存小苞片；花黄绿色或白色；雄花外花被片长 4-8 mm，宽 2-3 mm，内花被片稍狭；雌花比雄花小，花被片长 3-6 mm，具 6 枚退化雄蕊。浆果径 8-15 mm，熟时红色。花期 3-4 月，果期 10-11 月。

　　恩施州广布，生于山坡林中；分布于四川、湖北、广东、广西、贵州、云南；也分布于尼泊尔、不丹、印度、缅甸和越南。

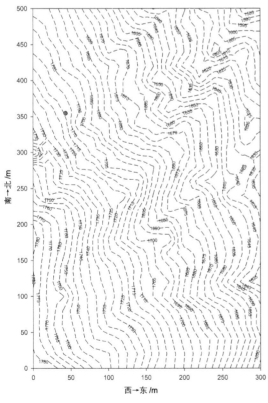

参 考 文 献

艾训儒，黄升，姚兰，等，2018. 恩施植物志：第四卷　被子植物［M］. 北京：科学出版社.

艾训儒，姚兰，易咏梅，等，2017. 恩施植物志：第三卷　被子植物［M］. 北京：科学出版社.

艾训儒，易咏梅，姚兰，等，2017. 恩施植物志：第二卷　裸子植物　被子植物［M］. 北京：科学出版社.

陈天虎，2007. 恩施市维管束植物名录［M］. 武汉：湖北科学技术出版社.

方志先，廖朝林. 2006. 湖北恩施药用植物志［M］. 武汉：湖北科学技术出版社.

傅书遐，中国科学院武汉植物研究所，2001. 湖北植物志：第一卷［M］. 武汉：湖北科学技术出版社.

傅书遐，中国科学院武汉植物研究所，2002. 湖北植物志：第二卷［M］. 武汉：湖北科学技术出版社.

傅书遐，中国科学院武汉植物研究所，2002. 湖北植物志：第三卷［M］. 武汉：湖北科学技术出版社.

傅书遐，中国科学院武汉植物研究所，2002. 湖北植物志：第四卷［M］. 武汉：湖北科学技术出版社.

葛继稳，胡鸿兴，李博，等，2009. 湖北木林子自然保护区森林生物多样性研究［M］. 北京：科学出版社.

卢志军，鲍大川，刘海波，等，2017. 湖南八大公山森林动态样地：树种及其分布格局［M］. 北京：中国林业出版社.

王文采，1995. 武陵山地区维管植物检索表［M］. 北京：科学出版社.

姚兰，2016. 湖北木林子保护区 15hm^2 大样地森林群落结构及多样性［D］. 恩施：湖北民族大学.

中国科学院中国植物志编辑委员会，1974. 中国植物志：第三十六卷［M］. 北京：科学出版社.

中国科学院中国植物志编辑委员会，1978. 中国植物志：第七卷［M］. 北京：科学出版社.

中国科学院中国植物志编辑委员会，1978. 中国植物志：第五十四卷［M］. 北京：科学出版社.

中国科学院中国植物志编辑委员会，1979. 中国植物志：第二十一卷［M］. 北京：科学出版社.

中国科学院中国植物志编辑委员会，1979. 中国植物志：第二十七卷［M］. 北京：科学出版社.

中国科学院中国植物志编辑委员会，1979. 中国植物志：第三十五卷　第二分册［M］. 北京：科学出版社.

中国科学院中国植物志编辑委员会，1980. 中国植物志：第十四卷［M］. 北京：科学出版社.

中国科学院中国植物志编辑委员会，1980. 中国植物志：第四十五卷　第一分册［M］. 北京：科学出版社.

中国科学院中国植物志编辑委员会，1981. 中国植物志：第四十六卷［M］. 北京：科学出版社.

中国科学院中国植物志编辑委员会，1982. 中国植物志：第三十一卷［M］. 北京：科学出版社.

中国科学院中国植物志编辑委员会，1982. 中国植物志：第四十八卷　第一分册［M］. 北京：科学出版社.

中国科学院中国植物志编辑委员会，1982. 中国植物志：第六十五卷　第一分册［M］. 北京：科学出版社.

中国科学院中国植物志编辑委员会，1983. 中国植物志：第五十二卷　第二分册［M］. 北京：科学出版社.

中国科学院中国植物志编辑委员会，1984. 中国植物志：第二十卷　第二分册［M］. 北京：科学出版社.

中国科学院中国植物志编辑委员会，1984. 中国植物志：第三十四卷　第一分册［M］. 北京：科学出版社.

中国科学院中国植物志编辑委员会，1984. 中国植物志：第四十九卷　第二分册［M］. 北京：科学出版社.

中国科学院中国植物志编辑委员会，1984. 中国植物志：第五十三卷　第一分册［M］. 北京：科学出版社.

中国科学院中国植物志编辑委员会，1985. 中国植物志：第四十七卷　第一分册［M］. 北京：科学出版社.

中国科学院中国植物志编辑委员会，1987. 中国植物志：第六十卷［M］. 北京：科学出版社.

中国科学院中国植物志编辑委员会，1987. 中国植物志：第六十卷　第一分册［M］. 北京：科学出版社.

中国科学院中国植物志编辑委员会，1987. 中国植物志：第六十卷　第二分册［M］. 北京：科学出版社.

中国科学院中国植物志编辑委员会，1988. 中国植物志：第二十四卷［M］. 北京：科学出版社.

中国科学院中国植物志编辑委员会，1988. 中国植物志：第三十九卷［M］. 北京：科学出版社.

中国科学院中国植物志编辑委员会，1988. 中国植物志：第七十二卷［M］. 北京：科学出版社.